三重大学出版会

Aluminium industry of Japan
日本の
アルミニウム産業
―アルミニウム製錬業の興隆と衰退―

三和 元

三重大学出版会

学術選書

目　　次

まえがき　　1

序章　課題と方法 ————————————— 5

　1．課　題　5

　2．研究方法　8

第1章　アルミニウム産業概論 ————————— 16

　第1節　世界のアルミニウム産業 ……………………… 16

　　1．アルミニウム産業の歴史　16

　　（1）アルミニウムの工業化　16

　　（2）アルミニウム生産の拡大　17

　　（3）アルミニウム生産の地理的構造変化　20

　　2．アルミニウム製品市場　21

　　3．ボーキサイトとアルミナ　24

　　（1）ボーキサイトとアルミナの生産　24

　　（2）ボーキサイトとアルミナの生産企業　25

　　4．アルミニウム製錬業　26

　　5．アルミニウム製品加工業　34

　　（1）アルミニウム圧延・押出加工業　34

　第2節　日本のアルミニウム産業の特質 ……………… 39

　　1．アルミニウムの需給関係　39

　　2．アルミニウム製品市場　41

　　3．アルミニウム製品加工企業　44

i

第2章　日本におけるアルミニウム産業の展開 ———— 47

第1節　戦前期から戦後復興期まで ……………… 47

　1. 戦前内地における生産　47

　2. 戦前海外における生産　49

　3. 対日占領政策とアルミニウム産業　49

　4. 経済復興とアルミニウム需要　51

第2節　高度成長と製錬業への新規参入 ……………… 54

　1. 分析方法　54

　2. ビジネスチャンスと参入障壁　55

　　（1）地金需要の急拡大　55

　　（2）参入障壁　58

　3. 新規参入　60

　　（1）参入実行の事例　60

　　　① 三菱化成工業の事例　(61)

　　　② 三井アルミニウム工業の事例　(65)

　　　③ 住軽アルミニウム工業の事例　(71)

　　（2）新規参入計画挫折の事例　76

　　　① 八幡製鐵などの事例　(76)

　　　② 古河アルミニウム工業の事例　(78)

　　　③ 神戸製鋼所の事例　(79)

　4. 既存製錬3社の設備拡張　80

小　括　新規参入の成功と失敗 ……………… 91

第3章　日本アルミニウム製錬業の衰退 ———— 97

分析方法 ……………… 97

第1節　外部環境の変化 ……………… 100

　1. 国際的需給関係　100

　2. 円為替相場の上昇　ドルショック　102

　3. 第1次オイルショックの影響　105

目　次

　　4．第2次オイルショックの影響　108

第2節　アルミニウム製錬からの撤退‥‥‥‥‥‥‥‥‥‥‥‥113

　　1．住軽アルミニウム工業の場合　113

　　2．昭和軽金属の場合　116

　　3．住友アルミニウム製錬の場合　120

　　4．三菱軽金属工業の場合　126

　　5．三井アルミニウム工業の場合　129

　　　（1）開業初期の経営状況　129

　　　（2）第1次オイルショックの影響　133

　　　（3）第2次オイルショックの影響　135

　　　（4）製錬撤退へ　143

　　6．日本軽金属の場合　146

小　括　撤退はなぜ回避できなかったか‥‥‥‥‥‥‥‥‥‥152

第4章　アルミニウム産業政策の評価 ────── 155

分析方法‥‥‥‥‥‥‥‥‥‥‥‥‥‥‥‥‥‥‥‥‥‥‥‥155

第1節　政府のアルミニウム産業政策‥‥‥‥‥‥‥‥‥‥‥159

　　1．産業構造審議会第1次答申　159

　　2．削減第1段階　125万トン期　162

　　3．削減第2段階　110万トン期　163

　　4．削減第3段階　70万トン期　164

　　5．削減第4段階　35万トン期　166

第2節　アルミニウム製錬政策の効果‥‥‥‥‥‥‥‥‥‥‥170

　　1．国際競争力の回復　170

　　　（1）地金備蓄制度・生産制限勧告・不況カルテル　170

　　　（2）設備凍結・削減措置と関税割当制度による構造改善資金援助

　　　　173

　　2．積極的調整政策　178

　　　（1）関税減免制度　179

（2）火力発電石炭焚き転換支援措置　181

（3）開発輸入の促進　182

（4）技術開発の援助・地金備蓄　183

（5）実現しなかった業界再編成　185

3．アルミニウム政策の評価　187

第3節　アルミニウム製錬撤退の影響 …………………………… 194

1．一般的な影響　194

2．製錬撤退がアルミニウム産業に及ぼした影響　195

（1）製錬撤退は、地金供給の安定性に影響を与えたか？　195

（2）製錬撤退は、地金価格に影響を与えたか？　197

（3）地金開発輸入は、地金供給の安定性に効果を持ったか？

　　　201

小　括　アルミニウム産業政策の限界 …………………………… 203

第5章　海外製錬の展開　―国際分業体制―　──── 209

本章の課題 ………………………………………………………… 209

第1節　資源の開発輸入 …………………………………………… 212

1．鉄鉱石　212

2．銅精鉱　217

第2節　アルミニウム地金の開発輸入 …………………………… 222

1．アルミニウム開発輸入の概観　222

2．メーカー系の開発輸入　229

（1）エンザス（ニュージーランド）　231

（2）ベナルム（ベネズエラ）　233

（3）アルパック（カナダ）　235

（4）ボイン・スメルターズ（オーストラリア）　236

3．商社系の開発輸入　238

（1）アルマックス（アメリカ）　238

（2）ポートランド・スメルターズ（オーストラリア）　239

目　次

　　（3）アロエッテ（カナダ）　241

　　（4）モザール（モザンビーク）　242

　　（5）サラワク（マレーシア）　242

　第3節　ナショナルプロジェクト ……………………………… 247

　　1．アサハン（インドネシア）　247

　　（1）創業までの経緯　247

　　（2）イナルムの経営　250

　　2．アマゾン（ブラジル）　252

　　（1）創業までの経緯　252

　　（2）アルブラスの経営　254

　小　括　開発輸入の役割 ……………………………………… 259

終章　アルミニウム産業の将来展望 ──────── 268

　　1．製品論の観点　268

　　2．資源論の観点　272

参考文献・資料　284

あとがき　293

図 表 目 次

表序-1　　アルミニウム新地金の消費と生産　（6）

付表序-1　2012年鉄鋼・銅需給表　（14）

付表序-2　電気料金の各国比較　（15）

表1-1-1　アルミニウム新地金の生産量　（19）

表1-1-2　世界のアルミニウム消費　（21）

表1-1-3　世界の1人当たりアルミニウム消費　（22）

表1-1-4　アメリカの最終需要構成比の変化　（22）

表1-1-5　アメリカの製品別用途別アルミニウム出荷量　（23）

表1-1-6　ボーキサイトの生産国（1972年・2010年）（24）

v

表1-1-7　アルミナの生産国（1972年・2010年）（24）

表1-1-8　ボーキサイト生産の大企業（1971年・2010年）（25）

表1-1-9　アルミナ生産の大企業（1971年・2011年）（26）

表1-1-10　アルミニウム製錬の大企業（1971年・2011年）（27）

表1-1-11　アルミニウム板製造の大企業（2010年）（35）

表1-1-12　アルミニウム押出の大企業（2009年）（36）

表1-1-13　アルミニウム箔の大企業（2010年）（36）

表1-2-1　日本のアルミニウムの需給（2014年）（39）

表1-2-2　アルミニウム圧延押出品の輸出入（2010年）（41）

表1-2-3　用途別需要の地域比較（2010年）（42）

表1-2-4　アルミニウム製品の製品別出荷推移（42）

表1-2-5　日本の代表的アルミニウム関連企業の規模と業績（2014年度）（43）

表1-2-6　アルコアの売上構成（2014年度）（44）

表1-2-7　日本軽金属ホールディングスの売上構成（2014年度）（45）

表2-1-1　アルミニウム地金の生産量と輸入量（1930-45年度）（47）

表2-1-2　終戦時のアルミニウム製錬工場（48）

表2-1-3　アルミニウム工場の賠償撤去案の推移（50）

表2-1-4　アルミニウム製品用途別需要の構成（1950・55年）（52）

表2-1-5　アルミニウム地金の生産量と輸入量（1948-60年度）（53）

表2-2-1　アルミニウム地金需給の構成変化（56）

表2-2-2　アルミニウム製品の新規用途年表（57）

図2-2-1　新規参入のフローチャート（61）

図2-2-2　三菱化成工業の新規参入（63）

図2-2-3　三井アルミニウム工業の新規参入（67）

表2-2-3　三井アルミニウム工業の実行計画案（68）

図2-2-4　住軽アルミニウム工業の新規参入（73）

表2-2-4　アルミニウム新地金生産能力の推移（81）

図2-2-5　1960年から1977年までの設備能力増加分（151万600トン）

目　　次

の構成　(82)

表3-1-1　アルミニウム新地金の生産国の変化（生産量構成比）
　　　　　(100)

表3-1-2　世界の地金需給率と日米地金価格指数　(101)

図3-1-1　円・ドル相場の推移　(103)

表3-1-3　オイルショック後の国内アルミニウム製錬業の経常損益と
　　　　　価格変動　(104)

表3-1-4　原材料価格上昇によるコストアップ推計　(105)

表3-1-5　製造原価の上昇推計　(106)

表3-1-6　アルミニウム新地金生産能力の推移　(109)

表3-1-7　地金生産原価の推計と地金価格　(110)

図3-2-1　製錬業撤退のフローチャート　(114)

図3-2-2　住軽アルミニウム工業：撤退のフローチャート　(115)

図3-2-3　昭和電工・昭和軽金属：撤退のフローチャート　(118)

図3-2-4　住友アルミニウム製錬：撤退のフローチャート　(122)

表3-2-1　住友アルミニウム製錬　業績の推移　(125)

図3-2-5　三菱化成・三菱軽金属（菱化軽金属）：撤退のフローチャー
　　　　　ト　(127)

表3-2-2　三井のアルミニウム事業の損益推移　(130)

表3-2-3　三井アルミニウム工業の地金製錬能力と生産実績　(131)

表3-2-4　三井アルミニウム工業の業績推移（1970〜78年度）　(132)

表3-2-5　粗製造コストの内訳（1970〜78年度）　(134)

図3-2-6　三井アルミニウム工業：撤退のフローチャート　(136)

表3-2-6　三井アルミニウム工業の経営実績（1978〜86年度）　(141)

表3-2-7　日本軽金属蒲原工場の地金生産　(147)

表4-1-1　アルミニウム製錬に対する政策　(160)

表4-2-1　地金備蓄制度の内容　(171)

表4-2-2　地金の生産・在庫・価格と製錬企業業績　(174)

表4-2-3　構造改善計画と資金交付実績　(175)

vii

表4-2-4　地金製錬の消費電力と工数　（176）

表4-2-5　関税割当制による関税軽減の内容　（177）

表4-2-6　関税減免制による免減税額の推計　（180）

表4-2-7　政府支援の内容　（184）

表4-2-8　アルミニウム製錬業の構造改善実施状況　（188）

表4-3-1　アルミニウム地金の需給　（196）

表4-3-2　アルミニウム製錬業衰退の一般的影響　（198）

表4-3-3　地金（99.7%以上）の輸入価格と国内価格　（200）

表4-小　　産業構造審議会アルミニウム部会委員名簿（1975年）
　　　　　（203）

表5-1-1　鉄鉱石の開発輸入　（214）

表5-1-2　鉄鉱石の輸入相手国・地域　（216）

表5-1-3　銅鉱石の開発輸入　（218）

図5-1-1　輸入量に占める開発輸入の割合　（220）

付表5-1　鉄鉱石の輸入に占める割合　（221）

表5-2-1　ボーキサイト・アルミナ・アルミニウム地金の開発輸入
　　　　　（224）

表5-2-2　ボーキサイトの輸入相手国・鉱山　（226）

表5-2-3　地金輸入の内訳　（227）

表5-2-4　開発輸入プロジェクト別推移　（228）

図5-2-1　地金輸入相手国別構成比　（229）

表5-2-5　アルミニウム製錬関連開発輸入プロジェクト　（230）

表終-1-1　自動車用板材の比較　（270）

表終-2-1　ボーキサイトの生産量と埋蔵量　（273）

表終-2-2　金属資源の可採年数　（274）

表終-2-3　製造のための二酸化炭素排出量　（274）

図終-2-1　アルミニウムのマテリアル・フロー2011年　（276）

まえがき

　2014年3月に、最後のアルミニウム製錬工場であった日本軽金属蒲原工場が地金製錬を停止し、日本からアルミニウム製錬事業が完全に消失した。1934年に日本沃度（日本電気工業）大町工場でアルミニウム地金生産が開始されて以来の80年の地金製錬史に幕が下ろされたのである。

　航空機を中心とした兵器素材産業として発達した日本のアルミニウム製錬業は、第2次大戦後、一時は軍需産業として再建を抑制されたが、対日占領政策が緩和されるなかで生産を再開し、アルミニウム製品の新しい需要が拡大する中で、急速に生産を拡大させた。既存の3社に加えて、3社が新規に参入し、日本は、1970年代後半にはアメリカ、ソ連に次いで世界第3位のアルミニウム生産国となった。ところが、1970年代の国際経済の大きな変化、ドルショックとオイルショックによって、生産コストに占める電力費の割合が大きい地金製錬業は、国際競争力を失って経営危機に陥り、政府の救済政策を受けたものの、1980年代に製錬事業から撤退する企業が相次ぎ、1988年以降は、日本軽金属蒲原工場を残すのみとなった。

　一国の産業構成のなかから近代産業が実質的に消失する事例としては、日本においても、綿紡績業や石炭鉱業を挙げることができるが、産業の最盛期から衰退にいたる期間の短さという点では、アルミニウム製錬業は極めて特異な事例といってよかろう。石炭産業を見れば、1959年の石炭鉱業審議会答申以来約40年にわたって構造調整政策が進められ、生産量は5,100万トンから310万トンに削減された。アルミニウム製錬業では、1977年の地金生産能力年産164万トン（史上最高）から、わずか11年後の1988年には年産3.5万トンにまで激減したのである。

　石炭鉱業の構造調整過程で巨額の財政資金が支出されたことは周知のところであるが、アルミニウム製錬業に対しても、かなりの政府援助が投入されている。しかし、電力費の削減に関しては有効な産業政策は講

I

じられず、結局、アルミニウム製錬業は消失するに至った。

　製錬業は衰退したが、アルミニウム加工業は、輸入新地金と再生地金を素材として、国内需要の急増とともに着実に成長を続けた。先進諸国のなかで、国内に製錬業を持たずに国際分業の形で加工業が発展しているのは、日本のみであり、ドイツでさえも地金消費量の約20％は国内で製錬している（2010年現在）。日本のアルミニウム加工業が、新地金を安定的に入手できる要因としては、海外製錬業に投融資することを通じて新地金を確保する開発輸入の役割が大きい。製鉄業や製銅業にくらべるとやや遅れるが、アルミニウム製錬業と総合商社は、1960年代からボーキサイト、1970年代から新地金の開発輸入に積極的に取り組んだ。1976年にはインドネシアのアサハン・プロジェクト、1978年にはブラジルのアマゾン・プロジェクトが、政府資金を投入した国家プロジェクトとして開始された。日本のアルミニウム産業は、国際分業関係のなかで発展を続けているのである。さらに、アルミニウム加工業では、自動車産業や電機産業などが海外進出を進めるに伴って、部品加工部門を中心に海外に生産工場を設ける動きも活発になっている。

　新地金の自給率がゼロとなった現状は、国際的に資源不足と資源の獲得競争が激化する時代には、アルミニウム産業の安定性をおびやかす可能性がある。原料となるボーキサイトは賦存量が大きいので資源論的には供給不足のおそれは小さいが、現行の製錬技術では、電力原単位が大きいからエネルギー資源の限界に影響されて新地金の供給価格が上昇し、供給が不安定化する事態が生じるかもしれない。安定供給の軸となっている開発輸入についても、国家プロジェクトとして展開されたアサハン・プロジェクトでは、契約期限満了後には、資源ナショナリズム的政策を選択したインドネシア政府によって、日本側が望んだ契約の延長が拒否されるという事態が起こっている。

　アルミニウム産業の成長のためには、新しい資源政策が必要な時代に入っているといえよう。また、製品論の観点からは、航空機素材として炭素繊維との競合が起こったように、新しい需要分野として伸びが著し

まえがき

い自動車産業では、新技術によって製造が可能になった超高張力鋼との競合も始まっている。自動車自体が、環境問題から電気モーターを活用したハイブリッド車や電気自動車の時代に移りつつあって、駆動装置へのアルミニウム使用量が減少する可能性もある。20世紀の金属として重用されたアルミニウムも、需要面で新しい時代に入ったようである。

日本のアルミニウム製錬が終焉を迎えた時点で、アルミニウム産業の歴史を振り返りながら、21世紀の産業としての問題点を検討することが、本書の目的である。

2015年10月

三　和　　元

序章　課題と方法

1．課題

　アルミニウムは現代社会を支える金属素材として鉄や銅と並ぶ重要な地位を占めている。1880年代に工業化技術（ホール・エルー法）が開発されたが、純アルミニウムは軽量であるが強度は弱く、用途は食器・装飾品などに限られていた。20世紀に入ると、強度が強く高い耐破断性を持つアルミニウム合金（銅などとの合金）であるジュラルミンが発明されて、まず発達初期の航空機の部材として採用された。その後、銅・亜鉛・マグネシウム・マンガン・ニッケルなどとの各種アルミニウム合金が研究され、強度・加工性・溶接性・耐食性・耐摩耗性・電気伝導性・熱伝導性などに優れた素材が開発されて、用途が拡大した。

　20世紀前半期には、建材など建築向けや電線・アルミニウム箔など電力・電気機器向けの需要も開拓されたが、航空機、特に軍用航空機向けの軍需を軸としてアルミニウム産業は発達した。20世紀後半期には、鉄道車輌・自動車・船舶・輸送用コンテナなど運輸分野、骨材・屋根・壁・タンク・橋梁・建具・サッシなど建設分野、家電・事務用電気機器・一般電気機器など電気機器分野、缶・フォイル・容器など食品分野、機械部品など金属製品分野、電線など電力分野などへのアルミニウム材使用が急速に普及拡大して、アルミニウム産業が急速に発展した。

　現代世界におけるアルミニウム総消費量は2010年で4,912万トンと推計され、日本においては、353万トンが消費されている[1]。新地金ベースのアルミニウム消費量としては、2010年には、中国の1,580万トン、アメリカの424万トンに次いで、日本（202.5万トン）は世界第3位と推定されている[2]。

　アルミニウム新地金の消費と生産を、1950年以降について5年ごとに見ると、表序-1の通りである。世界の新地金消費量は、1950年の150.7万トンから2010年の3,966.6万トンと60年間で26倍に拡大しているが、日

5

序章　課題と方法

本の消費量は1.9万トンから202.5万トンへ、約107倍に急増している。日本の消費量は、1990年までの伸びが著しく、1990年には世界の新地金消費のうち12.5%を占めるほどになったが、その後、新地金消費量は縮小する傾向となり、2010年には世界消費量の5%程度にまでシェアが低下した。

　1990年以降の新地金消費の伸び悩みは、日本経済の長期停滞という全般的状況、特に建設分野での需要低迷を反映するとともに、アルミニウムスクラップのリサイクルによる再生地金供給が拡大したことによるものである[3]。

　アルミニウム産業の生産工程は、ボーキサイトを原料としてアルミナを製造し、アルミナの電気分解によってアルミニウム地金を製錬し、新

表序-1　アルミニウム新地金の消費と生産　　　　　　　　（単位：1000トン）

暦年	世界の 新地金消費 （A）	日本の 新地金消費 （B）	日本の シェア （B）/（A）	世界の 新地金生産 （C）	日本の 新地金生産 （D）	日本の シェア （D）/（C）	日本の新 地金自給率 （D）/（B）
1950	1,507	19	1.26%	1,507	25	1.66%	131.6%
1955	3,105	50	1.61%	3,105	58	1.87%	116.0%
1960	4,177	151	3.62%	4,543	133	2.93%	88.1%
1965	6,635	298	4.49%	6,586	292	4.43%	98.0%
1970	10,027	911	9.09%	10,302	728	7.07%	79.9%
1975	11,457	1,171	10.22%	12,838	1,013	7.89%	86.5%
1980	15,332	1,639	10.69%	16,695	1,092	6.54%	66.6%
1985	15,889	1,695	10.67%	16,568	227	1.37%	13.4%
1990	19,275	2,414	12.52%	19,379	34	0.18%	1.4%
1995	20,497	2,336	11.40%	19,682	18	0.09%	0.8%
2000	25,065	2,225	8.88%	24,418	7	0.03%	0.3%
2005	31,697	2,276	7.18%	31,889	6	0.02%	0.3%
2010	39,666	2,025	5.11%	41,169	5	0.01%	0.2%

出典：*World Metal Statistics*　各年版。

1. 課 題

地金あるいは再生地金（アルミニウムスクラップを再熔解して得られる2次地金）を製錬して他の元素をくわえたアルミニウム合金を製造し、それを圧延・押出・線引・鋳造・鍛造などの工程で各種のアルミニウム素材に加工する1次加工、素材を絞り、曲げ、切削、溶接、表面処理などの工程で各種製品に加工する2次加工という流れになっている[4]。

アルミニウム関連企業は、この生産工程の一定の部分を事業として経営するが、どの範囲までを事業に組み入れるかは、企業の立地事情や歴史によってさまざまである。北米やヨーロッパでは、アルミニウム地金製錬から圧延・鋳造などの加工までを一貫して経営する企業が発達したのに対して、日本では、地金製錬・合金製造部門と圧延・鋳造など加工部門とが分離して企業化される傾向が見られたと言われている。

日本のアルミニウム産業は、前掲表序-1に示されるように、1950年以降、新地金を供給する国内の製錬業が発展し、1980年までは国内消費に対して60％を越える自給率を維持していた。日本のアルミニウム製錬業は、1978年には年産能力164万トンと世界第3位の規模に達した[5]。しかし、2回のオイルショックと円為替の上昇によって、製錬企業はあいついでアルミニウム製錬から撤退し、1988年以降は新地金の国内生産は日本軽金属の蒲原工場が、年産2万トン〜5千トン程度を生産するのみという状態になった。その後、2014年3月末に、蒲原工場もアルミニウム製錬を停止し、日本のアルミニウム製錬は、1934年以来80年の歴史を閉じた。

国内アルミニウム製錬業が衰退した後も、圧延・鋳造などの加工業は発展を続けて国内アルミニウム製品需要の大部分を供給している[6]。アルミニウム加工業は、製錬企業や商社が投資して開発した海外製錬企業からの新地金輸入を軸として、原料を安定的に確保しながら事業経営を維持している。日本のアルミニウム産業は、1990年代以降は、原料を海外からの供給に依存しながら、国内需要に対しては国産品を供給するという、国際分業の体制を取って発展したのであった。

このような日本のアルミニウム産業のあり方は、現代世界のアルミニ

ウム大手消費国のなかではかなり特殊な姿になっている。2010年の時点で、最大の消費国である中国は新地金ベースで消費量1,580万トンに対して生産量は1,619万トン、第2の消費国アメリカは消費量424万トン・生産量173万トン、第4の消費国ドイツが消費量191万トン・生産量40万トンと、それぞれ地金の国内生産を維持している。これに対して、消費量202.5万トンで第3位の日本のみが、生産量4,700トンと際立って自給率が低い[7]。

　日本国内でも、同じ基礎素材である鉄鋼や銅の場合には、銑鉄・鋼鉄・粗銅・電気銅の自給率が高いのに較べて[8]、アルミニウム地金の極端な自給率の低さは特異である。アルミニウム地金製錬には大量の電力が必要であり、電力料金が割高な日本では製錬業が経営採算を維持できなかったという事情があるが、政策的配慮で産業用電力料金を引き下げる選択肢もありえたのであるから[9]、日本のアルミニウム地金自給率の低さは、産業政策の結果であると言うことができる。

　基礎素材の自給率の低さは、その供給量と供給価格の安定性に問題が発生する可能性があることを示している。国際的な需給関係が逼迫する状況が生じれば、輸入量の確保が困難となり、輸入価格が高騰することは、オイルショックの経験からも明らかであろう。

　石油に限らず、鉱物資源・金属資源・植物資源などの国際価格は、後発諸国の経済成長にともなう需要の拡大を背景に、21世紀に入ってから顕著な上昇を示している。各種の資源をめぐっては、資源メジャー企業による独占化の動きも目立ってきている。

　資源問題がますます深刻化するなかで、原料自給率が低い日本のアルミニウム産業は、今後、どのような問題に直面するであろうか。これまでアルミニウム産業が辿った歴史を振り返りながら、将来を展望した場合の問題点を検討することが本研究の課題である。

2．研究方法

　アルミニウム産業に関しては、自然科学分野は別として、経済学・経

2．研究方法

営学分野では研究史の蓄積が比較的乏しい。邦語文献では、安西正夫『アルミニウム工業論』（ダイヤモンド社、1971年）が産業論として評価が高く、商学博士論文として早稲田大学に受理されている。しかし、その後は、2013年までの期間にアルミニウム産業に関連した文科系の博士論文は受理されておらず、産業論として本格的な研究書も刊行されていない。アルミニウム関連分野の専門誌として月刊誌『アルトピア』が1970年から、月刊誌『アルミニウム』が1994年から刊行されており、アルミニウム産業に関する論考が掲載されるが、そのなかでは、根尾敬次（住友化学工業出身）執筆の『アルミニウム産業論』（第1回～第22回、2002年10月～2004年8月）が最も包括的な論考である。

　アルミニウム産業に関しては、歴史的な論考が比較的多く刊行されている。アルミニウム関連企業が「社史」として刊行した文献としては、日本軽金属の『日本軽金属二十年史』（1959年）、『日本軽金属三十年史』（1970年）、『日本軽金属五十年史』（1991年）、三菱化成工業の『三菱化成史』（1981年）、住友化学工業の『住友化学工業株式会社史』（1981年）、『住友化学工業最近二十年史』（1997年）、昭和電工の『昭和電工アルミニウム五十年史』（1984年）、日本アマゾンアルミニウムの『アマゾンアルミ・プロジェクト30年の歩み』（2008年）、古河電工の『古河電工・創業100年史』（1991年）、神戸製鋼所の『神戸製鋼80年史』（1986年）、その他『東洋アルミニウム50年史』（1982年）、『日本製箔50年史』（1984年）、『YKK50年史』（1984年）、『三協アルミ30年史』（1990年）などがある。また、企業関係者が刊行した文献としては、秋津裕哉（住友銀行）『わが国アルミニウム製錬史にみる企業経営上の諸問題』（建築資料研究社、1994年）、清水啓（日商岩井、コマルコ・ジャパン）『アルミニウム外史』上・下巻（カロス出版、2002年）、牛島俊行・宮岡成次（三井アルミニウム工業）『黒ダイヤからの軽銀―三井アルミ20年の歩み』（カロス出版、2006年）、宮岡成次『三井のアルミ製錬と電力事業』（カロス出版、2010年）があり、記録文献としては、関係者のヒアリングを収録したグループ38『アルミニウム製錬史の断片』（カロス出版、1995年）、日本アルミ

9

ニウム協会編『社団法人日本アルミニウム連盟の記録』（日本アルミニウム協会、2000年）がある。

　また、通商産業省（経済産業省）関係のアルミニウム産業政策関連書として、非鉄金属工業の概況編集委員会編（通産省基礎産業局金属課）『非鉄金属工業の概況』（昭和51年版・54年版、小宮山印刷工業出版部、1976年・1979年）、通商産業省編『基礎素材産業の展望と課題』（通商産業調査会、1982年）、通産省基礎産業局非鉄金属課『メタルインダストリー'88』（通産資料調査会、1988年）、通商産業省通商産業政策史編纂委員会編『通商産業政策史』第 1 巻（通商産業調査会、1994年）、通商産業省通商産業政策史編纂委員会編『通商産業政策史』第14巻（通商産業調査会、1993年）、通商産業政策史編纂委員会編、山崎志郎他著『通商産業政策史　1980-2000』第 6 巻（経済産業調査会、2011年）などが刊行されている。このほか、産業政策の分析として、小宮隆太郎・奥野正寛・鈴村興太郎『日本の産業政策』（田中直毅「第16章アルミ製錬業」、東京大学出版会、1984年）も挙げられる。

　これらの刊行書は、著者の問題関心に応じた方法論によって書かれている。安西正夫『アルミニウム工業論』は、文科系（法学部・経済学部）出身で昭和電工社長を務めた経営者が、経営学的な方法を用いてアルミニウム産業の現状を分析し、将来の発展への展望を描き出した作品である。オイルショック前の高度成長期を対象とした分析は精緻であるが、電力事情についての楽観的判断が前提となっているために、その後のアルミニウム製錬が辿った苦難と衰退の過程を見通す鋭さには欠けている。根尾敬次『アルミニウム産業論』も、業界経験者が、製錬衰退後の時期に、アルミニウム産業の工業的特性、世界史的事業展開を記述し、製錬業の日本における発達と没落の過程を実証的に追跡しながら、現代の最大の生産・消費国である中国のアルミニウム産業の現状を紹介した作品である。事実関係の網羅的な記述であるが、産業発展と産業衰退の歴史的要因を分析する方法は明確に提示されてはいない。

　企業社史の場合には、基本的な事実関係については記述されているが、

2．研究方法

経営戦略の客観的評価にはほとんど触れない場合が多く、客観的評価を可能にする経営数値を明示しないものも多い。経営担当者の責任の問題に関係するような記述が含まれないのは、社史としては当然であろうが、経営史学の観点からは不充分と言わざるを得ない。

　通商産業省（経済産業省）の刊行物では、アルミニウム産業に対する産業政策の立案・実行の責任官庁として、事実経緯について客観的な記述がおこなわれている。とはいえ、産業政策がどのような効果をもたらしたかという政策評価については、明確な判断が示されているとはいえない。自画自賛的な姿勢も自己批判的な姿勢も避けることは、官庁編纂の史書には共通する特徴といえるが、やはり、読者としては物足りない感じを受ける。

　このように、既刊のアルミニウム産業論・産業史・産業政策史の文献からは、明確な方法論を学び取ることはできない。むしろ、既刊文献に対する不満と批判のなかから、あらためて研究方法を構築する必要がある。その際には、社会科学の分野で、科学的方法として積み上げられてきた研究方法を踏まえることが適当であろう。

　アルミニウム産業を分析するに当たっては、基礎的な工学的知識を前提として、産業論的方法が適用できる。生産技術の発展段階に規定された技術水準を基礎に、製品需要の拡大に対応しながら、生産を拡大する過程を分析し、事業環境（生産コスト面と市場価格面）の変化にともなって経営の収益力がどのように変化するかを分析する。

　アルミニウム産業を担う経営主体に関しては、経営学的方法が適用できる。経営主体の経営形態は、各国ごとに特徴があり、同じ国でも時代ごとに差異が認められるから、それぞれがどのような経緯をへて現在の姿に至ったかを解明する必要がある。また、経営主体がアルミニウム産業のなかで、どのような分野（製錬・加工・流通など）を事業範囲に含めているかについても、国別・時代別に差異があることに注目しながら比較分析を進める。

　アルミニウム関連企業が、どのような経営戦略を選択し、それを実行

序章　課題と方法

することによって、どのような経営成果を挙げているかを評価すること
も、経営学的な企業分析の方法を適用しながらおこなうべき重要な作業
である。もちろん、個別企業の経営実態に関しては、開示される経営資
料の内容によって、分析の限界が存在することは避けられないが、最大
限のデータ収集をする努力が必要になる。経営戦略に関しては、経営戦
略論、経営意思決定論、マーケティング論などの方法が援用できるし、
経営戦略実行に関しては、経営組織論、ガバナンス論、経営管理論など
の方法が活用できる。

　アルミニウム関連企業、特に製錬企業に関しては、立地論の方法によ
る分析が有用である[10]。原料立地や需要地立地が基本であるが、電力使
用量が大きい製錬では、水力発電地域や石炭産地が好立地となり、アル
ミナ製造の際に出る廃棄物（赤泥）など環境汚染物質・ガスの処理可能
性も問題になる。

　世界のアルミニウム産業では、2007年にリオ・ティントがアルキャン
をTOBで買収してリオ・ティント・アルキャン、世界最大のアルミニ
ウム生産企業を形成したように、巨大な多国籍企業による独占化が進行
している。このような現状に関しては、多国籍企業分析[11]や国際資源論[12]
の方法を援用した解明が必要である。

　アルミニウムは、原料ボーキサイトの可採埋蔵量が280億トンと鉄
（2,320億トン）に次いで多い金属資源と推計されており、スクラップか
らの再生も品質劣化が少なく比較的低コストで可能なために、可採埋蔵
量が少ない銅（6.1億トン）の場合のように急激な国際価格の上昇が生
じることはなかった[13]。このため、資源政策的には注目度が低くなって
いるが、軽視して良いわけではない。アルミニウム産業に対する産業・
資源政策の歴史と現状を経済政策史の方法によって検討する作業が必要
である。

　アルミニウム製錬業に関しては、日本から姿を消した産業、石炭業・
綿紡績業との比較分析も興味深い[14]。

　日本のアルミニウム産業が、新地金の安定供給を開発輸入によって維

2．研究方法

持している現状に関しては、鉄鋼業など原料素材を海外からの輸入に依存する産業が鉄鉱石などを安定的に調達するシステムを構築した経緯との比較分析も有用である[15]。

　アルミニウム産業が現在の姿に至るまでの歴史経緯に関しては、経済史と経営史の方法を適用することができる。アルミニウム産業の発達をもたらした経済環境の変化を産業政策のあり方も含めて経済史の方法でマクロ的に分析しながら、それを主体的には経営環境の変化と把握して経営戦略を選択し実行していくミクロ的な企業行動を経営史的な方法で分析することによって、アルミニウム産業発達の歴史過程を総合的に把握することが可能になるものと期待できる。

　日本のアルミニウム産業を分析する際には、以上のように、経済学と経営学の分野で開発されてきた問題対象ごとの研究方法を適確に活用しながら作業を進めることにしたい。

　分析と記述の順序としては、第1章で世界のアルミニウム産業を概観しながら日本のアルミニウム産業の特質を明らかにし、第2章でアルミニウム製錬業の戦時期から戦後復興期までの歴史を略述したうえで、高度成長期の製錬業の拡大過程について新規参入を中心に分析する。次に第3章で、製錬業の衰退過程を外部環境の変化に対する各企業の経営戦略を軸に分析し、製錬撤退の原因を明らかにする。第4章では、アルミニウム産業に対する産業政策がどのように展開したかを確認したうえで、その政策の効果を分析し、政策評価をおこない、製錬衰退が日本経済とアルミニウム加工業に及ぼした影響を検討する。第5章では、開発輸入が展開される過程を、鉄鉱石・銅精鉱と対比しながら、実態を解明し、開発輸入の役割を評価する。そして、終章で、アルミニウム産業の将来を製品論と資源論の観点から展望して本書の締めくくりとする。

　1　*World Metal Statistics* 2010年版。
　2　同上書　17頁。消費量順位は、2012年では、ドイツに次いで第4位となっている。

序章　課題と方法

3　日本のアルミスクラップ消費量は、1985年の79万トンから1990年には118万
　　トン、2000年には181万トン、2007年には191万トンに拡大し、2010年には
　　151万トンとやや減少している。同上書19頁。
4　圧延・押出加工を2次加工、各種製品加工を3次加工と呼ぶ場合があるが、
　　本稿では前者を1次加工、後者を2次加工と呼ぶ。
5　1978年の地金生産能力は、アメリカが478.5万トン、ソ連が247万トンであっ
　　た。『日本軽金属五十年史』337・343頁。
6　2013年のアルミニウム製品需給では、国内需要341万トンに対して、輸入は
　　33万トン、輸出が31万トンであり、2万トン程度の輸入超過にとどまってい
　　る。
7　*World Metal Statistics* 2010年版。
8　2012年の需給表によると、銑鉄・鋼塊・鋼材・粗銅・電気銅・銅ビレットな
　　どの自給率（生産量／生産量＋輸入量）は97%以上の数値を示している。

付表序-1　2012年鉄鋼・銅需給表
（単位：トン）

	鉄鋼				銅			
	銑　鉄	フェロアロイ	鋼　塊	鋼材	粗銅	電気銅	銅ビレット他	銅（板・条・管・棒・線）
生産	81,405,470	908,146	107,232,297	186,813,068	1,888,948	1,516,354	296,379	389,176
輸入	197,058	1,704,161	12,107	5,001,352	4,030	35,744	131	24,541
輸出	402,584	230,394	6,071	35,530,134	215	512,277	33,630	76,588
輸入比率	0.24%	187.65%	0.01%	2.68%	0.21%	2.36%	0.04%	6.31%
輸出比率	0.49%	25.37%	0.01%	19.02%	0.01%	33.78%	11.35%	19.68%
自給率	99.76%	34.76%	99.99%	97.39%	99.79%	97.70%	99.96%	94.07%

出典：財務省貿易統計、経済産業省鉄鋼・非鉄金属・金属製品統計年報

2．研究方法

9　2009年の事例を見ると、付表のような国別電気料金になっている。住宅用料金と産業用料金の比率は、日本では1対0.69であるが、ドイツでは1対0.37であり、ドイツの産業用電力は相対的に割安になっている。

付表序-2　電気料金の各国比較　（ドル／kWh）

2009年	産業用	住宅用	比率
	（A）	（B）	（A）／（B）
日本	0.158	0.228	0.69
アメリカ	0.068	0.115	0.59
イギリス	0.135	0.206	0.66
ドイツ	0.12	0.323	0.37
フランス	0.107	0.159	0.67
イタリア	0.276	0.284	0.97
韓国	0.058	0.077	0.75

出典：資源エネルギー庁電力・ガス事業部「電気料金の各国比較について」平成23年8月。
http：//www.enecho.meti.go.jp/denkihp/shiryo/110817kokusaihikakuyouin.pdf

10　富樫幸一「戦後日本のアルミニウム製錬工業の立地変動と地域開発政策」『経済地理学年報』第30巻第1号、1984年。

11　ジェフリー・ジョーンズ（安室憲一・梅野巨利訳）『国際経営講義―多国籍企業とグローバル資本主義』有斐閣、2007年。

12　デビッド・シンプソン、ロバート・エイヤーズ、マイケル・トーマン（植田和弘訳）『資源環境経済学のフロンティア』日本評論社、2009年。

13　アルミニウム地金価格は2000年のトン当たり1,552ドルから2010年には2,173ドルに上昇したが、この間に、粗銅価格はトン当たり1,815ドルから7,538ドルに急騰している（IMF, Primary Commodity Pricesによる）。

14　渡辺純子『産業発展・衰退の経済史』有斐閣、2010年。杉山伸也・牛島利明編『日本石炭産業の衰退』慶應義塾大学出版会、2012年。

15　田中彰『戦後日本の資源ビジネス』名古屋大学出版会、2012年。

第1章　アルミニウム産業概論

第1節　世界のアルミニウム産業

1．アルミニウム産業の歴史

（1）アルミニウムの工業化

　アルミニウムは、地殻を構成する元素としては酸素（46.6%）、珪素（27.7%）に次いで3番目に多く（8.1%）、鉄（5.0%）より豊富な金属である。アルミニウムは酸化アルミニウムの形で存在するが、鉄や銅とは異なって、酸素との親和力が強固であるため、木炭・石炭を用いた炭素還元が不可能であった。このために、19世紀にいたるまで、アルミニウムは金属として利用されることはなかった[1]。

　デンマークの物理学者H.エルステッドHans Christian Ørstedが1825年に初めて金属アルミニウムを単体として取り出し、1827年にはドイツの化学者F.ヴェーラーFriedrich Wöhlerも、同じく、塩化アルミニウムを金属カリウムで処理する方法によって粉末アルミニウムの製造に成功した。フランスの化学者H. ドヴィーユHenri Etienne Sainte‐Claire Devilleは、1854年に、高価な金属カリウムに代わって金属ナトリウムを用いる方法を開発し、工業化に先鞭を付けた。ドヴィーユが製造したアルミニウムは、1855年にパリで開かれた第2回万国博覧会に出品され、「粘土からの銀」と呼ばれて注目を浴びた[2]。金よりも高価な金属という扱いで、装飾品や高級食器として用いられた。ドヴィーユ法によるアルミニウム製造は、1855年創業のペシネーPechiney（当初Compagnie des Produits Chimiques Henri Merle、現Rio Tinto Alcan）が30年間の特許独占を得て1860年から開始した[3]。

　アルミニウムの工業化が本格化したのは、酸化アルミニウムを電気分解で製錬する方法が開発されてからである。電解法もドヴィーユが最初に着眼したが、実用化法は、アメリカのC. ホールCharles Martin Hall

第1節　世界のアルミニウム産業

とフランスのP. エルーPaul Héroultがそれぞれ独自に、ほぼ同時に開発した。エルーは1888年に欧州で、ホールは1889年にアメリカで特許を取得した。溶融氷晶石にアルミナを溶かし込んで電気分解によってアルミニウムを得る方法は、ホール・エルー法と呼ばれ、その後のアルミニウム製法の基本となった。

　ホールは、1888年にピッツバーグ還元Pittsburgh Reduction Company（アルコアAlcoaの前身）を設立し、エルー法も、1888年にスイス（Aluminium Industrie A.G. in Neuhausen、後Schweizerische Aluminium、略称 Alusuisseを経て現Rio Tinto Alcan）、フランス（Société électrométallurgique française）、1894年にイギリス（British Aluminium、後Alcanを経てAlcoa、現在操業停止）で工業化された。

（2）アルミニウム生産の拡大

　アルミニウム地金の生産量は、表1−1−1に示したように、1890年には110トンに過ぎなかったが、1900年には7,300トン、1910年には4万3,000トン、1920年には14万8,000トン、1930年には26万7,000トンと急拡大した。1910年頃まではアメリカとフランスが中心国であったが、その後、ドイツ、ノルウェーとカナダにおける生産が急速に伸びる。

　生産の急増にたいして、新規需要の開発が遅れていた時期には、競争が激化して、1901年には国際カルテルAluminium Associationが結成され、販売価格・販売数量・販売地域などについての協定が結ばれた。国際カルテルは、地金価格の安定に成功したが、ホール・エルー法の特許が期限を迎えると、1907年頃から企業設立が盛んになって、カルテルは1908年に解散した。

　家庭用品のほかに自動車や電気産業の需要が伸び始めたが、生産は過剰気味となり、1912年には2回目の国際カルテルが結成された。カルテル協定では10年間の存続が予定されていたが、第1次大戦の勃発で、1915年にカルテルは解散した[4]。

　第1次大戦は、1908年に発明されたジュラルミン[5]の軍用自動車・航空機への使用を促し、アルミニウム生産は急増した。大戦終結後、地金

第1章　アルミニウム産業概論

生産は過剰化し、1926年にはヨーロッパ企業によって第3回の国際カルテルが成立し、1931年まで続けられ、31年からはカナダが参加した新しい第4回国際カルテルに引き継がれ、第2次大戦勃発の1939年まで続けられた。第3回と第4回の国際カルテルには、アルコアAluminum Co. of Americaは参加しなかった。アメリカ市場は、関税保護の効果もあって、アルコアが独占的に支配する状況だったのである。

　カルテルが地金価格を比較的低位に安定させる役割を果たすなかで、航空機・自動車への使用量は拡大し、鋼心アルミニウム撚り線が開発されて高圧長距離送電線用の需要も伸びて地金生産は増加を続けた。1929年に始まる大恐慌期には生産は減退したが、1930年代後半から国際緊張が高まるなかで、軍需向けを中心に生産は急増した。

　第2次大戦中は、各国で地金生産の拡大が進められた。1943年の生産量を見ると、世界合計は195万2,000トンに達しているが、1940年に較べると、戦乱の中でヨーロッパ諸国の生産は減退し、増加の大部分はアメリカとカナダの増産によるものであり、日本の地金生産の伸びも目立っている。

　日本では、1936年に、住友金属工業が海軍航空廠の要請によって、強度を高めた超々ジュラルミンを開発した。超々ジュラルミンは海軍の零式艦上戦闘機（ゼロ戦）に採用されて大きな効果を発揮した。

　第2次大戦を挟んだ1935年と1955年とを比較すると、世界の地金生産に占める北アメリカ（アメリカ・カナダ）のシェアは30.3％から63.5％に拡大している。第2次大戦を経ることによってアルミニウム地金生産は、西ヨーロッパ中心から北アメリカ中心の構造に変化したのである。

　アメリカでは、1926年からアルミニウム包材を製造していたレイノルズReynolds Metals Co.（1919年設立）が、政府の融資を受けて1940年にアルミニウム地金製造に参入し、アルコアの独占体制を崩した。さらに、アメリカ政府は、アルミニウム製錬工場を建設し、民間に経営を委託するかたちで軍用需要への供給を確保する政策を取った。戦後、政府工場の処分がおこなわれ、1946年には造船業などを営んでいたH.カイ

18

第1節　世界のアルミニウム産業

表1-1-1　アルミニウム新地金の生産量

（単位：1,000トン）

暦年	世界合計	アメリカ	カナダ	フランス	ドイツ	ノルウェー	ロシア	日本	中国	オーストラリア	ブラジル	インド	UAE
1890	0.11	0.03		0.04									
1895	1.4	0.4		0.4									
1900	7.3	3.2		1.0									
1905	12	5		3									
1910	43	15	4	10		1							
1915	88	45	9	8	2	1							
1920	148	63	12	12	31	6							
1925	187	63	14	20	27	21							
1930	267	104	35	25	31	27							
1935	248	54	21	71	14	1	16	3					
1940	787	187	99	62	205	28	60	31					
1943	1,952	835	450	47	203	24	62	114					
1945	867	449	196	37	20	5	86	17					
1950	1,507	652	360	61	28	45	209	25					
1955	3,105	1,420	551	129	137	72	400	58					
1960	4,543	1,828	691	235	169	171	700	133	70	12	18		
1965	6,616	2,499	753	341	234	276	1,200	294	90	88	30		
1970	10,257	3,607	963	381	309	522	1,700	728	135	206	56		
1975	12,693	3,519	880	383	678	595	2,150	1,013	160	214	121		
1980	16,051	4,654	1,068	432	731	662	2,420	1,092	350	304	261		
1985	15,578	3,500	1,282	293	745	724	2,300	227	500	852	549		
1990	19,300	4,050	1,570	326	720	845	3,520	34	850	1,230	931	433	174
1995	19,700	3,375	2,172	372	575	847	2,724	18	1,680	1,297	1,188	537	240
2000	24,400	3,668	2,373	441	644	1,026	3,245	7	2,800	1,769	1,271	644	470
2005	31,900	2,481	2,894	442	648	1,372	3,647	7	7,800	1,903	1,499	942	722
2010	41,200	1,726	2,963	356	402	1,109	3,947	54	16,200	1,928	1,536	1,607	1,400

注：1960－1990年のドイツは西ドイツの数値。ソ連は、1995年からロシア。
出典：*World Metal Statistics*　各年版。

ザーHenry John Kaiserが、カイザーKaiser Aluminum（当初Permanente Metals Corp. 1949年改称）を設立して、政府工場の借入・払い下げを受けて第3のアルミニウム製錬企業となった。その後もアナコンダAnaconda Aluminum Co.、ハーヴェイHarvey Aluminum Co.などがアルミニウム製錬に新規参入した。

　カナダでは、アルコアの姉妹会社ノーザン・アルミニウムNorthern Aluminium Co.が1902年に設立され、1925年にAluminum Company of Canada, Limitedと改称し、1945年から商号としてアルキャンAlcanを用いた。アルキャンは、カナダ市場を1社で独占していたが、1956年からはCanadian British Aluminium Ltd.が参入した。

　1950年代から世界経済が高度成長期を迎えると、アルミニウム需要も急増して、世界地金生産量は、1950年の150万7,000トンから、60年の454万3,000トン、70年の1,025万7,000トンへと増大した。この間、アメリカとカナダのシェアは1950年の67.2%から1970年の44.6%へと低下した。戦争の打撃から回復した西ヨーロッパの生産国のシェア拡大、カナダを上回る生産国となったソ連のシェア拡大も見られたが、この時期では、1972年にはアメリカ・ソ連に次ぐ世界第3位の生産国になった日本のシェア拡大が大きかった（前掲表序-1参照）。

（3）アルミニウム生産の地理的構造変化

　1970年から20年後の1990年のアルミニウム生産国を見ると、北アメリカ・西ヨーロッパのシェアが減り、オーストラリア・ブラジル・ソ連・中国のシェアが拡大している。日本は、製錬から撤退して、シェアが激減した。この変化をもたらしたのは、第1にエネルギー価格の高騰である。2度にわたるオイルショックは、後発諸国における石油需要の拡大と相まって、石油価格を急上昇させ、電力価格を大幅に引き上げた。比較的電力コストが低い国が、競争力を発揮して新たなアルミニウム生産国として発展し始めた。国営企業・公的資金による開発促進など天然資源や基礎素材に対する国家による重点的政策介入も、新興生産地域の成長を促した。

第1節　世界のアルミニウム産業

この変化傾向はさらに続いて、2010年には、アメリカ・カナダのシェアは1970年の44.6%から11.4%へと激減し、西ヨーロッパ3国（フランス・ドイツ・ノルウェー）のシェアも11.8%から4.5%に減少した。これに対して、中国はこの間に1.3%から39.3%へとシェアを拡大して世界第1位の生産国となり、オーストラリアも2%から4.7%へ、ブラジルも0.5%から3.7%にシェアを伸ばした。最後発のインドとUAEも2010年には、それぞれ3.9%、3.4%のシェアを持つ生産国となった。

表1-1-2　世界のアルミニウム消費

（単位：1,000トン）

国	アルミ新地金消費		アルミ総消費量	
	2000年	2010年	2000年	2010年
アメリカ	6,161.3	4,242.5	9,611.3	6,924.5
中国	3,499.1	15,804.9	3,644.3	16,992.9
日本	2,224.9	2,025.0	4,037.6	3,533.8
ドイツ	1,490.5	1,911.8	2,381.8	2,954.6
韓国	822.6	1,254.6	877.9	1,280.0
カナダ	799.5	576.6	947.5	761.6
フランス	782.3	549.3	1,085.4	780.1
イタリア	780.3	867.1	1,428.9	1,210.1
ロシア	748.4	685.0	748.4	685.0
イギリス	575.5	270.0	755.6	592.4
世界合計	25,064.9	39,665.6	34,401.3	49,119.3

出典：*World Metal Statistics* 2000年版・2010年版。

1970年に1,025.7万トンの生産量が、40年後の2010年には4,120万トンと約4倍に拡大する中で、アルミニウム生産の地理的構造は大きく変化したのである。

2．アルミニウム製品市場

アルミニウムの消費を地域・国別に見ると、2000年にはアメリカ・中国・日本・ドイツ・韓国が上位5位にあるが、2010年には中国・アメリカ・日本・インド・ドイツの順となった（表1-1-2）。

主要消費国の1人当たりアルミニウム消費量を見ると、2006年にはアメリカが年間34.1kg、日本が33.2kg、カナダとイタリアが30.8kg、ドイツが28.4kgを消費していたが、2010年には、韓国が31.3kg、ドイツが

21

第1章　アルミニウム産業概論

表1-1-3　世界の1人当たり
アルミニウム消費

（単位：kg）

国	2006年	2010年
アメリカ	34.1	22.4
中国	7.8	14.2
日本	33.2	25.8
ドイツ	28.4	28.5
韓国	26.2	31.3
カナダ	30.8	21.9
フランス	20.2	12.1
イタリア	30.8	23.1
インド	1.2	1.8
ブラジル	4.8	6.7

出典：*World Metal Statistics* 2006年版・
　2010年版。国連人口統計。

28.5kg、日本が25.8kg、イタリアが23.1kg、アメリカは22.4kgの消費となった。中国は、この間に7.8kgから14.2kgへと1人当たり消費量を伸ばしている（表1-1-3）。

　アルミニウムの需要は、製品の用途が拡大するなかで伸びてきた。1975年以降のアメリカにおけるアルミニウム最終需要の構成比の変化を見ると、表1-1-4のようになる。

　1975年には建築・建設需要が25%と第1位を占めており、第2位は包装・容器需要、第3位が輸送関連需要であった。その後、輸送関連需要と包装・容器需要が伸び、2010年には、輸送関連が第1位、包装・容器が第2位、建築・建設は第3位という構成に変化した。

　輸送関連需要の伸びは、自動車産業に

表1-1-4　アメリカの最終需要構成比の変化

暦年	建築・建設	耐久消費財	包装・容器	電気	機械器具	輸送	その他	合計
1975	25%	8%	22%	13%	7%	19%	6%	100%
1980	22%	7%	28%	12%	7%	19%	5%	100%
1985	21%	7%	29%	10%	6%	21%	5%	100%
1990	18%	8%	32%	9%	7%	22%	4%	100%
1995	15%	8%	28%	8%	7%	32%	3%	100%
2000	15%	8%	23%	8%	7%	37%	3%	100%
2005	16%	7%	22%	7%	7%	38%	3%	100%
2010	13%	7%	29%	9%	7%	31%	4%	100%

出典：1995年まではU.S. Bureau of Mines, *Minerals Yearbook.* http://
　minerals.usgs.gov/ds/2005/140/aluminum−use.xls
　2000年以降は日本アルミニウム協会資料による。

第1節　世界のアルミニウム産業

表1-1-5　アメリカの製品別用途別アルミニウム出荷量

（単位：1,000トン）

用途	地金		圧延品		薄板・厚板		箔		形材		合計	
	2000年	2010年	2000年	2010年	2000年	2010年	2000年	2010年	2000年	2010年	2000年	2010年
建設	40.4	22.7	1,413.0	1,010.2	694.5	471.7	24.0	17.2	650.0	495.8	1,453.3	1,032.8
輸送	2,090.6	1,217.9	1,514.1	1,158.9	811.9	655.9	61.2	35.8	439.1	298.5	3,604.7	2,376.8
耐久消費財	176.0	143.3	591.5	404.2	256.7	174.2	125.6	117.9	152.9	59.9	767.5	547.5
電気	98.0	93.0	675.0	574.7	162.8	134.3	8.2	5.4	102.1	84.8	772.9	667.7
機械設備	263.1	198.7	415.5	365.6	201.9	203.2	5.9	5.4	117.9	78.9	678.6	564.3
包装・容器	0.0	0.0	2,264.4	2,198.1	1,919.2	1,779.5	344.3	418.7	0.0	0.0	2,264.4	2,198.1
その他	130.6	175.5	161.9	142.0	52.2	26.3	2.3	4.5	22.7	21.3	292.6	317.5
国内出荷計	2,798.7	1,851.1	7,035.4	5,853.7	4,099.2	3,445.1	571.5	605.1	1,484.6	1,039.2	9,834.0	7,704.8
輸出	294.8	934.4	982.5	528.9	792.4	363.3	32.7	25.9	26.8	31.3	1,277.3	1,463.3
合計	3,093.5	2,785.5	8,017.9	6,382.6	4,891.6	3,808.4	604.2	631.0	1,511.4	1,070.5	11,111.3	9,168.1

出典：日本アルミニウム協会資料による。

おけるアルミニウム部品使用の増大が最大の要因である。ある推計によると、1990年に乗用車1台当たり81.2kgのアルミニウムが使用されていたのが、2010年には153.3kgとなり、トラックについても1台当たり使用量はこの間に68.5kgから167.4kgに増加した[6]。

　最終需要の構成は国や地域によって差異があるが、一般的には、建築・建設関連需要が大きい時期から自動車を中心とした輸送関連需要が大きい時期へと変化したと言えよう。

　アルミニウム製品別の用途別出荷量をアメリカについてみると、表1-1-5のようになる。地金では最大の消費部門は輸送部門で、2000年で国内消費の74.7%、2010年でも65.8%という高い割合を占めており、ダイキャスト（精密鋳造）によってエンジン部品などが製造される。圧延品では包装・容器部門が最大で、2000年の国内消費の32.2%を占め、2010年には37.6%にシェアを伸ばしている。包装・容器部門は、圧延品の中

23

第1章　アルミニウム産業概論

でも箔の消費で60-70%と高い割合を示している。圧延品で包装・容器部門に次ぐのは輸送部門で、建設部門もほぼこれに並んでいる。圧延品中で形材の最大の消費部門は建設で、ドア・窓のサッシ用が多い。耐久消費財部門は箔の消費が比較的多く、電気部門と機械設備部門では形材が多くなっている。

3．ボーキサイトとアルミナ

（1）ボーキサイトとアルミナの生産

アルミニウムの原料となるボーキサイトの世界生産量は、1972年の7,100万トンから2010年には2億1,549万トンに拡大した。1972年にはオーストラリアが世界第1位の生産国で、ジャマイカ、スリナム、ソ連がこれ

表1-1-6　ボーキサイトの生産国（1972年・2010年）

1972年		2010年		
国	構成比	国	生産量 （千トン）	構成比
オーストラリア	20%	オーストラリア	68,415	32%
ジャマイカ	18%	ブラジル	32,028	15%
スリナム	11%	中国	30,000	14%
ソ連	10%	インドネシア	23,213	11%
フランス	5%	ギニア	16,427	8%
ガイアナ	5%	インド	12,662	6%
ギニア	4%	ジャマイカ	8,540	4%
ギリシャ	3%	ロシア	5,475	3%
ハンガリー	3%	カザフスタン	5,310	2%
その他	21%	その他	13,421	6%
世界合計 （千トン）	71,000	世界合計	215,491	100%

出典：*World Metal Statistics* 1972年版・2010年版。

表1-1-7　アルミナの生産国（1972年・2010年）

1972年		2010年		
国	構成比	国	生産量 （千トン）	構成比
アメリカ	25%	中国	28,955	34%
オーストラリア	13%	オーストラリア	19,957	23%
ソ連	12%	ブラジル	9,433	11%
ジャマイカ	9%	アメリカ	3,950	5%
日本	7%	インド	3,000	4%
スリナム	6%	ロシア	2,857	3%
カナダ	5%	アイルランド	1,850	2%
フランス	5%	ジャマイカ	1,591	2%
ドイツ	4%	スリナム	1,485	2%
その他	14%	その他	12,974	15%
世界合計 （千トン）	24,100	世界合計	86,052	100%

出典：*World Metal Statistics* 1972年版・2010年版。

第1節　世界のアルミニウム産業

に次いだが、2010年にはオーストラリア、ブラジル、中国、インドネシアの順になり、生産国構成が変化した。オーストラリアのシェアが1972年の20％から2010年には31.7％へと拡大し、上位5カ国のシェア合計は、1972年の64％から2010年には78.9％へと変化して、生産の集中度は高まっている。

アルミナの世界生産量は、1972年の2,410万トンから2010年には8,605万トンに拡大した。主要生産国は、1972年のアメリカ、オーストラリア、ソ連、ジャマイカ、日本の順が、2010年には中国、オーストラリア、ブラジル、アメリカ、インドの順に変わった。上位5カ国のシェア合計は1972年の66％から2010年の75.9％へと上昇し、ボーキサイトの場合と同様に上位構成国が変化しながら生産集中度は高まっている。この間では、後に述べるように、日本がアルミニウム地金生産から撤退したのに伴ってアルミナ生産も停止した。

（2）ボーキサイトとアルミナの生産企業

ボーキサイトの生産企業は、1971年には、アルコアが生産シェア19％で第1位を占め、アルキャンが第2位、カイザーが第3位で上位6社で63％のシェアを占めていた。ところが、2010年には、アルキャンを合併したリオ・ティント・アルキャンがシェア15.9％と第1位を占め、アルコアが第2位となり、第3位以下

表1-1-8　ボーキサイト生産の大企業
（1971年・2010年）

1971年		2010年		
企業名	市場占有率	企業名	生産量（千トン）	市場占有率
Alcoa	19%	Rio Tinto Alcan	33,400	15.9%
Alcan	14%	Alcoa	28,200	13.4%
Kaiser	12%	Alumina Limited	17,000	8.1%
Reynolds	11%	Chinalco	12,200	5.8%
Pechiney	5%	Rusal	11,700	5.6%
Alusuisse	2%	Vale	11,500	5.5%
Others	37%	BHP Billiton	10,300	4.9%
		その他	85,700	40.8%
		世界合計	210,000	100%

出典：1971年は、John A Stuckey, *Joint Ventures and Vertical Integration in the Aluminium Industry*, Harvard University, Cambridge, 1983, p.84. 2010年は、日本アルミニウム協会資料による。

25

の企業はオーストラリアのアルミナ・リミテッド、中国のチャイナルコ、ロシアのルサール、ブラジルのヴァーレと新興企業が占めるに至った。そして、第6位までの企業のシェアは、54%で、上位集中度はやや低下している。

アルミナ生産の大企業は、1971年にはボーキサイト生産と同じ順位であったが、上位6社による占有率は79.2%で、ボーキサイト生産よりも生産集中度は高かった。2011年では、アルコアがシェアで第1位、これにチャルコ（チャイナルコ）、リオ・ティント・アルキャン、ルサール、ノルウェーのハイドロが続いている。アルコア、アルキャンのシェアは低下し、上位6大企業への生産集中度も57.6%にまで低下している。ボーキサイト生産と同じように新興企業の進出が目覚ましい。

4．アルミニウム製錬業

アルミニウム製錬業では、1971年にはカナダのアルキャンが第1位で、アルコア、レイノルズ、ペシネー、カイザー、アルスイスと続き、6大企業で73%のシェアを持っていた。

2011年には、ロシアのルサールがシェア9.3％で第1位、中国の中国鋁業股份有限公司チャルコ、リオ・ティント・アルキャン、アルコアが8％台のシェ

表1-1-9　アルミナ生産の大企業（1971年・2011年）

1971年		2011年		
企業名	市場占有率	企業名	生産量（千トン）	市場占有率
Alcoa	23%	Alcoa	16,486	17.9%
Alcan	19%	Chalco＊	10,100	11.0%
Kaiser	12%	Rio Tinto Alcan	9,089	9.9%
Reynolds	11%	UCR usal	8,154	8.9%
Pechiney	11%	Hydro	5,264	5.7%
Alusuisse	3%	BHP Billiton	4,010	4.4%
Others	21%	その他	39,005	42.4%
		世界合計	92,108	100%

注：Chalcoは、中国鋁業股份有限公司。
出典：1971年 は、John A Stuckey, *Joint Ventures and Vertical Integrationin the Aluminium Industry*, Harvard University, Cambridge, 1983, p.84. 2011年は、日本アルミニウム協会資料による。

第1節　世界のアルミニウム産業

アで続き、第5位には中国の中国電力投資公司CPI、第6位にハイドロが入る順位に変化した。6大企業のシェアは44.6%で、生産集中度は低下した。

このように、ボーキサイト、アルミナ、新地金の生産では、それを担う大企業体制に大きな変化が生じていた。

アルコア[7]は、1937年にシャーマン反トラスト法に基づいて独占企業として起訴され、1945年にはシャーマン法第2条に該当し独占であると認定する判決

表1-1-10　アルミニウム製錬の大企業
（1971年・2011年）

1971年		2011年		
企業名	市場占有率	企業名	生産量（千トン）	市場占有率
Alcan	20%	UC Rusal	4,123	9.3%
Alcoa	17%	Chalco＊	3,900	8.8%
Reynolds	12%	Rio Tinto Alcan	3,837	8.7%
Pechiney	10%	Alcoa	3,775	8.6%
Kaiser	8%	CPI＊	2,030	4.6%
Alusuisse	6%	Hydro	1,982	4.5%
Others	27%	BHP	1,265	2.9%
		Dubal	1,015	2.3%
		Hindalco	538	1.2%
		その他	21,635	49.1%
		世界合計	44,100	100%

注：Chalcoは、中国鋁業股份有限公司。CPIは、中国電力投資公司。
出典：1971年は、John A Stuckey, *Joint Ventures and Vertical Integration in the Aluminium Industry*, Harvard University, Cambridge, 1983, p.84. 2011年は、日本アルミニウム協会資料による。

を受けたが、前述のように戦時経済のなかで新設されたアルミニウム製錬設備の払い下げがおこなわれて競合企業が登場したので、最終的には独占排除措置命令は下されず、そのままの姿で事業を継続した。しかし、レイノルズやカイザーの登場で、アメリカ国内市場でのシェアは低下を余儀なくされ、国際市場への進出ではアルキャンなどに後れをとっていた。1958年には日本の古河電工とロッキードとの合弁でロッキードの航空機部品を製造するフラルコFuralcoを設立し、さらにブリティッシュ・アルミニウムBritish Aluminiumの買収を試みたが、これには失敗した。その後、国内における各種のアルミニウム製品製造分野の強化を図り、

第1章　アルミニウム産業概論

アルミ缶、特にプルトップ缶で市場を拡大した。

　1970年代の原油高騰期に成長は鈍化したが、アルミ屑のリサイクル部門を設けて地金生産費の上昇に対処し、1980年代には航空機向けの新アルミ合金やコンピュータ用メモリーディスクなどの開発に力を入れ、事業の多角化を進めた。1990年代にはコアビジネスの再強化路線を取り、工場の近代化投資を行い、神戸製鋼所との合弁でアジアの自動車メーカー向けに薄板生産を開始した。ソ連崩壊後、ロシアからの大量輸出で地金価格が大幅に下落し、世界不況も加わって事業環境は極端に悪化し、人員整理を実施する状況に陥った。高いシェアを誇っていたアルミ缶では、プラスティック製ペットボトルの普及で需要が伸び悩んで、新しい需要としてアルミ製自動車部品の開発に力が入れられた。ガソリンの高騰で走行燃比の向上が求められる中で、車体重量軽減のために、ホイール、トランスミッション、ドア、ルーフラックなどにアルミ部品の使用が増えた。そして、1998年には自動車部品分野の押出製品トップメーカーであったアルマックスAlumaxを買収した。アルコアにとっては押出分野への初進出であり、中国・インド市場の開拓にも効果的な買収であった。

　1997年にはレイノルズの設備買収を行おうとしたが、司法省が反トラスト法に抵触するとの判断を示したので実行できなかった。しかし1999年にアルキャンがペシネー、アルスイスとの合同計画を公表した直後には、事業に補完的性質があるとの司法判断を得たので、2000年にレイノルズを買収した。さらに2001年にはジェットエンジン鋳造のトップ企業であったハウメットHowmet Internationalを買収した。また、同じ2001年には、チャルコの株式の8％を取得して戦略的同盟の形成を図ったが、結局は失敗に終わって、2007年には持分を売却した。2005年には、ロシアの2つの生産工場を買収し、アイスランドでも工場建設を開始した。また、ブラジル、ジャマイカ、オーストラリアでのアルミニウム製錬事業にも進出した。

　アルキャン[8]は、カナダで事業を展開していたが、アメリカ市場への

28

第1節　世界のアルミニウム産業

進出はアルコアとの関係でおこなわず、アジアとヨーロッパへの進出に力が入れられた。大英帝国のなかで最大のアルミニウムメーカーであったアルキャンは、第2次大戦中にはイギリス政府からの低利融資を受けて生産を拡大し、戦争終結時には1937年時点の5倍の規模に拡大した。1937年にアルコアが反トラスト法違反で起訴された裁判では、アルキャンとの関係も問題とされ、1950年には9名の同じ株主がアルキャン株式の44.7%、アルコア株式の46.4%を所有すると指摘されて、いずれかの株式を処分するよう命令された。大部分の株主はアルキャン株式の売却を選択し、株主を通じてのアルコアとの密接な関係は解消した。

　アルキャンは、地金製錬を主力事業として海外市場への輸出を拡大してきたが、第2次大戦後、各国で国内地金製錬業が発達したので、内外の工場でアルミニウム加工分野の強化に乗り出した。1963年にはアメリカ国内のアルミニウム加工企業の買収を開始し、1965年には、それらを合併してアルキャン・アルミナムAlcan Aluminumを設立してアメリカ市場における活動を拡大した。さらに、海外においてのアルミニウム製錬事業も積極的に拡大し、1972年までに、海外事業のアルミニウム製錬能力はカナダ国内の能力に匹敵する規模に達した。1970年代後半には、アイルランドにも製錬工場を建設し、ブラジルで新しいボーキサイト鉱山も開発した。

　1980年代初期にはオーストラリアとブラジルで製錬事業を開始し、ドイツ、イギリス、スペインの製錬事業を拡張させたが、石油危機と世界不況のなかで、1982年には50年の歴史の中で、初めての経営赤字を計上した。1982年には、ブリティッシュ・アルミニウムを合併し、1985年にはアトランティック・リッチフィールドAtlantic Richfieldのアメリカにあるアルミニウム設備を買収した。一方、航空機、エレクトロニクス、セラミックス分野でのアルミニウム利用技術の開発にも力を入れた。1987年には親会社のアルキャンAlcan Aluminium Ltd.と現業会社のカナダ・アルミニウムAluminium Company of Canadaを合併する組織改革をおこなった。

第1章　アルミニウム産業概論

　1990年代には、アメリカ、アルゼンチン、ブラジル、イギリスなどで
コアになる事業以外の整理を進め、アイルランドとギニアでは地金製錬
事業も売却して、世界的にアルミニウム加工分野の拡張を図った。利益
率が低下した日本では、日本軽金属への出資を45.6％から11.2％に減らし
た。また、1998年には、ガーナ・ボーキサイトGhana Bauxiteとインド・
アルミニウムIndian Aluminiumの筆頭株主（持分所有者）になり、イ
ンドのアルミナ製錬企画Utkalにも投資した。再生地金事業も、アメリカ、
イギリス、ブラジルなどで拡大させ、韓国では、容器・包装向けの圧延
品製造の合弁会社を設立した。

　1999年には、ペシネー、アルスイスとの合併を発表したが、ECから
の反対で実現しなかった。しかし、2000年にはアルスイス・グループ
Algroup を吸収合併し、2004年にはペシネーを買収して世界最大のアル
ミニウム製造会社となった。

　2007年5月にはアルコアによる敵対的買収提案を受け、これを拒否し
たが、同年7月にはイギリス・オーストラリアの巨大資源会社リオ・ティ
ントRio Tinto PLCからの友好的買収提案に合意し、2007年11月にはリ
オ・ティントのカナダ子会社Rio Tinto Canada Holding Inc.と統合して
リオ・ティント傘下のリオ・ティント・アルキャンRio Tinto Alcanとなっ
た。鉱業関連では史上最大といわれるこの合併によって、リオ・ティン
ト・アルキャンは、ボーキサイトからアルミニウム製品までを包括した
世界最大のアルミニウム企業となった。

　2011年時点で世界最大のアルミニウム製錬企業であるルサールUnited
Company Rusal[9]は、2007年のルサールRusal、スアルSualとスイス・グ
レンコアSwiss Glencoreのアルミナ部門の合併によって誕生した。ソ連
時代に国営事業として成長したアルミニウム産業は、ソ連崩壊後、1993
年から民営化されていった。民営化された企業が、実業家デリパスカO.
Deripaskaの主導のもとで統合を重ね、2000年にはシビルスキー・アル
ミニウムSibirsky AluminiumとミルハウスMillhouse Capitalの合併でル
サールRusalが誕生した。ルサールはロシア企業の統合を繰り返しなが

30

第1節　世界のアルミニウム産業

ら、世界規模での事業を展開し、オーストラリア、中国、ガイアナ、ギニア、イタリアなど海外での企業買収、合弁事業設立を積極的に進めた。2005年にはカイザーのクイーズランド・アルミナQueensland Aluminaの20%持分を取得した。2006年には、イタリアのユーラルミナEuralluminaの過半株式を取得し、中国山西省の電極工場を買収し、ロシア最初のアルミニウム企業であるボクシトゴルスクBoksitogorskを傘下におさめ、さらに、ロシア最大の電力会社HydroOGK（現RusHydro）とエネルギー・金属混合事業をクラスノヤルスク地方に建設する計画に合意した。

　2007年の3社統合で誕生した新しいルサールU.C.Rusalは、2014年現在、世界中で15のアルミニウム製錬企業、11のアルミナ製造企業、8のボーキサイト鉱山のほか、多くのアルミニウム加工企業を傘下に収める巨大アルミニウム企業となった。ルサールは発電事業にも参加し、ニッケルやプラチナ、銅などの非鉄金属事業も経営する世界的なコングロマリットでもある。

　製錬・アルミナ第2位（2011年）のチャルコChalco（Aluminum Corporation of China Ltd.中国鋁業股份有限公司)[10]は、中国で唯一のアルミナ製造企業、最大のアルミニウム地金製錬企業である。親会社であるチャイナルコChinalco（Aluminum Corporation of China中国鋁業公司）は2001年2月に設立された国有企業で、傘下にチャルコのほか、製銅会社、レアアース会社、鉱産資源会社、貿易会社などを持つ巨大持株会社である。

　チャルコは、2001年9月に、チャイナルコ、広西投資公司Guangxi Investment（Group）Co., Ltd.と貴州資源開発投資公司Guizhou Provincial Materials Development and Investment Corporationによって設立された。2014年現在で資本金は11兆490億人民元で、10の地方別事業部門を持ち、12企業を子会社として傘下に置いている。

　アルミニウム製錬トップ10位に入る中国のCPI（China Power Investment Corporation、中国電力投資公司）は、2002年に設立された、

31

第1章　アルミニウム産業概論

電力、石炭、アルミニウム、鉄道、港湾関連事業を統合した国有企業である。2014年現在で、8の地方別事業部門、31の支配子会社を持ち、2013年には、総資産が1,019.3億USドルに達し、発電能力は8万9,678メガワット、石炭生産能力7,410万トン、アルミニウム製錬能力289万トン、アルミナ製造能力260万トン、ボーキサイト生産能力100万トンを備えている。

アルミニウム製錬第6位（2011年）のハイドロNorsk Hydro[11]は、1905年にノルウェーの企業家がスウェーデンとフランスの企業の出資を得て、肥料製造会社Norsk Hydro－Elektrisk Kvaelstofaktieselskapとして設立した。第2次大戦中はドイツの占領下にアルミニウム製錬工場の建設に着手したが、連合軍の攻撃で工場は破壊された。この工場は、1946年にノルウェー国有企業として設立されたエルダルÅrdal og Sunndal Verk.が再建して1954年からアルミニウム製錬を開始した。

1963年には、ハイドロがハーヴェイ・アルミニウムHarvey Aluminumと合弁でアルミニウム製錬事業に参入し、1973年には直営事業に編入した。1969年には社名をNorsk Hydro A. S.に変更し、1972年にはノルウェー政府が持株を51％まで増やして国有企業となったが、1999年には政府持株は44％に引き下げられた。1986年にはエルダルを合併し、2000年にはアメリカのアルミニウム加工企業であるウエルズ・アルミニウムWells Aluminumを買収し、2002年にはドイツの合同アルミニウムVereinigte Aluminium Werkeを取得した。

ハイドロの事業は、軽金属、農業、石油・ガス、石油化学の4部門にわたっていたが、事業部門の分離を進め、2007年に石油・ガス部門を分離してスタットイルStatoilと合併させて以降は、水力発電とアルミニウムの統合企業となった。そして、2010年には、ブラジルのヴァーレCompanhia Vale do Rio Doce S.A.が所有するアルミニウム関連事業を買収した。2013年には押出加工部門を世界最大手のノルウェーのサパSapa ASとの合弁企業（50％出資）として分離した。2014年現在で、政府の持株は34.3％となっている。

32

第1節　世界のアルミニウム産業

　アルミニウム製錬第7位（2011年）は、BHP Billiton[12]である。同社は、2001年のBHP（Australian Broken Hill Proprietary Company Ltd.）とAnglo‒Dutch Billiton plcとの合併によって誕生した、多国籍（イギリスとオーストラリアに登記）の巨大鉱業・石油企業である。

　ビリトンは、1860年にオランダで設立され、オランダ領インドの鉱物採掘権を獲得し、インドネシアのビリトン島で錫鉱山を開発、錫と鉛の精錬業を開始した。1940年代にインドネシアとスリナムでボーキサイト鉱山を開発し、アルミナ製造、アルミニウム製錬に進出した。南アフリカ、モザンビーク、オーストラリア、コロンビア、カナダ、ブラジルなどで、鉄鋼、アルミニウム、ニッケル、チタニウム、石炭などの事業を展開した。

　BHPは、1885年にオーストラリアで設立され、ブロークンヒルで銀・鉛鉱山を開発し、1915年には鉄鋼業に進出した。1960年代にはバス海峡で発見された石油の採掘にも乗り出し、パプア・ニューギニアの銅山、チリのエスコンディダ銅山、カナダのエカチ・ダイヤモンド鉱山などの開発をおこなった。小規模な鉄鋼業は1999年に閉鎖し、型鋼部門は分離独立させた。

　2001年の合併後、鋼板事業をBHP Steel（現BlueScope Steel）として分立し、2005年にはオーストラリア鉱山業大手のWMC Resourcesを買収し、2007年にはリオ・ティントの買収を提案したが拒否され、敵対的買収を試みたが失敗した。

　BHP Billitonは原料炭、燃料炭、鉄鉱石、石油、ニッケル、アルミナ、アルミニウム、マンガン鉱石、マンガン合金、銅を主力製品としている。アルミニウムに関しては、南米、南アフリカ、オーストラリアで、ボーキサイト採掘、アルミナ製造、アルミニウム製錬を統合した事業を展開している。

　アルミニウム製錬上位10社に入るデュバルDUBAL（Dubai Aluminium）[13]は、アブダビ首長国の投資機関ムバダラ開発Mubadala Development Company of Abu Dhabiとドバイ首長国の投資機関ドバイ

33

投資 Investment Corporation of Dubaiの合弁会社として、1975年に設立され、1979年から製錬を開始した。ジュベル・アリの製錬工場は、天然ガスを用いた火力発電所を持ち、プリベーク方式の製錬工場としては年産100万トン以上の世界最大規模に成長した。アルミナはギニア、カメルーン、ブラジルのアルミナ製造企業への投資を通じて確保した。2007年にはムバダラ開発との合弁で、アブダビにEmirates Aluminiumを設立した。

　同じく製錬上位10社に入るヒンダルコHindalco Industries Ltd.[14]は、1958年にHindustan Aluminum Co., ltd.として、インドの財閥アディティア・ビルラ・グループAditya Birla Groupによってインドのウッタル・プラデーシュ州に設立され、1962年からアルミナと地金の生産を開始し、圧延・押出事業にも進出した。社名は1989年にヒンダルコに改められた。2000年代には製銅会社・銅鉱山の買収も開始した。

　2000年にはインド・アルミニウムIndian Aluminiumを傘下におさめ、2005年に吸収合併した。2007年には、インドのオリッサ州にあるアルキャンのアルミナ事業を買収した。さらに2007年には、世界最大の圧延企業であったカナダのノヴェリスNovelisを買収して傘下におさめ、世界最大のアルミニウム圧延事業を持つ非鉄金属会社になった。

5．アルミニウム製品加工業

（1）アルミニウム圧延・押出加工業

　アルミニウム圧延では、2010年のアルミ板生産の最大手はアルコアで、第2位が2005年にアルキャンから分立し、2007年にヒンダルコの傘下に入ったノヴェリスで、この2社が大きい。その後にハイドロ、チャイナルコ、コンステリウム、アレリス、そして日本の古河スカイ（現UACJ）が続く。

　コンステリウムConstellium[15]は、リオ・ティント・アルキャンが、2011年にアルキャンの加工部門Alcan Engineered Products business groupを売却した時に、アポロApollo（51%）、リオ・ティント（39%）、

34

FSI（10%）の出資で新設された会
社で、圧延・押出加工、合金鋳造事
業、アルミニウム再生事業を世界各
地で展開している。

アレリスAleris International, Inc.[16]
は、2004年にCommonwealth
Industries, Inc.とIMCO Recycling
Inc.との合併で誕生したアルミニウ
ム加工企業である。2006年にはコー
ラス・グループCorus Group plcを
買収し、さらに買収を重ねて事業規
模を拡大した。2006年からテキサス・
パシフィック・グループTexas
Pacific Groupの傘下に入り、2009年
に破産申請し、2010年からはオーク
ツリーOaktreeやアポロなどが形成
する投資ファンドが所有する私的企
業になった。アレリスは、圧延・押

表1-1-11　アルミニウム板製造の
大企業（2010年）

企業名	生産量 （千トン）	市場 占有率
Alcoa	2,975	12.4%
Novelis	2,521	10.5%
Hydro	1,175	4.9%
Chinalco	1,155	4.8%
Constellium	1,000	4.2%
Aleris	959	4.0%
古河スカイ	504	2.1%
Wise Alloy	480	2.0%
住友軽金属工業	444	1.9%
亜州アルミ	370	1.5%
その他	1,238	51.7%
世界合計	23,971	100%

出典：日本アルミニウム協会資料によ
る。

出事業とアルミニウム再生事業をドイツ、ベルギー、中国とアメリカを
中心に展開している。

アルミニウム押出では、2009年の最大手はノルウェーのサパで、ハイ
ドロ、アルコアが続き、中国の亜州アルミ、遼寧忠旺アルミ、ルサール
が6大企業を構成している。

サパSapa AS[17]は、1963年からスウェーデンの押出工場の稼働を開始
し、オランダに子会社を設立した。1976年にはスウェーデンのアルミニ
ウム製造会社グレンジェスGränges Aluminiumに買収され、1980年には
グレンジェスを買収したエレクトロラックスElectroluxの傘下に入っ
た。2005年にはサパはノルウェーのオルクラOrkla ASAに買収された。
サパは2007年にアルコアとの合弁企業になったが、2008年にはアルコア

第1章　アルミニウム産業概論

とオルクラの取引によってオルクラの子会社となった。2012年にはサパとハイドロの押出事業を統合する合意が形成され、2013年に新しいサパ（オルクラ、ハイドロ折半出資）が誕生した。

　亜州アルミ（亜州鋁廠有限公司）[18]は香港資本の亜州鋁業集団の子会社で1991年に広東省に設立された押出メーカーで、2002年にはアメリカのインダレックスIndalexと提携して25%出資を受け入れた。遼寧忠旺アルミ（遼寧忠旺鋁型材有限公司）は、香港資本90%、遼寧忠旺集団10%の出資で1993年に設立された、設備能力（年産33万トン）では中国最大の押出メーカーである。

　アルミニウム箔では、2010年の大手は、アルコア、中国の鎮江鼎勝アルミ、ノヴェリス、チャイナルコ、ハイドロ、中国の江蘇国威アルミが

表1-1-12　アルミニウム押出の大企業（2009年）

企業名	生産量（千トン）	市場占有率
Sapa	1,092	5.6%
Hydro	572	2.9%
Alcoa	394	2.0%
亜州アルミ	320	1.6%
遼寧忠旺アルミ	300	1.5%
Rusal	260	1.3%
LIXIL	203	1.0%
Kaiser Aluminum	192	1.0%
YKK AP	157	0.8%
台山金橋アルミ	150	0.8%
その他	16,032	81.5%
世界合計	19,672	100%

出典：日本アルミニウム協会資料による。

表1-1-13　アルミニウム箔の大企業（2010年）

企業名	生産量（千トン）	市場占有率
Alcoa	301	7.4%
鎮江鼎勝アルミ	280	6.9%
Novelis	271	6.7%
Chinalco	151	3.7%
Hydro	142	3.5%
江蘇国威アルミ	130	3.2%
河南永順アルミ	120	3.0%
Assan Aluminyum（トルコ）	93	2.3%
Rusal	93	2.3%
河南明泰アルミ	85	2.1%
その他	2,383	58.9%
世界合計	4,049	100%

出典：日本アルミニウム協会資料による。

第1節　世界のアルミニウム産業

６大企業である。

　鎮江鼎勝アルミ（鎮江鼎勝鋁業股份有限公司）は、1970年に設立された薄板・帯・箔圧延企業で、2014年現在年産10万トンの生産能力を持つ。江蘇国威アルミ（江蘇国威鋁業股份有限公司）は2007年に設立された企業でアルミニウム箔年産20万トン、合金箔6.5万トン（2014年）の設備能力を持つ加工品メーカーである。

1　アルミニウムの硫酸塩を含む明礬は、医薬用（消毒剤）、工業用（染色剤、皮なめし剤、沈殿剤）などに古くから利用されてきた。1808年にイギリスの化学者H.デイヴィHumphrey Davyが、明礬Alumに含まれる金属の存在を予測して、これをAlumiumと名付け、その後、Aluminumと呼んだ。これに対して、当時新たに命名された元素がmagnesium, calciumなど-iumの接尾語を持つことから、Aliminiumという名称が提案され、２種の名称が使用されるようになった。アメリカでは現在でもAluminumが公式名称となっている。

2　1867年のパリ第４回万国博覧会にもアルミニウム製品が出品され、幕府が派遣した使節団がそれを見て、日本にアルミニウムについての情報を持ち帰った。

3　ペシネーは、1897年からエルー法による電解製法を採用した。*International Directory of Company Histories,* Vol. 45. St. James Press, 2002.

4　『日本軽金属二十年史』同社、1959年、413-7頁。以下の国際カルテルの記述も同書による。

5　ジュラルミンDuraluminは、ドイツのA.ヴィルムAlfred Wilmが発明して1909年にドイツ特許を取得したアルミニウムと銅・マグネシウム・マンガンの合金で、超軽量で高い耐破断性を持つ素材として、航空機材料などの用途が開かれた。Olivier Hardouin Duparc, Alfred Wilm and the beginnings of Duralumin, *Zeitschrift für Metallkunde,* vol. 96, 2005.

6　調査機関Davenport & Co. 推定。日本アルミニウム協会資料による。

7　アルコアに関する記述は、*International Directory of Company Histories,* Vol. 56. St. James Press, 2004. 同社ウエッブサイトなどに依る。

8　アルキャンに関する記述は、*International Directory of Company Histories,* Vol. 31. St. James Press、2000. 同社ウエッブサイトなどに依る。

9　ルサールについての記述は同社ウエッブサイトなどによる。

10　チャイナルコ、チャルコについての記述は両社のウエッブサイトなどによる。

11　ハイドロに関する記述は、*International Directory of Company Histories,*

第 1 章　アルミニウム産業概論

Vol. 35. St. James Press, 2001. 同社ウエッブサイトなどによる。

12　BHPビリトンに関する記述は、*International Directory of Company Histories,* Vol.67. St. James Press, 2005.　同社ウエッブサイトなどによる。

13　デュバルについての記述は同社ウエッブサイトによる。

14　ヒンダルコについての記述は同社ウエッブサイトによる。

15　コンステリウムについての記述は同社ウエッブサイトによる。

16　アレリスについての記述は同社ウエッブサイトによる。

17　サパについての記述は同社ウエッブサイトによる。

18　中国企業については『アルトピア』43巻 9 号、2013年 9 月の「中国のアルミニウム会社名鑑」、各社ウエッブサイトによる。

第2節　日本のアルミニウム産業の特質

1．アルミニウムの需給関係

　日本のアルミニウム産業は、次章で述べるようにまず圧延加工企業が設立され、アルミニウム新地金は海外製品の輸入に頼るかたちで発達を開始した。その後、アルミニウム製錬業も内地・外地で設立され、第2次大戦後しばらくは、前掲表序−1のように、アルミニウム新地金について高い自給率を維持してきた。しかし、ドルショックとオイルショックを境に製錬企業は急速に国際競争力を喪失して製錬事業から撤退し、1990年代には自給率が1％を割り込み、新地金は開発輸入を軸として海外製品に依存する状態となった。アルミニウム製錬業を国内に持たずに、素材と製品の国際分業体制を取るのが日本のアルミニウム産業の第1の特質である。

　2014年について需給関係を見ると、表1−2−1の通りである。地金の供給は輸入分が76.7％を占め、国内生産は新地金がわずかに0.6％であっ

表1−2−1　日本のアルミニウムの需給（2014年）　　　　　　　（単位：トン）

供給	地金					アルミ製品輸入	合計
	国内生産			輸入	合計		
	新地金	2次地金	計				
	22,093	836,302	858,395	2,823,584	3,681,979	381,027	4,063,006
	0.6%	22.7%	23.3%	76.7%	100.0%	9.4%	100.0%
需要	食料品	金属製品	一般機械	建設	電力	電気機械	合計
	436,824	479,903	95,567	551,296	16,479	122,322	
	11.3%	12.4%	2.5%	14.3%	0.4%	3.2%	
	輸送	化学	その他	内需計		輸出	
	1,642,321	4,575	505,612	3,854,651		231,309	4,085,959
	42.6%	0.1%	13.1%	100.0%		5.7%	100.0%

注：供給合計と需要合計の差は、主として在庫量変動による。
出典：日本アルミニウム協会『アルミニウム統計月報』2015年2月。

39

第1章　アルミニウム産業概論

て2次地金（スクラップからの再生地金）が22.7%となっている。日本の地金生産は2次地金が中心であり、国内のアルミニウム屑の再生利用を進めているが、2014年には原料用にアルミニウム屑を75,895トン輸入している。アルミニウム製品の輸入は約38万トンで供給合計の9.4%、国内需要合計の9.3%に当たる。アルミニウム新地金の輸入依存度が高いのとは対照的に、製品の輸入依存度は低い。

　アルミニウム製品の需要合計は約408.6万トンとなっている。需要合計の中で輸出の比率は5.7%である。鉄鋼業における鋼材などの製品の輸出比率に較べると、かなり低い数値になっている。これは、日本のアルミニウム産業が、製品輸出を拡大するほどの国際競争力は持っていないことを示している。

　圧延・押出・箔について、2010年の主要国の輸出入を較べると、表1－2－2の通りである。3製品ともに輸出が輸入を上回っており、3製品合計では輸出が33.8万トンに対して輸入は7.7万トンである。再生地金を含めたアルミニウム地金総消費量に対する割合は、輸出が9.6%、輸入は2.2%になる。アメリカは、3製品合計の輸入が輸出を上回って輸入超過になっているが、地金総消費量に対する輸出の割合は14.3%と日本よりも高い。イギリスは3製品合計が大幅な輸入超過で地金総消費量に対する輸出の割合は33.9%、ドイツは輸出入が均衡しており輸出の割合は47.5%、フランスはやや輸入超過で輸出割合は81.5%となっている。ヨーロッパのアルミニウム生産国は、いずれも輸出の占める割合が高いのが特徴である。中国は、3製品とも輸出超過で輸出合計量は世界最大の207.8万トンに達しているが、地金総消費量に対する輸出の割合は12.2%である。

　アルミニウム製品に関しては、輸出入比率が低く、国内企業は、国内市場を中心として製品供給活動を行っている。海外のアルミニウム大手企業が、海外市場への輸出比率が高い場合が多いことと比較すると、これが日本のアルミニウム産業の第2の特質と言うことが出来る。

40

２．アルミニウム製品市場

　2014年の日本のアルミニウム国内需要合計は385万トンであり、その用途別は表１−２−１に見るように、輸送分野が42.6％と最大で、建設分野が14.3％、金属製品分野が12.4％、食料品分野が11.3％、電気機械が3.2％、一般機械が2.5％、電力0.4％、化学0.1％、その他13.1％となっている。

　アメリカ内務省地質調査所United States Geological Survey（USGS）の資料によると、2010年の北アメリカ・西ヨーロッパ・日本の用途別消費の構成比は表１−２−３のようになっている[19]。北アメリカ・西ヨーロッパと較べると、日本では輸送分野の消費が多く、包装・容器の消費が相対的に小さい。日本では鉄道車輌と輸出向け乗用車の分野が大きく、北アメリカでは液体飲料用容器としてスチール缶は少ないという事情が反映されている。液体飲料容器として、日本の場合には、容器内圧力が高いビールや炭酸ガスを含む清涼飲料ではアルミニウム缶が使用されるが、それ以外では強度の観点からスチール缶が好まれ、また、ベンダー

表１−２−２　アルミニウム圧延押出品の輸出入（2010年）　　　（単位：千トン）

国	押出		板		箔		合計		アルミニウム地金総消費量に対する比率（%）		アルミニウム地金総消費量
	輸出	輸入	輸出	輸入	輸出	輸入	輸出	輸入	輸出	輸入	
日本	29	12	246	42	63	23	338	77	9.6%	2.2%	3,534
アメリカ	179	419	705	649	108	166	991	1,234	14.3%	17.8%	6,925
イギリス	61	124	114	450	26	81	201	655	33.9%	110.5%	592
フランス	116	242	428	351	91	112	636	705	81.5%	90.4%	780
ドイツ	251	628	825	607	328	166	1,403	1,402	47.5%	47.4%	2,955
ロシア	156	18	59	30	28	25	243	72	35.5%	10.5%	685
中国	629	90	949	426	499	53	2,078	569	12.2%	3.3%	16,993
ブラジル	26	27	54	69	30	23	110	119	7.7%	8.4%	1,424

出典：日本アルミニウム協会資料による。

第1章　アルミニウム産業概論

で加熱して販売される場合
にもスチール缶が使用され
ている。西ヨーロッパでは、
建築・建設の比率が日本よ
り高いが、これは、日本の
建築・建設消費が、長く続
いた不況で低迷している状
況を反映している。

　アルミニウムの用途別消
費の構成に日本のアルミニ
ウム産業の第3の特質が現
れている。

表1-2-3　用途別需要の地域比較（2010年）

用途＼地域	北アメリカ	西ヨーロッパ	日本
輸送	35.3%	34.3%	42.8%
工業	15.3%	18.5%	18.8%
建築・建設	12.4%	18.8%	13.6%
包装・容器	26.2%	19.9%	11.8%
その他	10.8%	8.5%	13.0%
合計	100.0%	100.0%	100.0%

出典：C.Nappi, *The Global Alminium Industry 40 years from 1972*, World Aluminiun, 2013. p.23

表1-2-4　アルミニウム製品の製品別出荷推移　　　　（単位：千トン）

暦年	圧延品				鋳造品		ダイカスト		鍛造品		電線			
	国内出荷	輸出	計	構成比	国内出荷	構成比	国内出荷	構成比	国内出荷	構成比	国内出荷	輸出	計	構成比
1970	661.4	31.9	693.3	57.6%	177.8	14.8%	157.7	13.1%	1.5	0.1%	68.2	17.6	85.7	7.1%
1980	1,378.1	42.9	1,421.0	60.8%	269.9	11.5%	369.1	15.8%	2.5	0.1%	126.0	27.1	153.1	6.6%
1990	2,122.6	152.3	2,275.0	62.5%	395.4	10.9%	690.5	19.0%	30.4	0.8%	55.7	10.8	66.5	1.8%
2000	2,212.2	240.6	2,452.8	61.9%	412.8	10.4%	791.5	20.0%	27.9	0.7%	52.5	6.3	58.8	1.5%
2010	1,830.6	227.1	2,057.7	55.9%	386.8	10.5%	949.1	25.8%	43.4	1.2%	26.4	5.6	32.0	0.9%

暦年	粉				鉄鋼脱酸		その他		出荷合計				（参考）輸入	
	国内出荷	輸出	計	構成比	国内出荷	構成比	計	構成比	合計	構成比	うち輸出	構成比	合計	出荷に対する比率
1970	8.3	0.2	8.6	0.7%	35.1	2.9%	43.8	3.6%	1,203.5	100.0%	55.3	4.6%	4.1	0.3%
1980	2.6	0.7	13.3	0.6%	71.1	3.0%	37.1	1.6%	2,337.0	100.0%	78.3	3.3%	48.4	2.1%
1990	19.6	1.3	20.9	0.6%	116.6	3.2%	43.7	1.2%	3,639.0	100.0%	169.2	4.7%	115.5	3.2%
2000	14.4	1.8	16.2	0.4%	138.2	3.5%	63.7	1.6%	3,961.8	100.0%	258.7	6.5%	150.5	3.8%
2010	10.9	2.4	13.3	0.4%	136.8	3.7%	63.4	1.7%	3,682.5	100.0%	251.6	6.8%	252.2	6.8%

出典：日本アルミニウム協会資料による。

第2節　日本のアルミニウム産業の特質

　日本のアルミニウムの製品別出荷高の構成を見ると、表1-2-4の通りである。2010年では、土木建設・食料品・輸送分野などで使用される圧延品（板・型材・箔など）が55.9%と過半を占め、自動車向けが中心のダイカスト（精密金型鋳造）が25.8%、同じく自動車向けを中心とする鋳造品が10.5%と続いている。鉄鋼脱酸用は、製鋼工程で溶鋼中に残る酸素を除去するためにアルミニウムが使用されるもので、出荷高の3.7%を占めている。電線は1970年には出荷高の7.1%を占めていたが、2010年には0.9%の比率に低下した。送電線として鋼心アルミニウム撚り線が普及する過程で需要が伸びたが、その後は更新需要程度に需要が低下し、自動車などの配線用の需要が伸びた。

表1-2-5　日本の代表的アルミニウム関連企業の規模と業績（2014年度）

（単位：100万円）

企　業	売上高	経常利益	経常利益率
LIXIL	908,560	30,998	3.4%
東洋製罐グループホールディングス	784,362	23,851	3.0%
YKK	721,037	69,720	9.7%
UACJ	572,541	21,337	3.7%
日本軽金属ホールディングス	431,477	20,600	4.8%
YKK AP	345,968	21,450	6.2%
三和ホールディングス	339,045	25,974	7.7%
神戸製鋼所（アルミ・銅部門）	330,800	15,100	4.6%
三協立山	295,236	15,553	5.3%
三菱アルミニウム	100,386	2,010	2.0%
昭和電工（アルミニウム部門）	97,956	2,999	3.1%

注：特記以外は連結数値。三菱アルミニウムは2013年度の数値。昭和電工は営業利益。
出典：各社ウエッブサイトの有価証券報告書等による。

第1章　アルミニウム産業概論

3．アルミニウム製品加工企業

　日本のアルミニウム関連企業は、2014年度の売上高ランキングで、第
1位がLIXIL[20]の9,085.6億円、第2位が東洋製罐グループホールディン
グスの7,843.6億円、第3位がYKKの7,210.4億円で、2013年10月に古河ス
カイと住友軽金属工業の2社が合併して誕生したUACJが5,725.4億円で
第4位となっている。伝統のあるアルミニウム製造企業、日本軽金属ホー
ルディングスは4,314.8億円で第5位となっている（表1-2-5）。

　アルミニウム関連企業の売上高規模は、日本企業としては大きくはな
く、第1位のLIXILでも、日本全企業のなかでは上位200社にはランク
されない。

　世界的に比較すると、アルコアは、2014年度の売上高239億ドル、
2014年の月中平均円相場（1ドル＝105.8円）で換算して、2兆5,301億
円であるから、桁違いの規模である。リオ・ティント・アルキャンのア
ルミニウム部門の2014年度の売上高は121.2億ドル[21]、1兆2,830億円で

表1-2-6　アルコアの売上構成（2014年度）

Product　Group	売上高 100万ドル	構成比
Alumina	3,401	14.2%
Primary aluminum	6,011	25.1%
Flat-rolled aluminum	7,351	30.7%
Investment castings	1,784	7.5%
Fastening systems	1,647	6.9%
Architectural aluminum systems	1,002	4.2%
Aluminum wheels	786	3.3%
Other extruded aluminum and forged products	1,019	4.3%
Others	905	3.8%
Total	23,906	100.0%

出典：Annual Report 2014. http://www.alcoa.com/global/en/
investment/pdfs/2014_Annual_Report.pdf

あった。

アルミニウム関連企業の規模
が比較的小さいことが日本の特
質の第4に挙げられることにな
る。これは、日本企業が、日本
軽金属を除いてアルミニウム製
錬部門を持たないことと関連し
ている。

アルコアの場合は、2014年度
の売上高の構成は、アルミニウ
ム地金60.1億ドルで構成比は

表1-2-7　日本軽金属ホールディングス
の売上構成（2014年度）

品目	売上高 100万円	構成比
地金	83,040	19.2%
アルミナ・化成品	31,299	7.3%
板・押出	82,823	19.2%
加工製品・関連事業	138,088	32.0%
箔・粉末	96,227	22.3%
合計	431,477	100.0%

出典：有価証券報告書　2014年度、15頁。

25.1%、圧延製品は73.5億ドル（30.7%）、各種加工品は62.4億ドル（26.1%）、
アルミナが34億ドル（4.2%）などとなっている（表1-2-6）。

日本軽金属ホールディングスの2014年度の売上高の構成は、アルミニ
ウム地金が830億円で構成比は19.2%、アルミナ・化成品313億円（7.3%）、
板・押出製品828億円（19.2%）、加工製品・関連事業1,381億円（32.0%）、
箔・粉末製品962億円（22.3%）となっている（表1-2-7）。日本軽金属
の場合でも、地金・アルミナの構成比は小さい。

日本のアルミニウム企業は、圧延・加工部門を軸とした経営体であり、
国際比較では、規模が小さくなっている。UACJは、アルミニウム板の
生産では、2015年現在で、アルコア、ノヴェリスに次ぐ世界第3位の規
模となり[22]、日本のアルミニウム企業としては珍しく、世界的な大規模
企業が登場した。

19　別の数値では2010年のアメリカのアルミ製品用途別では、輸送31%、建設
　　13%、包装・容器29%、耐久消費財7%、電気9%、機械設備7%、その他
　　4%の構成になっている。日本アルミニウム協会資料による。
20　トステム、INAX、新日軽、サンウエーブ工業、東洋エクステリアが2011年
　　4月1日に統合して誕生した総合的な建材・設備の製造・販売会社。
21　リオ・ティント・アルキャンのFinancial Statement 2014、htpp://www.

riotinto.com/ar2014/pdfs/financial-statements.pdfによる。

22 UACJのウェッブサイト（http://www.uscj.co.jp/company/strength/index.htm）による。

第2章　日本におけるアルミニウム産業の展開

第1節　戦前期から戦後復興期まで

1. 戦前内地における生産

　日本におけるアルミニウム産業は、軍工廠で輸入地金を軍用の帯革などの尾錠に加工するところから始まり、軍用飯盒・水筒の製作に進んだと言われる。民間企業によるアルミニウム加工は、住友伸銅所が1900年前後に開始し、その後、軍工廠で技術を習得した人物たちを中心にアルミニウム圧延・加工を行う企業が相次いで開業した。

　第1次大戦中は、アルミニウム製品の輸出が伸び、アルミニウム加工企業も増えた。1918年の工場数は16、職工数385名、生産額137万円となった。1920年恐慌で一時工場数は減少したが、家庭用食器・調理器具などアルミニウム製品の販路が拡大するとともに、加工工場は増大して1930年には74工場、職工数1654名、生産額1,253万円となった[1]。家庭用器具のほかに紡績機械部品・化学機器・航空機部

表2-1-1　アルミニウム地金の生産量と輸入量（1930-45年度）

（単位：トン）

年度	生産量			輸入量
	内地	外地	合計	
1930				11,066
1931				2,782
1932				4,794
1933	19		19	3,606
1934	1,002		1,002	5,311
1935	3,211		3,211	11,125
1936	5,592	210	5,802	9,011
1937	11,658	2,776	14,434	4,067
1938	17,759	4,608	22,367	23,847
1939	21,658	7,901	29,559	36,601
1940	30,620	15,269	45,889	3,096
1941	56,075	23,708	79,783	―
1942	85,203	25,095	110,298	1,900
1943	113,856	36,184	150,040	3,000
1944	87,858	29,762	117,620	4,250
1945	7,172	1,661	8,833	

出典：『日本軽金属二十年史』520-1、524頁。

第2章　日本におけるアルミニウム産業の展開

品・電線へと需要が広がると、大手加工企業も成長しはじめた。

民需・軍需の拡大は、アルミニウム地金需要を拡大させ、地金輸入量の増加を招き、国内でのアルミニウム製錬企業の登場を促した。1934年には日本沃度（1934年3月から日本電気工業）大町工場で明礬石を原料としたアルミニウム地金生産に成功した。1935年には日満アルミ

表2-1-2　終戦時のアルミニウム製錬工場

（単位：1,000トン/年）

区分	会社	工場	生産開始	生産能力	生産量
内地	昭和電工（日満アルミ）	大町	1934年1月	20.0	18.3
		喜多方	1943年12月	8.5	4.3
		富山	1935年9月	6.0	5.7
	住友アルミニウム製錬	新居浜	1936年2月	25.0	19.1
	日本曹達	高岡	1937年5月	12.0	11.0
	東北振興アルミニウム	郡山	1939年7月	3.6	3.4
	日本軽金属	蒲原	1940年10月	36.0	30.9
		新潟	1941年1月	18.0	16.8
	国産軽銀	富山	―	3.5	0.0
	計			132.6	109.5
台湾	日本アルミニウム	高雄	1937年2月	15.0	8.4
		花蓮港	1941年11月	9.0	2.9
	計			24.0	11.3
朝鮮	日本窒素肥料	興南	1940年1月	6.5	4.6
	朝鮮軽金属	鎮南浦	1941年6月	4.0	3.3
	三井軽金属	楊市	1943年5月	20.0	8.0
	計			30.5	15.9
満州	満州軽金属	撫順	1938年6月	12.0	8.6
合計				199.1	145.3

注：生産能力は1945年3月現在。生産量は1944年（暦年）の実績。
出典：グループ38『アルミニウム製錬史の断片』277頁。

ニウムが満州の礬土頁岩（ばんどけつがん）（アルミナ分に富む岩石）を原料に地金製錬を開始し、1936年には住友アルミニウム製錬（1934年設立）が明礬石を原料として製錬を開始、1937年には日本曹達がボーキサイト原料による地金製錬を開始した。さらに1940年には、古河電工と東京電燈が設立した日本軽金属（1939年設立）が、ボーキサイトによる地金製錬を開始した。

こうして、表2-1-1に見るように、1933年度の19トンから始まった

48

第1節　戦前期から戦後復興期まで

地金国内生産は、1937年度には1万トンを越え、1940年度には3万トンを越えた。1943年度には約11万4,000トン近い戦前最高の生産に達した。

第2次大戦が終わった1945年の企業別の生産能力を工場別に見ると、表2-1-2の通りである。国内の地金生産能力は1945年3月時点で、合計13万2,600トンで、日本軽金属の蒲原工場が3万6,000トンで最大規模、住友アルミニウム製錬の新居浜工場が2万5,000トン、昭和電工の大町工場が2万トンであった。

2．戦前海外における生産

国内でのアルミニウム製錬に続いて、海外での製錬も開始された。1937年に日本アルミニウム（三菱・三井・古河出資で1935年設立）が台湾でボーキサイトを原料に製錬を開始したのをはじめとして、1938年には満州軽金属製造が、満州産の礬土頁岩を原料に製錬を開始、1940年には日本窒素肥料が、1941年には朝鮮軽金属が、1943年には三井軽金属がそれぞれ朝鮮で製錬を開始した。

海外における生産は、表2-1-1に見るように、1936年度の210トンから始まって、1940年度には1万5,000トンを越え、1943年度に約3万6,000トンと最高規模に達した。

海外工場で最大規模は、三井軽金属の楊市工場で年産2万トンと内地の昭和電工大町工場と匹敵するものであった。

国内と海外での地金製錬が発展したものの、地金需要は大きいために、海外からの地金輸入も増加し、1939年度には3万6,000トンを越えたが、第2次ヨーロッパ大戦が勃発すると輸入が困難になり、国産地金が主要な供給源となった。

3．対日占領政策とアルミニウム産業

敗戦後は、軍需産業の復活を禁止する連合国の対日占領政策の下で、アルミニウム製錬設備に関しては厳しい方針が示された。1945年12月のポーレー中間報告では、スクラップ処理工場を除いて、アルミナ、製錬、

第2章　日本におけるアルミニウム産業の展開

加工全ての設備を賠償撤去する案が示され、その後、1946年4月のポーレー総括報告でも同じ案が提示された（表2-1-3）。ポーレー中間報告を検討していたアメリカ政府の国務・陸軍・海軍3省調整委員会は1946年4月に、製錬設備のうち年産2.5万トンの残置を認める案（SWNCC236/43）を採択して、やや賠償政策を緩和の方向に向けた。しかし、極東委員会は、1946年5月からの討議のなかで、圧延設備の年産1.5万トンは残置するが、他は全面的に賠償撤去する方針を承認した。

　しかし、対日占領政策が日本の非軍事化から日本経済の復興へと転換するなかで、賠償方針も緩和されていった。 1948年2月に提出され3月に公表された第2次ストライク報告書では、第1部では、年産2万5,000トンの製錬能力と年産5万5,000トンのアルミナ生産能力が残置されることになった。そして、同じ報告書の第2部では、明らかに軍事用

表2-1-3　アルミニウム工場の賠償撤去案の推移

報告書	提出期日	アルミナ設備	製錬設備	加工設備
ポーレー中間報告	1945年12月18日	全工場撤去	スクラップ処理工場を除く全工場撤去	仕上げに使用される全工場撤去
ポーレー総括報告	1946年4月1日	同上	同上	同上
米国務・陸軍・海軍3省委員会SWNCC236/43	1946年4月8日	言及なし	年産2.5万トン残置	言及なし
極東委員会決定	1946年5月〜12月	全工場撤去	スクラップ処理工場を除く全工場撤去	1.5万トン分残置
第2次ストライク報告第1部	1948年2月26日	5.5万トン残置	年産2.5万トン残置	11万トン設備全部撤去
第2次ストライク報告第2部	1948年2月26日	全工場残置	全工場残置	軍需用の4工場以外は残置
ジョンストン報告	1948年4月26日	同上	同上	同上

出典：大蔵省財政史室『昭和財政史　終戦から講和まで』第1巻、244-5、253、366、404頁。『日本軽金属20年史』142、144頁。

50

に建設された加工４工場以外は、すべてのアルミニウム関係設備を賠償
撤去の対象から外すことが提案された。そして、同年４月のジョンスト
ン報告で、第２次ストライク報告の第２部の内容が採用され、５月には
極東委員会でアメリカ代表マッコイがこれ以上の賠償は打ち切る方針で
あることを宣言した。アルミニウム産業は賠償撤去から免れたのである。

　このように賠償緩和の雰囲気の中で、1948年１月には、オランダ駐日
軍事使節団から戦時中に古河鉱業が採掘したビンタン島のボーキサイト
の日本輸出が提案され、総司令部は、４月にこれを許可した。そして、
同月下旬に第１船が日本に到着した[2]。それまでは、残された航空機機
体などのスクラップから２次アルミニウム製造を細々と続けていた昭和
電工・住友化学工業（当時、日新化学）・日本軽金属の３社によって新
地金製錬が再開された。

４．経済復興とアルミニウム需要

　アルミニウムに対する需要は、戦後、航空機生産が禁止されて縮小し、
しばらくは日用品が中心で低迷していたが、経済復興が進むとともに次
第に増大し始めた。ところが、戦後復興過程では輸出による外貨獲得が
重視され、アルミニウムも加工貿易品のひとつになった。そして、国内
向け需要を制限する重要資材使用制限規則によって使用制限品目に指定
された。しかし、品質の面から輸出には困難が伴い、アルミニウム業界
は、停滞する内需拡大のために使用制限品目からの除外を政府に要望し、
1950年１月からは使用制限が解除された。

　日本の経済的自立化を図るために1949年に実施されたドッジ・ライン
は、厳しい財政緊縮と１ドル360円の単一固定為替レート設定によって、
日本経済をいわゆる安定恐慌に導いた。アルミニウム産業は、地金の公
定価格を維持するために政府補給金を交付されていたが、緊縮財政のな
かで補給金は廃止された。また、従来、ボーキサイト輸入には１ドル
150円レート、地金輸出には１ドル580円レートが適用されていたところ
に、単一為替レートが設定され、製錬企業は二重の大きな打撃を受けた。

不況が深刻化するなかで、1950年1月には価格統制が廃止されて、アルミニウム地金は自由競争の時代を迎えた。

1950年6月に朝鮮動乱が勃発すると、アルミニウム需要は急激に拡大し、輸出も盛んになり、政府は10月から輸出制限を行うほどになった。地金価格は、朝鮮動乱勃発時には1トン13万円であったところ、翌1951年4月には20万円にまで急騰した。朝鮮動乱は、「不況にあえいでいたアルミニウム工業にとって、起死回生の役割を果たした」[3]。

アルミニウム製品の用途別需要は、表2-1-4に見るように、1950年頃は、家庭用器具・容器など日用品が過半を占めており、戦前の需要構造から軍需品を除いただけの古い姿を呈していた。しかし、5年後

表2-1-4　アルミニウム製品
用途別需要の構成
（1950・55年）

項目	1950年	1955年
日用品	51.2%	36.8%
金属製品・産業機械	12.3%	21.1%
建築	5.9%	2.7%
電力	4.6%	6.5%
電気・通信	4.2%	8.8%
陸運	4.0%	9.5%
農林・水産・繊維	5.1%	4.2%
精密機械	0.4%	1.3%
医療・衛生	2.1%	0.2%
化学	1.1%	1.2%
たばこ	0.9%	0.8%
船舶	0.3%	0.8%
その他	7.9%	6.1%
計	100%	100%

出典：安西正夫『アルミニウム工業論』270頁。

の1955年には、日用品の構成比は大幅に減少し、金属製品、産業機械、電力、電気通信、陸運などの需要が伸びて、新しい需要構造への移行が開始された様子を読み取ることができる。

ボーキサイト輸入が再開されてから、新地金生産が再開され、1949年度で約2万3,000トンの生産となり、朝鮮動乱後、急速に生産は拡大して1955年度には太平洋戦争開戦時とほぼ等しい約6万トンの水準にまで回復した（表2-1-5）。

この間、製錬業は、戦時中に劣化した製造技術を回復するために近代化・合理化に取り組んだ。日本軽金属は外国技術の導入を検討し、1948

年ころからレイノルズとの提携を模索したが実現には至らず、交渉相手をアルキャン（アルミニウム・リミテッド）に替えて、講和条約発効後の1952年4月に外資委員会に提携計画の承認を求めた。外資委員会は50%の外資導入を伴う提携に難色を示したが、10月には正式認可を下し、翌1953年4月にアルキャンの出資が完了して、日本軽金属は外資系企業になった。アルキャンから技術調査団が派遣され、勧告に従って合理化が進められて、原単位の15%節減が実現された[4]。昭和電工と住友化学もそれぞれ合理化を進め、アルミニウム地金1トン当たりの従業員数を、昭和電工喜多方工場では1950年の1.35人から1955年には0.53人に、住友化学菊本工場では1.16人から0.42人に減少させる生産性向上を実現させた[5]。

表2-1-5 アルミニウム地金の生産量と輸入量（1948-60年度）

（単位：トン）

年度	生産	輸入
1948	9,933	
1949	22,906	
1950	26,794	
1951	38,732	
1952	41,958	
1953	47,555	
1954	54,998	
1955	59,104	
1956	65,769	2,586
1957	69,459	4,292
1958	89,423	1
1959	105,354	22,175
1960	137,118	19,241

出典：生産は『（社）日本アルミニウム連盟の記録』402-3頁、輸入の1956-1958年度『日本軽金属二十年史』525頁、1959-60年度『日本軽金属三十年史』資料編61頁。

1 安西正夫『アルミニウム工業論』472頁。
2 『日本軽金属二十年史』139-40、165頁。
3 安西前掲書251頁。
4 『日本軽金属二十年史』273頁。
5 軽金属製錬会『アルミニウム製錬工業統計年報』昭和35年。

第2章　日本におけるアルミニウム産業の展開

第2節　高度成長と製錬業への新規参入

1．分析方法

　本節では、戦後復興期を過ぎて日本経済が高度成長期を迎え、アルミニウム市場が急速に拡大するなかで、アルミニウム製錬業が発展する時期を対象に、アルミニウム製錬への新規参入と既存企業の設備拡大の過程を分析する。

　アルミニウム製錬業の発展期についての先行研究としては、安西正夫が最も詳細な分析を展開している[6]。桑原靖夫も、概説的な記述をおこなっている[7]。根尾敬次の連載論文は、安西前掲書に次ぐ詳細な記述である[8]。秋津裕哉の著作は、特に住友グループのアルミニウム事業に関してはすぐれた記述である[9]。牛島俊行・宮岡成次の共著[10]と宮岡成次の著作[11]は、三井グループのアルミニウム事業について、詳細なデータを含んだ分析を展開している。また、アルミニウム関連企業の社史は、それぞれの企業の実態を記述している。

　これらの研究・文献は、アルミニウム製錬業の発展過程の歴史的事実を記述しているが、産業史あるいは経営史としての分析方法が明示されているわけではない。分析方法が明示された研究としては、大西幹弘がある[12]。三菱化成工業の新規参入を分析して、三菱化成の参入に対して既存三社はアグレッシブな価格政策を発動しなかつたと指摘している。参入阻止価格理論の有効性を検討してそれに疑問を提起することを目標とした論文であるが、アルミニウム製錬の産業史的分析としても高く評価できる。

　最も詳細な分析を行っている安西も、アルミニウム工業で寡占が形成される傾向を参入障壁の面から検討して一般的要因を指摘しているが、すでに実行されていた三菱化成工業の新規参入をこの一般的要因との関係で分析する作業は行っていない。越後和典は、アルミニウム製錬業を分析して、この産業の参入障壁は、常識的に想像されるほど高くはないと判定しているが、三菱化成工業・三井アルミニウム工業の実例を分析

第2節　高度成長と製錬業への新規参入

したうえでの結論ではない[13]。

　1970年代までの製錬業の発展は、寡占状態にある業界への新規企業の参入によって促進された事実からすれば、発展期の製錬業を分析する際には、産業組織論的な参入障壁問題を手がかりとした方法は有効性が高い。本節では、参入障壁にどのように対処しながら新規参入が実現したか、あるいは新規参入計画が実現されなかったかという視角を製錬業発展期分析の第1の方法として採ることにしよう。

　産業の発展は、そこで活動する企業の成長によって担われている。企業の成長は、外部環境に対応しながらどのような経営戦略を選択するかによって決まる。製錬業の発展過程を、アルミニウム製錬企業が、どのような経営戦略を選択したかを分析することによって明らかにするという視角が本節の第2の方法となる。

　新規参入と設備拡大の過程で胚胎された問題点を指摘しながら、企業活動の成否を参入障壁との関連で評価することが本節の課題である。

2．ビジネスチャンスと参入障壁

（1）地金需要の急拡大

　アルミニウム地金の需要量の拡大を、10年間平均値で見ると、表2-2-1のようになる。1950年代平均では年間9.5万トンであった総需要量は、60年代には53.1万トン、70年代には183.4万トンとこの20年間で19倍以上に増大している。地金輸出の割合は50年代の14.9%から70年代には5.8%に低下しており、需要の大部分を占める国内需要は、50年代から70年代までの20年間で、8.1万トンから172.9万トンへと21倍以上に伸びている。

　需要分野別に見ると、1950年代には日用品・電気通信・電力・一般機械などを含む「その他」が63%以上を占めており、金属製品が約20%、輸送が13%で、土木建築は3%という構成になっていた。60年代には、その他のシェアは45%に減り、金属製品も約17%に縮小して、輸送が21%、土木建築が16%に拡大した。70年代には、土木建築が33%と第1

第2章　日本におけるアルミニウム産業の展開

表2-2-1　アルミニウム地金需給の構成変化　　　　　　　　　（単位：千トン）

年度平均	需要								供給				
	地金需要合計	輸出	国内需要						新地金			再生地金	地金供給合計
			内需合計	輸送	土木建築	金属製品	食料品	その他	国内生産	輸入	国内生産比率	国内生産	
1950 -59	95	14	81	10	2	16	1	51	60	1	98.4%	19	80
			100%	13%	3%	20%	1%	63%					
1960 -69	531	33	497	106	78	83	6	225	312	86	78.4%	141	518
			100%	21%	16%	17%	1%	45%					
1970 -79	1,834	106	1,729	366	571	240	67	485	1,015	424	70.5%	517	1,955
			100%	21%	33%	14%	4%	28%					
1980 -89	2,797	172	2,625	761	747	376	173	568	297	1,468	16.8%	861	2,626
			100%	29%	28%	14%	7%	22%					

注：国内需要の下段は構成比。地金国内生産分には、高純度アルミニウム地金は含まない。
需要合計と供給合計の差は、在庫の増減、再生地金輸入、高純度アルミニウムの需給差が
主要成分である。
出典：日本アルミニウム協会『（社）日本アルミニウム連盟の記録』、400・406・411頁より
作成。輸入量の1960年度までは産業構造調査会『日本の産業構造』第3巻、通商産業研究社、
1965年、176頁による。

位になり、食料品も約4％にシェアが拡大した。50年代から70年代まで
の20年間の地金需要拡大に対する分野別の寄与率（総需要増加分に対す
る割合）は、土木建築が35%、その他が26%、輸送が22%、金属製品が
14%、食料品が4％となっている。1980年代を見ると、輸送が29%のシェ
アで第1位となり、土木建築は28.5%に後退する。つまり、各分野で需
要は急増しているが、そのなかで、1970年代までは土木建築分野の拡大
が需要の伸びを先導し、80年代に入って輸送分野が先導役に代わるとい
う需要構造の変化が進んだといえる。

　アルミニウムの新しい用途の開拓（表2-2-2）とともに地金需要は
拡大した。輸送分野では、1970年代までに、船舶の船体のアルミニウム

第2節　高度成長と製錬業への新規参入

表2-2-2　アルミニウム製品の新規用途年表

分野	年	事　項
輸送	1954	海上保安庁巡視船艇「あらかぜ」がわが国初のオールアルミ製巡視艇として登場
	1959	わが国初のアルミ製バス完成（西日本鉄道）
	1960	アルミ製カーエアコン本格生産
	1962	山陽電鉄に初のオールアルミ構造電車完成
	1962	アルミバントラック登場
	1962	軽乗用車に初のアルミエンジン（水冷）搭載
	1966	アルミ製海上コンテナー登場
	1969	初めてわが国の乗用車にアルミ製ラジエータ搭載
	1970	営団地下鉄6000系車両にアルミニウム採用
	1975	二輪車のアルミフレーム登場
	1977	わが国初のアルミ漁船「金毘羅丸」進水
	1981	乗用車用アルミツーピースホイール生産本格化
土木建築	1951	甲子園球場のメインスタンド屋根にアルミを使用
	1959	レディーメードアルミサッシ登場
	1960	アルミ製照明用ポール登場
	1961	わが国初のオールアルミ構造の「金慶橋」（兵庫県）竣工
	1964	住宅公団でアルミサッシ使用
	1965	住宅用引違いアルミサッシ（規格品）発売
食料品	1958	わが国初の家庭用はく登場
	1965	ビール会社がアルミを使用したプルトップ缶の採用開始
	1971	アサヒビールがオールアルミ缶ビール発売、アルミ缶時代来る。
	1976	清涼飲料にアルミ缶本格使用
その他	1955	電気洗濯機のアルミ製内槽の大量発注開始
	1957	アルミ製電気釜登場
	1963	コンピュータの床材にアルミダイカスト採用
	1963	アルミ製パラボラアンテナ登場
	1972	アルミバットが高校野球で公認
	1980	複写機用アルミ製ドラムの使用増加

出典：日本アルミニウム協会「アルミ産業の歩み」
http://www.aluminum.or.jp/basic/alumi-sangyo/index.html（2013年12月12日閲覧）。

第2章　日本におけるアルミニウム産業の展開

化、自動車と電車車輌のアルミニウム車体化、自動車のエンジン、ラジェータ、ホイールのアルミニウム化が進んだ。土木建築分野では、屋根材、構造材、サッシのアルミニウム化が進んだ。特に、1960年代後半期からアルミニウムサッシが普及したことが、アルミニウム地金需要拡大を牽引した。食料品分野では、1970年代に飲料のアルミニウム缶普及が進んだ。その他分野では、1950年代から洗濯機や電気釜など家電製品へのアルミニウム使用が進められた。

　このような新規用途の拡大をともなう地金需要の急増は、アルミニウム製錬業にとっては大きなビジネスチャンスの出現であり、新規参入と既存企業の事業拡大によって、地金供給は、表2-2-1に見るように急速に拡大した。輸入と再生地金も拡大したが、新地金の国内生産比率は、1970年代まで70％以上を維持し、地金供給合計に対する国内生産比率も、1970年代で約52％を保ったのである。

（2）参入障壁

　アルミニウム製錬への新規参入と既存企業の設備拡大は、参入障壁あるいは新投資障壁[14]をクリアすることによって実現した。ここで、製錬業の参入障壁・新投資障壁の内容を確認しておこう。

　越後和典は、1969年の論考で、アルミニウム製錬ではプラント・レベルでの規模の経済性は新工場の参入の大きい障壁とはなりえないと判定し、製錬業への参入障壁としては、とくに低廉安価な電力の確保や巨額の設備資金の調達等が重要な意義をもつと述べている。越後は、1973年の論考では、製錬工程の規模の経済性はもはや参入障壁としては重要な意味はもたず、電力確保・ボーキサイト入手・設備資金調達は、新規企業のみに課せられる障壁とはみなし難いとして、販路問題が参入障壁として低くないと指摘している。そして、電力コストの高い日本で、製錬業が拡大した要因として、政府の関税による保護政策、低く維持された円為替相場、比較的緩い公害規制の三つを指摘しながら、この要因が変化した後の状況では、製錬業の産業組織の競争的性格が強まると予測している。

第2節　高度成長と製錬業への新規参入

　田中久泰は、世界的な寡占体制による価格安定・低水準維持がエント
リーへの障壁となってきたことを指摘しながら、電力では大型火力発電
のコストが下がって従来の参入障壁が決定的なものでなくなってきたか
ら、「ダンピングを防止する意味での適当な関税の保護を前提として、
アルミニウム製錬業がわが国において存立していくことは、採算的にも
十分可能である」と述べている[15]。

　安西正夫は、アルミニウム産業が寡占的に経営されてきている理由と
して、①企業化に際しての高いリスク、②制度的条件による競争制限、
③規模の経済性と所要資金、④価格の安定性と低価格、⑤関連事業総合
化の必要の5点を挙げ、それらが参入障壁を形成していると指摘してい
る[16]。①については、工業化初期の技術的リスクが縮小してからも、電
力源の開発、原料の経済的な入手、公害処理対策などの新しい企業リス
クを克服してゆくことは容易なことではなく、参入障壁となっていると
見る。②については、関税の保護によってアルコアが長く独占的地位を
占めていた事例を引きながら、関税保護が消失したのちも、アルコアは
原料、工場、立地、技術、流通などの種々の面で優越した条件を確保し、
他企業のエントリーを抑制していたと、先行企業の優位を指摘している。

　③については、ボーキサイトの採掘、アルミナの製造、発電、アルミ
ニウムの電解、加工の各段階において、規模の経済性を問題にする。ボー
キサイトは、大規模なプロジェクトの領域となる。アルミナ製造は、規
模の経済性が高く、アメリカにおいては30〜50万トンが経済単位になっ
ている。発電は、火力発電の利用が世界的にも多くなっているが、主役
は依然として大規模な水力発電である。電解工程はアルミナ工程と異な
り、電解炉180〜220炉を一回路（ポット・ライン）として配置し、回路
を増設する形で生産規模を拡大するが、既設回路の90%程度の追加投資
が必要であるため、大規模経営の利益はさほど大きくない。加工工程で
は、鋳物では小規模企業が適しているが、圧延では製錬とのヴァーティ
カル・インテグレーションが有利である。④については、アルミニウム
を一貫生産する主導的企業の力で、アルミニウム価格が低廉で安定的で

あることが、ひとつの参入障壁になっていると指摘している。

　⑤については、アルミニウム製錬工業への参入が盛んになっている現状に対して、参入障壁は低まったとの見方を批判する。論拠は、アルミニウム工業は本来の性格から関連事業の総合化を要請する傾向が顕著であり、たとえ製錬工業に参入したとしても、ボートキサイトまたはアルミナ製造技術、さらには一次・二次加工から販売に至る広範な事業分野の総合化は非常に困難であり、技術的・経営的に採算にのせるまでには多くの困難があるということである。安西は「それゆえ長期的に観察した場合、需要と供給とのバランスが達成される将来のある時点において、これら今日の新規の参入企業でその初期の困難を克服し、その経済性を達成しえた企業を加えて、新しい形態での寡占が成立することになろう」[17]と展望している。

　越後、田中が、製錬業への参入障壁が低下して新規参入が進み、産業組織面では競争的状況が生じると予測したのにたいして、安西は、三菱化成工業や三井アルミニウム工業の新規参入が長期的に見て成功した場合には新しい寡占が形成されると見ている。越後、田中は、電解工程の規模の経済性と電力コストを中心に参入障壁の低下を強調するが、安西は、アルミニウム産業におけるヴァーティカル・インテグレーションの重要性を含めて参入障壁の高さを指摘し、製錬業への新規参入が定着するかは未確定であると判定したのである。

　先行研究が指摘する新規参入・新投資への障壁にどのように対処する経営戦略をたてながら新規参入と既存企業の事業拡大が進められたかを次に検討しよう。

3．新規参入

（1）参入実行の事例

　市場の深化と拡大を大きなビジネスチャンスと見た企業は、それぞれの歴史を踏まえた主体的な条件を勘案しながら、新規参入の戦略を選択した。新規参入にいたる経営戦略の策定・実行の一般的経緯を、図式的

第2節　高度成長と製錬業への新規参入

図2-2-1　新規参入のフローチャート

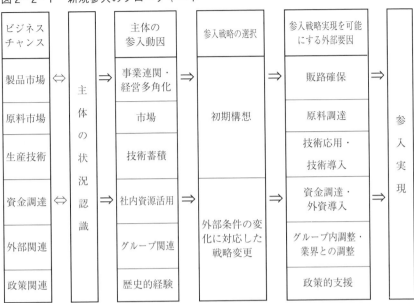

に整理してみると、①ビジネスチャンスと参入障壁の認識→②経営内部状況を踏まえた参入への動因の確認→③参入の初期戦略の構想と条件変化に応じた戦略変更→④戦略の実行という流れになるであろう。図2-2-1のような参入フローチャートを想定しながら、アルミニウム製錬新規参入の3例を見てみよう。

① 三菱化成工業の事例

　三菱の新規参入は、図2-2-2のように行われた。新規参入は、三菱化成工業と三菱金属鉱業がアメリカのレイノルズと提携してアルミニウム加工部門として三菱レイノルズアルミニウムを設立したのに並行しておこなわれた製錬・加工一貫生産を狙いとしたものであった[18]。

　三菱化成工業は、1959年9月から、アルミニウム事業への進出を検討し始めた。当初は新発見のウエイパ（オーストラリア）のボーキサイトを原料にアルミナとアルミニウムを企業化する構想を持ち、三菱商事を

第 2 章　日本におけるアルミニウム産業の展開

介して、レイノルズ（ウエイパのボーキサイト鉱山の株主）と折衝した。
三菱化成工業のビジネスチャンスの認識は、①製品市場については、ア
ルミニウム需要急増にもかかわらず、既存 3 社の増設テンポが遅く、不
足分を輸入地金で賄うという状況が続いており、②原料市場では、原料
ボーキサイトが、オーストラリア、インドなどで大量に開発されており、
③生産技術に関しては、電力では、既存企業の新増設設備は買電および
重油火力発電の依存度が高いため、既存各社との電力コスト差はなく
なってきており、製錬技術では、既存各社では比較的小型炉が多く、最
新の大型炉技術を導入すれば、十分競争可能であるというものであった。

　1955年の既存 3 社製錬能力は 6 万4,200トン、生産量は 5 万9,104トン、
輸入量はゼロ（1956年輸入量は2,586トン）であったのに対して、1960
年はそれぞれ13万300トン、13万7,118トン、 2 万2,967トンであり、生産
能力はこの間に約倍増しているが、輸入が急増していることから、既存
3 社の設備増強テンポが遅いと判断したのであろう。この点に関しては、
越後和典が、電力コストが高い日本の製錬業では、操業率を高水準に維
持することが至上命令となって、過去における製錬企業の投資ビヘイビ
アが慎重なものとなった指摘している[19]。寡占下での国内供給力の相対
的低下によって、新規参入障壁が低くなったと判断された。同様に、ボー
キサイト供給と電力コストの面でも参入障壁が低下したとの判断がなさ
れたのである。

　三菱化成工業が参入に動いた要因のひとつには、戦時中、日本アルミ
ニウムが三菱化成工業黒崎工場の敷地内でアルミナを生産するなど、過
去にアルミニウム事業に関与した実績があった。そして、製錬と加工の
一貫生産体制を確立し、既存メーカーとは異なった形で事業展開を進め
ることで競争力を獲得できるとの見通しを持っていた。製品販路につい
ては、三菱グループの関連各社への供給を前提とすれば、新規需要を中
心に市場を確保できると判断していた。さらに、1959年当時は、電解法
カ性ソーダが過剰で、カ性ソーダの消費対策からもアルミナ生産が考え
られた。

62

第2節　高度成長と製錬業への新規参入

図2-2-2　三菱化成工業の新規参入

1963年5月直江津工場稼働

ビジネスチャンスと主体の状況認識		主体の参入動因		初期構想	外部条件の変化に対応した戦略変更・戦略実現を可能にする外部要因	
製品市場	アルミニウム需要急増にもかかわらず、既存3社の増設テンポが遅く、不足分を輸入地金で賄うという状況	販路	三菱グループの関連各社への供給を前提とすれば、新規需要を中心に市場を確保できる	販売市場を三菱系列内の需要家に限定	グループ内調整	三菱系28社による三菱軽金属技術協議会発足。三菱グループ内におけるアルミニウム製品利用の普及と新用途開発に乗り出す。
				三菱化成単独でレイノルズとの合弁により、アルミニウム加工会社を設立	外資導入・グループ内調整	三菱商事、三菱銀行など三菱系各社との話し合いで三菱金属鉱業と三菱化成を中心に新たに共同出資で企業化することに変更。1962年1月、三菱レイノルズアルミニウム㈱、資本金6億3,750万円で設立。
原料市場	原料ボーキサイトが、オーストラリア、インドなどで大量に開発された	生産体制	製錬と加工の一貫生産体制を確立し、既存メーカーとは異なった形で事業展開を進める	レイノルズから年間5万トンのアルミナを購入する	原料調達	レイノルズからのアルミナ購入価格が高いので、アルミナ自社生産を検討。ウエスタン・マイニングが西オーストラリアで新たに発見したボーキサイトを購入する方針。ウエスタン・マイニングが米アルコアと提携してアルミナ製造を行なうことになり、アルミナ自社製造計画は中止。アルコア・オブ・オーストラリアとアルミナ継続売買契約を締結。
生産技術	電力：新増設設備は買電および重油火力発電の依存度が高いため、既存企業との電力コスト差はなくなってきた　技術：既存各社では比較的小型炉が多く、最新の大型炉技術を導入すれば、十分競争可能	事業連関	1959年当時は、電解法カ性ソーダが過剰で、カ性ソーダの消費対策からもアルミナ生産が考えられた	電源：当初は重油火力発電を想定。1959年11月、帝国石油の頸城鉱業所管内で日量100万㎥の天然ガス自噴。天然ガス利用方針。	電源	第2期計画の建設が本格化した昭和39年1月、帝国石油は、大手需要工場のガス使用規制を開始。41年2月、日量67万㎥を標準数量として受給する協定締結。その後も天然ガス需給は好転しなかったため、第3期計画ではC重油によるディーゼル発電機を採用。
		歴史的経験	戦時中、日本アルミニウムが黒崎工場の敷地内でアルミナを生産するなど、過去にアルミニウム事業に関与した実績があった	三菱化成のアルミニウム製錬工場に対し、レイノルズは技術援助する	生産技術導入	レイノルズのアルミニウム製錬技術がフランスのペシネーの日本特許に抵触することが明らかになり、先の覚書を破棄。ペシネーと、10万アンペア堅型ゼーダーベルグ式電解槽の建設、操業に関する技術などで、世界で最新鋭のアルミニウム製錬技術を導入。ノルウェーのエレクトロ・ケミスクと堅型自焼成ゼーダーベルグ電極に関する技術援助契約を締結。
外部関連	先発3社との摩擦を避ける			販売市場を三菱系列内の需要家に限定、余剰分は輸出に充当	業界との調整	先発3社による参入阻止の価格政策は採られず

出典：『三菱化成社史』による。

第2章　日本におけるアルミニウム産業の展開

　三菱商事を介してレイノルズとの交渉が進められ、1960年5月には、①レイノルズからアルミナを購入する、②アルミニウム製錬工場をレイノルズが技術援助する、③両社でアルミニウム加工の合弁会社を設立するという3項目を骨子とする覚書の交換がおこなわれ、これが新規参入の初期構想の軸となった[20]。

　レイノルズからのアルミナ購入構想は、購入価格が高いので、アルミナの自社生産が再検討され、ウエスタン・マイニングが西オーストラリアで新たに発見したボーキサイトを購入する方針に変更された。しかし、ウエスタン・マイニングが米アルコアと提携してアルミナ製造を行なうことになったので、アルミナ自社製造計画は中止され、アルコア・オブ・オーストラリアとアルミナ継続売買契約を締結した。アルミナ製造では規模の経済性が働くことが参入障壁となることが指摘されているから、年間12万トン程度（地金年産6万トンの場合）のアルミナ使用量では、自社生産は不効率だったであろう[21]。

　製錬技術導入についても、レイノルズのアルミニウム製錬技術がフランスのペシネーの日本特許に抵触することが明らかになったので覚書は破棄され、ペシネーとゼーダーベルグ式10万アンペア電解炉の建設、操業に関する技術などで、世界で最新鋭のアルミニウム製錬技術を導入することに変更された。

　アルミニウム加工会社についても、当初は三菱化成工業が単独でレイノルズとの合弁会社を設立する構想であったが、三菱商事、三菱銀行など三菱系各社との話し合いで、三菱金属鉱業と三菱化成工業を中心に共同出資で企業化することに変更され、1962年1月、三菱レイノルズアルミニウム（資本金6億3,750万円）が設立された[22]。三菱グループの共同出資となったことは、初期投資の大きさが参入障壁となることへの対応であったわけではなかったようである[23]。

　電源は、当初、重油火力発電を想定していたが、1959年11月、帝国石油の頸城鉱業所管内で日量100万m³の天然ガスが自噴したので、天然ガスを利用する方針となった。これによって工場立地として新潟県直江津

64

市が確定した。電力コストという参入障壁を、天然ガス利用の自家発電でクリアする構想であった。第1期計画は順調に実現したが、第2期計画の建設が本格化した1964年には、帝国石油が、大手需要工場のガス使用規制を開始した。必要量を受給する協定を締結したが、その後も天然ガス需給は好転しなかったため、第3期計画ではC重油によるディーゼル発電機が採用された。

製品販路問題は、市場シェアの変更を迫る点で既存企業の反発、つまり参入障壁が高いところで、ここをクリアする戦略が重要である。三菱化成工業は、三菱商事を総販売代理店として、三菱レイノルズアルミニウムと既存製錬3社と強い関係のない大手加工メーカーに販売する戦略を取った[24]。直江津工場第2期計画に着手すると同時に、三菱系28社による三菱軽金属技術協議会を組織化し、三菱グループ内におけるアルミニウム製品利用の普及と新用途開発を図った。

三菱の新規参入に対して、既存3社は強い反対行動は起こさなかったし、製品価格を引き下げて参入を阻止する動きも示さなかった[25]。後述するように、ほぼ同時期に、八幡製鐵がアルミニウム製錬・加工に参入する計画を明らかにしたことにたいしては、既存の製錬・加工業界は猛烈な反対運動を展開して、結局、製錬参入を阻止し、加工部門のスカイアルミニウム設立に止めた出来事とは極めて対照的である。

三菱化成工業は、販売市場を三菱系列内の需要家に限定し余剰分は輸出に充てるとの意向を表明して、先発3社との摩擦を避ける姿勢を明示していた。八幡製鐵がいわば敵対的参入を企てたのに対して、三菱化成工業は協調的参入戦略を採って成功したと言えよう[26]。

② 三井アルミニウム工業の事例

三井グループの新規参入は、かなり異なった事情によるものであった（図2-2-3）。三井グループは、戦前、三井鉱山を中心に海外でのアルミニウム製錬の経験を持っていた。アルミニウム需要が拡大する状況を前に、財閥解体で三井鉱山（石炭業）と分離された三井金属鉱業（当初：神岡鉱業）が製錬参入を検討したが、国内には製錬工場は持っておらず、

第2章　日本におけるアルミニウム産業の展開

ゼロからの出発となることにはリスクが大きく、電力コスト、設備資金などの参入障壁を前に具体化には踏み切れなかった[27]。

　三井アルミニウム工業を誕生させた直接の動機は、エネルギー転換が進む中で国内需要が縮減し続ける石炭の新しい販路を開拓することであった。1964年に三井5社（化学・金属・鉱山・物産・銀行）首脳が三池炭を利用した火力発電によるアルミニウム製錬事業計画を策定し、グループの協力で三井アルミニウム工業（資本金5億円、三井鉱山・三井金属鉱業・三井化学・三井物産各22.5%、三井銀行10%出資）を1968年1月に設立したのである。グループの共同出資は、参入障壁となる設備資金問題をクリアする方法であったが、銀行以外の4社の出資分が均等であったことによって、三井アルミニウム工業の経営に責任を負うべき親企業が不明確になったというマイナス面も指摘されている[28]。

　石炭産業は、石炭から石油へのエネルギー転換の流れの中で斜陽産業化し、1962年10月の原油輸入自由化を機に、生産構造の再編政策として第1次石炭政策が採られることとなった。石炭鉱山処理促進交付金支給による炭坑整理が進められたが、第1次石炭政策の段階では、生産目標は5,500万トン確保に置かれ、近代化資金融資による合理化に期待がかけられていた。三井グループは、このような石炭政策の展開を、ひとつのビジネスチャンスと見て、アルミニウム製錬参入を決定したのであった[29]。

　三池炭を使用する火力発電所の電力利用先としてアルミニウム製錬が選ばれたかたちであったが、これで電力コストという参入障壁をクリアできるかについては議論があった。電力コストについて、当初計画では1kWh2円60銭（受電単価2円74銭）を想定したが、三池低品位炭を使ってlkWh2円60銭で電力を産出するのはかなり難しいとの見方がだされた。最初、大牟田に火力発電所を持つ九州電力と買電交渉を進めたがそれが難航し、単純買電から共同火力案に切り替えたが、九州電力は三池炭依存の共同火力に責任は持てないと回答したので、自家発電所建設（15万6,000kW）に踏み切ることになった。九州電力もこの単価での

66

第2節　高度成長と製錬業への新規参入

図2-2-3　三井アルミニウム工業の新規参入

1968年1月三井アルミニウム工業㈱設立　1970年11月アルミニウム製錬開始

ビジネスチャンスと主体の状況認識		主体の参入動因		初期構想	外部条件の変化に対応した戦略変更・戦略実現を可能にする外部要因	
製品市場	三井物産の販売可能量は5万トン未満だったが、拡販に努めればアルミ需要は高率で伸びる為、三井の製品販売も伸びると見込。	事業連関	三井鉱山：三池産出炭の安定需要確保、石炭採掘業の将来性に伴う新規事業設定のため。三井金属：金属製錬事業の多角化のため。三井化学：化学工業事業の多角化のため。三井物産：総合商社の事業分野の拡大のため。三井銀行：三井グループの総合利益拡大のため。（三井アルミニウム設立基本協定書）	定款には「アルミの加工」は含まず。製品は三井物産一手販売。	業界との調整	技術援助協定の認可を得る為に、通産省鉱山石炭局長に念書を提出。その第1項は、「加工部門への進出は板需給が安定するまで行わない」。
原料市場	第1次石炭政策（目標5500万トン）時代：石炭の安定需要の確保			電源：大牟田に火力発電所を持つ九州電力からの買電を予定	石炭政策との整合性	買電（2円60銭/kWh）交渉が難航、単純買電から共同火力へ切替えたが、九電は三池炭依存の共同火力に責任は持てないとし、自家発電所建設（15万6000kW）に踏み切る。
生産技術	三井鉱山は、大牟田・荒尾新産業都市計画で共同自家発によるコンビナートの一環として三池炭による火力発電でのアルミ製錬を企画	歴史的経験	1935年6月設立の日本アルミニウム㈱に三井鉱山が参加、台湾高雄工場でボーキサイトからのアルミ製錬開始。三井鉱山は、1935年12月に、南洋拓殖㈱と合弁で南洋アルミニウム鉱業㈱を設立、パラオ諸島のボーキサイト開発、販売。1938年12月に東洋アルミニウム㈱を設立（三池に年産16千トンのアルミナ工場、富山県の福岡に年産8千トン規模の製錬工場を建設予定）。東洋アルミニウムは1941年12月に西鮮化学（日本曹達系）と合併し、社名を東洋軽金属と改称。1943年3月に三池工場でアルミナ、次いで5月には朝鮮の楊市工場でアルミニウムの生産を開始（電力国家管理で内地製錬は困難）。1944年5月に商号を三井軽金属と改称。	日軽金かアルスイスからの製錬技術導入を検討。三井鉱山社長人脈により日本軽金属と交渉、三池コークス企画部長、三井化学コークス部長がアルスイスと計画を進めた。	技術導入	ベシネーとアルスイスを比較し、電流が高く成績も良い、炉の配列から建屋などの設備費が安い、機械化が進んでいて人員が少ない、技術料も安いからベシネーの技術採用決定。ベシネー125kＡプリベーク方式技術で、240炉7.5万トン/年の工場を建設。
外部関連	既存4社反対。製錬各社は反対だが足並みが揃わないため、低姿勢で臨み各界関係者の理解を求める。				原料調達	物産は豪州のウエイパのボーキを使い、リオ・ティントント社と合弁でのアルミナ製造を予定したが不調に終わり、豪州のゴーブのボーキサイト長期輸入契約を結び、アルミナ製造検討を金属に依頼。1968年12月三井物産は4社（東圧、金属、物産、アルミニウム工業）の社長会に諮り、アルミナ製造会社設立の了解取り付け。1969年5月三井アルミナ製造㈱設立、資本金20億円、物産50%、アルミ・金属鉱業・鉱山・東圧・銀行各10%出資。1972年7月操業開始で第1期15万トン、第2期15万トンのアルミナ工場を140億円で建設。苛性ソーダは東圧が供給。
政策関連	第1次石炭政策（目標5500万トン）時代：石炭の安定需要の確保と産炭地振興に寄与			アルミナは「自給態勢が整うまでベシネーより供給を受ける予定」		

出典：牛島俊行・宮岡成次『黒ダイヤからの軽銀』、宮岡成次『三井のアルミ製錬と電力事業』による。

発電には確信がもてなかったからであるといわれる[30]。

　初期の実行計画では、採算予想は表2-2-3の通りであり、受電単価2円74銭で製造原価を地金1トン当たり16.8万円と算定し、18.5万円で販売して1.7万円の利益を上げる見込をたてていた。製造原価については、同じ時期の通商産業省鉱山石炭局金属課の田中久泰の推定とほぼ同じ数値であり、計画段階では、新規参入が可能とする判断には根拠があったといって良

表2-2-3　三井アルミニウム工業の実行計画案

項　　目	三井アルミ 実行計画案（1）		通産省・ 田中推定（2）	
	地金1トン 当たり円	構成比	地金1トン 当たり円	構成比
製造原価	133,256	79.3%	136,500	80.1%
アルミナ	48,047	28.6%	42,000	24.6%
電力	39,143	23.3%	40,500	23.8%
コークス	7,560	4.5%	19,000	11.1%
他	7,056	4.2%		
労務費	9,744	5.8%	10,000	5.9%
修繕費他経費	13,776	8.2%	15,000	8.8%
販売費	6,048	3.6%	10,000	5.9%
本社費	1,882	1.1%		
金利	16,670	9.9%	19,000	11.1%
償却	18,070	10.8%	15,000	8.8%
原価	167,996	100.0%	170,500	100%
販売単価	185,000			
利益	17,000			

注：（1）三井アルミニウム工業の1968年7月の計画実行案。10年間で66.5万トンの地金を生産販売することを前提とした単年度平均値。宮岡成次『三井のアルミ製錬と電力事業』、151頁によって作成。アルミナ単価は1トン25,000円、電力単価はkWh当たり2.74円、コークス単価は1トン19,000円。借入金は302億円と予定されているので金利の数値は低すぎるように思われるが原数値のまま表示した。
（2）通産省田中久泰推定で、1968年時点でのプリベーク式製錬の原価。田中久泰『アルミニウム工業の現状と課題』、31頁。

かろう。発電所の建設費用は、89.3億円、1kW当たり5.7万円が見込まれていたが、これは、規模が小さいうえに微粉炭処理設備費などが必要で、25万kW以上の他社共同火力の4万円台より高かったと見られている[31]。

第2節　高度成長と製錬業への新規参入

　販路問題については、三井物産が年間5万トン弱のアルミニウム地金を扱っていたことから、製錬参入後も需要は拡大し続けて販路は確保できるとの見通しが持たれていた[32]。三井物産の水上達三は、1958年に三井グループがセントラル硝子を設立したことが、アルミニウム事業参入の伏線になったとして、「建築用の板硝子の分野が伸びて、そのうちにスティールサッシからアルミニウムサッシの時代がくることを確信し、アルミニウム部門に進出することを決めたのである」と述べている[33]。

　三菱化成工業の場合とは異なって、圧延加工分野に進出して一貫生産体制とすることは初期構想に含まれていなかった。この理由は明らかでないが、技術導入の認可を得る過程で、「加工部門（板圧延）への進出は板需給が安定するまで行わない所存」との一項が入った念書を通産省鉱山石炭局長に提出しているところからすると、参入に反対する先行製錬4社との融和を図る意図が働いていたと考えられる。

　参入障壁のひとつとなる既存製錬企業の反発は、三井の場合にも顕在化して、既存4社は、①わが国製錬業の国際競争力低下と企業体質脆弱化を招く、②高額な国家助成を受けている三井鉱山から低廉な石炭の供給を受ける計画は競争条件の差別となる、③アルミニウム地金の需給は安定しているとの理由から三井の参入に反対していた[34]。これに対して、三井グループは、「強い反論は避けて低姿勢で臨み、各界関係者の理解を求めた」[35]。「低姿勢」は、技術導入の認可を受ける際に提出した通産省鉱山石炭局長宛念書に「軽金属製錬会に速やかに入会し、販売節度を守るなど既存業界との協調に努め、局の行政指導に従う」との一項が加えられているところにも表れている。しかし、加工部門を系列下に持たないことは、三井アルミニウム工業の弱点のひとつとなった[36]。

　製錬技術については、初期構想では、日本軽金属あるいはアルスイスからの技術導入が検討された。しかし、アルスイスとペシネーとを比較した結果、電流が高くて成績も良いこと、炉の配列から建屋などの設備費が安いこと、機械化が進んでいて人員が少ないこと、技術料も安いことからペシネーの技術採用を決定し、プリベーク式125kA電解炉240炉

第2章　日本におけるアルミニウム産業の展開

（年産7.5万トン）の工場を建設することとなった。しかし、建設費用が
他社と比較して高く、金利・償却コストが増加する危険を秘めた計画だっ
たといわれる[37]。

　ペシネーと技術提携契約を調印した1968年7月には、前掲表2-2-3
のような三井アルミニウム計画実行案が取締役会で承認された。この実
行案では、アルミナ費用が田中推定に較べると高めになっている。製錬
原料となるアルミナは、初期構想では「自給態勢が整うまでペシネーよ
り供給を受ける予定」となっており、当時の引合い価格がトン当たり2
万2,000円から2万5,000円であった。「自給態勢」とは、当初、三井物産
が、リオ・ティントと合弁でウエイパのボーキサイトを使ったアルミナ
製造を計画していたことを意味している。この計画は実現に至らず、三
井物産は、オーストラリアのゴーブのボーキサイト長期輸入契約を結ん
でアルミナ国内製造を計画し、実行案の検討を三井金属鉱業に依頼した。
1968年12月に、三井物産は4社（三井東圧、三井金属、三井物産、三井
アルミニウム工業）の社長会に諮り、アルミナ製造会社設立の了解を取
り付けた。そして、1969年5月に、三井アルミナ製造（資本金20億円、
三井物産50%、三井アルミニウム・三井金属鉱業・三井鉱山・三井東圧・
三井銀行各10%出資）が設立され、1972年7月操業開始が予定された。

　三菱化成工業の製錬参入では、アルミナは自製せずに輸入する方式が
採られたのとは対照的に、三井グループは、アルミナ生産にも参入する
ことになった。三井アルミナ製造は第一期15万トン、第二期7万トン、
計22万トンの製造能力を持つ計画であった。アメリカでは30万トン以下
のアルミナ工場は存在しなかったが、日本では、1968年度で、日本軽金
属清水工場が34.6万トン、昭和電工横浜工場が28.5万トン、住友化学菊
本工場が24.9万トンの生産規模[38]であった。三井の22万トンは、通商産
業省が規模の経済性を実現できる最小経済単位と指摘した20万トンを越
えてはいた。アルミナ製造技術は住友化学工業からの技術援助でクリア
した。しかし、アルミナ参入は、地金製錬との結合による経済効果を目
標として選択された戦略ではなく、三井物産のボーキサイト・ビジネス

70

の拡大戦略が、主たる動因となっていたところに問題があった。

　三井アルミニウム工業に勤務した宮岡成次は、「アルミナ自給は三井物産と三井金属鉱業が積極的に推進し、三井東圧も苛性ソーダ販売などのメリットがありこれに賛成した。会議では三井5社全部の参加でなくてもアルミナを早くやりたいという三井物産と三井金属鉱業の姿勢が目立った。自給がアルミ社にとって最適な選択なのかという検討よりも、自社の都合を優先させた三井物産と三井金属鉱業のアルミナ早期自給論に押し切られた。」との趣旨の文章を書いている[39]。

　三井グループの新規参入には、当初から問題点が多かったといえよう。

③　住軽アルミニウム工業の事例

　住軽アルミニウム工業の参入（図2-2-4）には、アルミニウム製錬部門を持つ住友化学工業とアルミニウム加工部門である住友軽金属工業の経営戦略の対立という特異な事情が背景にあった。

　住友グループでは、住友アルミニウム製錬（1934年設立）の設備を引き継いだ住友化学工業（当初は日新化学工業）がアルミニウム製錬をおこない、住友軽金属工業（住友金属工業の伸銅・アルミ圧延部門の分離独立で1959年に設立）が圧延加工をおこなう分業体制が採られていた。ところが、1970年に、住友軽金属工業が、新潟県酒田市にアルミニウム製錬・圧延一貫工場を建設する計画を立てて、酒田市と用地買収交渉を開始した。

　住友軽金属工業は、アルミニウム製錬参入を決断する際の状況を、アルミ需要が拡大を続ける状況のなかで、「1970年9月からの製錬・圧延についての完全な資本自由化による国際化の波を乗り切るためには、圧延メーカーとしていかに設備を大型しようとも、原料地金の安定確保上制約が多く、自主経営の確立、低収益性からの脱却がむずかしい。したがって製錬・圧延一貫体制の確立が大手圧延各社にとって緊急の課題となった。」と認識していた[40]。自由化時代に国際競争力を持つには、製錬・圧延一貫体制が必要との判断が示されている。そして、「たまたま当社においては、名古屋工場の拡張もすでに余地少なく、50年代のはじめに

第2章　日本におけるアルミニウム産業の展開

は圧延能力も限界に達するので、この際同業のトップを切って製錬に進出、先進国並みに一貫体制をとり、経営の安定、体質の改善を一挙に進めようと決意」[41]したと参入の動因を説明している。圧延加工部門の設備拡張に際して、その素材である地金を自給しようというバックワード・インテグレーションで、販路問題という参入障壁はなかったが、従来の地金供給者との軋轢は生じた。

　そもそも、製錬参入に向かった実際の動機は、地金供給者である住友化学工業にたいする不満であった。住友軽金属工業の親会社住友金属工業の社長であった日向方齊は、「ある日、住軽金から自前の製錬所を酒田市に作りたいといってきた。価格や納期の面で不満があり、何度も住化と交渉したがラチがあかないという。住友グループ内といっても自由競争原理は貫くべきだと考え、住軽金に同調した」と語っている[42]。

　住友軽金属の不満については、住友銀行役員経験者の秋津裕哉が、「数人からのヒアリングを要約すると、『当時、地金はもうかるが、圧延は過当競争でもうからなかった。その地金を押さえられ、地金の購入で量も価格も明示されたことはなかつた。いつも請求書をみて、いいなりに払ったので量・価格の交渉は事実上なく、もとより契約書もない。圧延が地金をやりたいというのは多年の悲願だった。』」と指摘している[43]。

　地金価格については、コマルコ・ジャパン代表だった清水啓が、「アルキャンはカナダ地金について数量を限定して特定の需要家に特価を提供していた。住軽金に対しても神戸に対しても同じで、国内製錬の地金価格からトン当り5,000円の値引を行っていたはずである。住軽金は当然、住化に対して……値下げを要求したはずである。しかも、アルキャン並みの値下げであった。住化がそれに応えるはずがない。」と書いている[44]。

　一方の住友化学工業の社長だった長谷川周重は、「これまでどおり、グループ内で円滑に調整を図るべきである。製錬事業を二社で行うのは、住友の一業一社の原則にも反する。二重投資は避けるべきだ」と主張しながら、「いままで以上にアルミ地金が必要であれば、あらかじめこれ

72

第2節　高度成長と製錬業への新規参入

図2-2-4　住軽アルミニウム工業の新規参入

1973年2月、住軽アルミニウム工業㈱設立。1977年1月、第1期工事前半設備完成、操業開始。
1979年4月、第1期設備フル操業。

ビジネスチャンスと主体の状況認識		主体の参入動因		初期構想	外部条件の変化に対応した戦略変更・戦略実現を可能にする外部要因	
製品市場	アルミ需要は昭和40年代の前半すでに年間100万トンの時代にはいり……50年代には年間200万トンを必要とするものとみられ……この情勢に対応。	事業連関	名古屋工場の拡張もすでに余地少なく、昭和50年代のはじめには圧延能力も限界に達するので、この際同業のトップを切って製錬に進出、先進国並みに一貫体制をとり、経営の安定、体質の改善を一挙に進めようと決意。	住友軽金属が単独で製錬・圧延一貫工場を酒田に建設	政策との関連	通産省では、酒田計画は地元も賛成しており、工場の地方分散は東北振興政策にも合致する。また、アルミ需要は年間14～15%増が期待でき、昭和51～52年度には逆に製錬能力不足となるとの見地から、通産大臣よりあっせん案を提示、住友軽金属、住友化学ともにこれを受諾。1973年2月、住軽アルミニウム工業㈱設立（資本金20億円、出資比率：住友軽金属工業40%、住友化学30%、住友金属工業15%、住友銀行・住友信託銀行、住友商事各5%）。工場規模はアルミニウム最終18万トンとし、1976年に第1期前半4万5000トンの操業を開始し、1977年に後半設備を完成して9万トンとする予定。製錬技術は住友化学の開発したプリベーク式大型電解炉技術とし、アルミナは住友化学から供給。圧延工場は、第1期（1976～79年）熱間粗圧延機1基、冷間圧延機2基、生産能力年12万トン。第2期（1980～85年）連続式熱間仕上げ圧延機、連続式冷間圧延機、年産能力18万トン。
原料市場	1970年（昭和45年）9月からの製錬・圧延についての完全な資本自由化による国際化の波を乗り切るためには、圧延メーカーとしていかに設備を大型しようとも、原料地金の安定確保上制約が多く、自主経営の確立、低収益性からの脱却がむずかしい。したがって製錬・圧延一貫体制の確立が大手圧延各社にとって緊急の課題となった。	グループ内対立	地金供給者である住友化学工業に対する不満	電力は工場隣接地に東北電力と新会社の共同出資で共同火力発電所を建設		
生産技術						

出典：『住友軽金属年表』、『住友化学工業株式会社史』による。

だけ必要だといってくれれば、住友化学のほうでちゃんと用意する。それでも、どうしても、ということであれば、住友化学のほうでつくっている愛媛県の東予の工場を別会社にして、共同で経営してもよい。」と

第2章　日本におけるアルミニウム産業の展開

譲歩案を出した。しかし、住友軽金属工業の田中季雄社長は依然酒田の計画を続行する構えであったので、親会社の住友金属工業の社長「日向君に、田中社長に思いとどまるよう説得してほしいと申し出たが、事態は好転しない。」と回顧録に書いている[45]。

　住友グループ内の対立が深刻になり、結局、1972年6月に田中角栄通産大臣の斡旋案に両社が合意することで決着がついた。斡旋案の骨子は、酒田におけるアルミニウム一貫計画は、住友軽金属と住友化学が協力して新会社を設立して実施することとし、その構成は両社で協議して定めるという内容であった[46]。

　初期構想では、住友軽金属が単独で一貫工場を建設することになっていたが、斡旋案受け入れの結果、住友グループで新会社を設立することとなり、1973年2月、住軽アルミニウム工業が資本金20億円（出資比率：住友軽金属工業40％、住友化学工業30％、住友金属工業15％、住友銀行・住友信託銀行、住友商事各5％）で設立された。工場規模は、圧延工場は最終規模年産35万トン、製錬工場は最終18万トンとし、1976年に圧延工場12万トンと製錬工場第1期前半4万5,000トンの操業を開始し、1977年に製錬後半設備を完成させる予定とされた。製錬技術は住友化学工業の開発したプリベーク式大型電解炉技術とし、アルミナも住友化学工業から供給されることとなった。

　住軽アルミニウム工業の参入に関しては、なぜ製錬・圧延一貫経営に執着したのかという問題点と、会社設立直後に第1次オイルショックが発生したにもかかわらず参入計画が継続されたのは何故かという疑問点がある。

　一貫経営については、住友軽金属工業の社長だった小川義男が次のように語っている[47]。「親会社の住友金属が単純な平炉メーカーだったのが、高炉を持って一貫会社になって発展していった。それで一貫会社になるのは、事業の性質上当り前のことなんだという思想が頭の中に強く染み着いていたんです。住友軽金属はもちろん、住友金属もそうだったんです。それが錦の御旗になっていた。（中略）住友金属でも社長の日

向方齊さんはじめ、住軽金の計画を聞いて、うんそうだ、応援しよう、なんなら共同事業でもいいぞ、一貫化は当然だ、ということになったというわけで、それ以外の理由はないようですよ。」

当初は製鉄の事例を念頭に、一貫経営が追究されたが、やがて、それは適切な判断ではなかったことが判明する。小川は、「一貫というものが鉄とアルミでは全然違うということが分からなかったんですね。アルミの一貫は直接的なものはちょっと溶かすのが省略できるだけですね。鉄の場合は工程まで違ってくる。酸素転炉が使えるとか、使えぬとか、とんでもないコストの差が出来るんで、アルミのトン当たり3,000～4,000円の差だけとは基本的に違っている。」「海外でもみんなそういう一貫の形態をとっているでしょう。そういうことで疑いを持たなかった。要するに検討不充分ということですよ。」と反省している。

すでに、住友軽金属工業は、隣接した住友化学工業の製錬工場からアルミニウム地金をモルトン・メタル（溶湯）で受け取るホットメタルチャージ方式を採用していたから、一貫経営のメリットについてはその限界も含めて評価できる立場にあったと考えられる。海外の一貫工場が少品種大量生産型であるのに対して、多品種少量生産型になりがちな日本の圧延加工工場では、一貫生産のメリットは大きくない可能性が高い[48]。一貫経営のメリットを十分に検討したうえでの計画ではなかったようであるから、製錬参入の動因は、住友化学工業からの地金購入に価格面などでの不満があったことが主であったと推定される。

酒田工場の建設は、第1次オイルショックの影響で電力コストが急増する状況のなかで進められた。小川は、「一次オイルショックで、1974年には油が2ドル台から10ドル台になったし、更にアップして、80年には30何ドルにもなっているのに、そんな時でも止めようという意見はなかったんですよ。しかし、18万トンの計画は、半分の9万トンだけで止めるしかないだろう、あとは海外製錬に加わってコストを薄める以外にない、という考えにまでは来ていました。しかし、毎月毎月赤字が出て、ついに資本金を食いつぶすところに来て、もうやれないということで遂

第2章　日本におけるアルミニウム産業の展開

に止めることにしたんです。一貫思想というものが無かったら、こんなに無理してやらなかったと思います。」と回顧している。

1976年の日本長期信用銀行調査は、「国内新設計画が、国産地金の価格競争力が大幅に低下したにもかかわらず推進されたのは、第1に、生産が開始される76年以降では自由世界の地金需給は均衡を回復して輸入地金の価格が上昇すると予想したためであり、第2に、生産量全てを自家消費するためフル生産の維持が可能であるから、トン当り原価は輸入地金の販価より高くならないと推定したためであろう。」と指摘している[49]。

住友軽金属工業としては、住友グループ内の反対論を押し切って決定し、酒田市の地域振興計画の一環であることも名分とした計画であったから、外部環境が悪化しても、簡単に方針を転換することはできなかったのであろう[50]。

（2）新規参入計画挫折の事例

製錬新規参入を果たした3社のほかに、実現はしなかったが3社による参入計画が存在した。八幡製鐵、古河アルミニウム工業、神戸製鋼所が一時製錬参入を表明したのである。

3社の計画とは別に、日本復帰後の沖縄で開発事業の一環としてアルミニウム製錬をおこなう企画があった[51]。沖縄返還直前にアルコアから製錬進出の認可申請が出され、軽金属製錬会はこれに反対する態度を表明し、1970年12月には、製錬5社が資本金を均等出資した沖縄アルミニウムが設立された。アルミニウム地金年産20万トンの規模を目標とした製錬・鋳造・発電設備を建設し、日本軽金属が管理運営責任者となる協定が締結された。一方、アルコアは調査の末に進出を断念することを琉球政府に通告してきた。沖縄アルミニウムは、製錬工場建設のフィジビリティ・スタディをおこなったが、1972年の本土復帰後、環境問題に対する住民運動が激化して、結局、1973年11月に沖縄アルミニウムは解散し、沖縄におけるアルミニウム製錬は実現しなかった。

①　八幡製鐵などの事例

76

第2節　高度成長と製錬業への新規参入

　1960年10月に、日曹製鋼（戦前に高岡でアルミナ・アルミニウム製錬の一貫生産をおこなっていた日本曹達の鉄鋼・機械部門の分離独立で設立）のアルミニウム事業化構想が報道された[52]。日曹製鋼は、フランスのペシネーからの技術援助によって、アルミナ年産5万トン、アルミニウム地金年産2.5万トンの規模による製錬業参入を構想した。同社は、まだ日本企業との提携関係を持っていなかったアメリカのカイザーとも提携交渉を進めた。日曹製鋼は、所要資金調達のために、かねてからアルミニウム製錬に関心を持っていた八幡製鐵に協力を要請し[53]、圧延・加工分野も含めた総合アルミニウム事業の新設計画が、日曹製鋼・八幡製鐵・木下産商の3社によって構想された。1961年10月には、カイザーからの出資・技術援助によって八幡アルミニウム（仮称：日本側65%、カイザー35%の出資）を設立する協定が締結されて、1961年12月に政府への申請が行われた[54]。

　この計画に対しては製錬、圧延両業界が激しく反対した。1961年12月には、軽金属ロール会が、通商産業省鉱山局に新規事業進出を抑える措置を要望したが、当局は、当初は長期需給見通しによって検討するとの態度を示すにとどまった。その後、通産大臣（佐藤栄作）が認可の延期、実質的には認可の棚上げを決定した。当面、圧延品の需給関係は逼迫していないとの判断のうえに、中小企業者の多い圧延工業に鉄鋼大手のような大資本が進出するのは業界に与える影響が大きいという見方が示された。また、八幡製鐵は製錬進出の理由の一つとして、将来、製鉄原料としてラテライトを使用した場合に派生するアルミナを処理するためにアルミニウム製錬事業を立ち上げるとしていたが、通商産業省は、ラテライトの試験が完了していないのに製錬部門に先立って圧延加工設備を作るのは順序が逆であるとも指摘した[55]。結局、この時点では、八幡製鐵などによる新規参入は実現しなかった。既存業界の利害という参入障壁が高かったわけである。

　その後、1962年秋ころから昭和電工グループ、八幡製鐵グループとカイザーによる圧延加工専業のスカイアルミニウムの設立構想が進められ

77

第2章　日本におけるアルミニウム産業の展開

た。昭和アルミニウムが認可を受けていたカイザーからの技術導入による圧延設備拡張計画に八幡製鐵グループが参加する形での新会社設立であった。この時にも、製鐵最大手の異業種参入によって強大な競争企業が登場することへの危機感がアルミニウム業界に高まり、巨大企業の節度を欠く行為であるなどの批判を関係各社首脳が表明した[56]。通商産業省が仲介して、1964年10月に、八幡グループの出資比率を計画の35%から18%に引き下げる、スカイアルミの製品はすべて昭和アルミの販売網に乗せて八幡製鐵の販売網は利用しない、スカイアルミは設備・生産計画・持株比率などを変更する場合には事前に通産大臣の承認を受けるなどを内容とした斡旋案を提示した[57]。軽金属圧延工業会と昭和電工側が斡旋案を受諾し、1964年11月に設立申請がおこなわれ、同年12月にスカイアルミニウムが設立された。八幡製鐵グループは、製錬業への参入には失敗したが、圧延加工への参入には成功したのである。八幡製鐵と冨士製鐵の合併で1970年に誕生した新日本製鐵は、1971年12月に三井アルミニウム工業に資本参加（10%）し、製錬業との関係を持つにいたったが、事後の経緯が示すように、製錬参入戦略は成果を上げることはなかったのである。

② 古河アルミニウム工業の事例

古河アルミニウム工業は、1959年に古河電気工業がアルコアと合弁で設立し、アルミニウム圧延加工部門を移管した企業であった。古河電気工業は、戦前、台湾でアルミニウム製錬を行った日本アルミニウムに資本参加しており、日本軽金属の設立には東京電燈とならんで発起人となっていた。戦後、日本軽金属から地金供給を受け、1966年頃には月必要量の約70%を同社から購入していた。地金供給の安定化のために、1968年にはアルコア・オブ・オーストラリア（略称AA）の子会社であるウエスタン・アルミナムと年間20万トンのアルミナ長期購入契約し、AAに加工委託する体制をとることとした。1969年に、アルコアから、古河アルミニウム工業は製錬への進出を検討すべきであり、それを支援する用意があるとの提案を受けた[58]。

78

第2節　高度成長と製錬業への新規参入

　古河アルミニウム工業は、長期的に見て地金製錬へ進出することが望ましいと判断し、1971年からアルコアとの本格交渉を開始した。1972年には、アルコアからのプリベーク式製錬技術の導入契約を結び、73年5月には政府の認可を得た。そして、福井県臨海工業地帯に、アルミニウム製錬14万トン、圧延品18万トンの製錬・圧延一貫生産の工場を建設することとして1973年9月には県当局と立地契約書を取り交わした。原料アルミナはAAからの長期輸入で賄うこととし、電力は北陸電力と古河電工との合弁で福井共同火力発電を設立することとしていた。

　しかし、用地買収を済ませ、共同火力発電の建設も進めていた時点で、オイルショックによる事業環境の変化に直面し、結局、製錬工場建設プロジェクトは中止となり、圧延工場のみが建設された。製錬工場規模はやや小さかったが、住友軽金属工業と同様のバックワード・インテグレーション型の参入計画で、参入障壁はクリアしていたが、外的環境変化に対しては、住友軽金属工業とは異なる対応をとって、参入を断念したのである。

③　神戸製鋼所の事例

　神戸製鋼所は、鉄鋼とならんで軽金属加工部門を持つ独立系の大手圧延加工業者であり、1972年1月に、アルミニウム製錬への進出を表明した。当面は、地金需要の急速な伸びは期待できないと見て、製錬工場の操業開始は1976年中を検討と報道された。製錬参入構想は、最終的には地金年産15万トン規模で、輸入アルミナによる製錬工場と共同火力発電所を700億円程度の投資で、富山・福島・新潟などに用地を求めて建設するとの内容であった。ただし、公害対策に決め手を欠いているので、進出先での反対が予想されるから、海外も含めて立地を検討するとの姿勢であった[59]。

　神戸製鋼所は、技術提携先のアルキャンと資本提携している日本軽金属に協力を申し入れた。日本軽金属はアルキャンと相談し、日本軽金属の新潟工場を神戸製鋼所との共同経営する案を神戸製鋼所に伝えたが、神戸製鋼所は自社持株比率を51%とする条件を主張してこの提案は受け

79

第2章　日本におけるアルミニウム産業の展開

入れなかった。その後、アルキャンが代案として、カナダのキチマット
に新設する年産10万トンの製錬所への出資を提案したが、ここでも神戸
製鋼所は出資比率51％を主張して交渉は決裂した[60]。結局、神戸製鋼所
は「電気料金の高い国内製錬は採らない」[61]こととした。そして、ベネ
ズエラのベナルム・プロジェクト、オーストラリアのボイン・スメルター
ズ・プロジェクトへの資本参加で地金の安定的確保を図ることとなった。
公害問題という障壁を前に参入をためらううちに、オイルショックで電
力費という障壁が高くなって国内参入を中止したのである。

4．既存製錬3社の設備拡張

　こうして新規参入は3社にとどまったわけである。新規参入に対して、
既存の製錬3社（住友化学工業子会社の住友東予アルミニウム製錬を入
れると4社）は、設備拡張で対応した。表2-2-4に示したように、戦
後1950年には3社で年産4万8,000トンであった製錬能力は、1960年ま
でに13万300トンに拡大していた。三菱化成工業参入後の1965年には34
万6,500トンとなっており、この間に既存3社は増加分の72.2％に当たる
15万6,200トンの設備増強を実施している。三井グループが参入した
1970年には、製錬能力は84万7,700トンとなり、この間の能力増加分の
74％は既存3社の設備増強によるものであった。住軽アルミニウム工業
が参入した1977年には製錬能力は164万900トンに達したが、1970年から
77年の間の能力増加分の54.3％は新規参入3社の設備増強によるもので
あった。つまり、1960年代は既存3社が、1970年代は新規3社が設備増
強を牽引したと言えるのである。

　1960年から1977年までの17年間の能力増加分151万600トンのうち、既
存3社の設備増設によるものは58.9％、新規参入3社によるものは41.1％
となっている（図2-2-5）。個別企業では、能力増加分の24.6％は住友
化学工業系（住友アルミニウム製錬＋住友東予アルミニウム製錬）の増
設によるもので、日本軽金属は20％、昭和電工（昭和軽金属）は13.2％で、
住友化学工業の積極性と昭和電工の消極性が対照的ある。1975年から東

80

第2節　高度成長と製錬業への新規参入

表2-2-4　アルミニウム新地金生産能力の推移　　　　（単位：千トン）

暦年	昭和電工			住友化学工業					日本軽金属			三菱化成工業		三井アルミニウム工業	住軽アルミニウム工業	合計
	喜多方	大町	千葉	菊本	磯浦	名古屋	冨山	東予	蒲原	新潟	苫小牧	直江津	坂出	三池	酒田	
1950	9.0			12.0					27.0							48.0
1955	11.7	9.5		15.0					28.0							64.2
1960	35.8			27.5					67.0							130.3
1961	35.0	11.0		32.0		10.0			56.0	30.0						174.0
1962	35.6	11.4	7.9	31.8		21.0			70.0	31.0						208.7
1963	35.6	11.4	34.2	27.0		32.0			76.0	31.0		30.0				277.2
1964	35.6	11.5	33.0	32.0		48.0			77.5	31.0		30.0				298.6
1965	35.6	11.5	33.0	32.0		48.0			93.5	32.9		60.0				346.5
1966	35.7	11.4	41.2	32.1		49.8			93.6	32.9		60.0				356.7
1967	42.7	17.2	49.1	31.6	17.3	49.8			110.7	38.7		66.4				423.5
1968	42.7	18.9	74.1	29.9	53.8	49.8			111.6	58.7		104.7				544.2
1969	42.7	42.6	83.0	29.9	76.0	49.8			112.5	59.9	22.5	107.5				626.4
1970	42.7	42.6	127.8	29.0	76.0	49.8	57.0		112.5	59.9	59.9	153.0		37.5		847.7
1971	42.7	42.6	139.3	29.0	76.0	49.8	82.9		112.5	59.9	104.2	153.0	22.8	38.0		952.7
1972	42.7	42.4	165.2	29.0	76.0	49.7	110.5		112.5	82.1	131.8	153.0	92.5	75.0		1,162.4
1973	28.6	42.4	166.4	19.1	76.0	54.8	189.3		112.5	102.5	131.8	161.7	92.0	75.0		1,252.1
1974	28.6	42.4	166.4		80.3	54.8	189.3		134.5	148.8	157.6	161.7	182.5	75.0		1,421.9
1975	28.3	40.1	167.0		79.2	54.0	182.4	49.2	99.2	145.0	130.0	162.0	195.6	118.5		1,450.5
1976	28.3	40.7	166.0		79.2	54.0	182.4	98.4	95.3	145.0	129.7	162.0	195.6	142.8		1,519.4
1977	28.3	41.3	165.7		79.2	54.0	182.4	98.7	95.0	145.0	129.7	162.0	195.6	165.6	98.4	1,640.9
1978	28.3	41.3	165.7		79.2	54.0	182.4	98.4	95.0	145.0	130.0	162.0	195.6	165.6	98.4	1,640.9

注：昭和電工は、1975年に昭和電工千葉アルミニウム設立、1976年に昭和軽金属に改称。
住友化学工業は、1974年に住友東予アルミニウム製錬を分離独立、1976年から住友アルミ
ニウム製錬。三菱化成工業は、1976年から三菱軽金属工業。
出典：1950年・55年は、通産省鉱山局調査、『日本軽金属二十年史』、517頁。1960年は、
Aluminium Union Limited調査、同上書513頁。1961年〜68年は、*Year Book of the
American Bureau of metal Statistics*、『日本軽金属三十年史』、資料編53頁。1969年以降は、
American Bureau of metal Statistics, Nonferrous Metal data、『日本軽金属五十年史』、344
−5頁。1963年直江津工場、1973年菊本工場の数値は修正。

予工場（住友東予アルミニウム製錬）を稼働させた住友化学工業系は、1976年には長くトップの座にあった日本軽金属を超えて設備能力第1位となった。

新規参入3社では、17年間の増加分の23.7%が三菱化成（三菱軽金属工業）で住友化学工業に次ぐ積極性を示し、三井ア

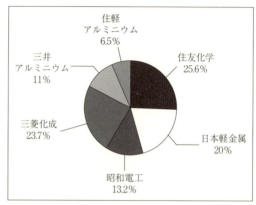

図2-2-5　1960年から1977年までの設備能力増加分（151万600トン）の構成

注：表2-2-4によって作成。

ルミニウム工業は11%、住軽アルミニウム工業は6.5%にとどまっている。

新規参入の圧力を受けながら、既存3社も積極的な設備拡張をおこなって、第2次オイルショック直前（1978年）には、日本のアルミニウム製錬能力は164万900トンとアメリカの478.5万トン、ソ連の247万トンに次ぐ世界第3位の規模に達したのであった。

既存製錬3社は、設備拡張に際して、新規参入障壁と類似した新投資障壁を乗り越えることが必要であった。各社の新規工場建設を取り上げると、次のように障壁をクリアしながら進められた。

日本軽金属の新潟工場は、1941年から製錬を開始していたが、戦後しばらくは製錬を休止していた。製錬再開の計画は、電力供給面の障壁が高く、ようやく1958年4月一部操業の形で実現し、1960年からフル操業体制に入った[62]。1966年にはアルミナ工場である清水工場に製錬工場を併設する計画が立案されたが、環境問題が障壁となってこの計画は中止された。そして1967年には、苫小牧工場新設計画が決定され、アルミナ工場と製錬工場が建設されて1969年10月に操業を開始した。清水工場で問題となったフッ化水素ガスについては、二重の洗浄設備を設置して環境問題をクリアした[63]。

第2節　高度成長と製錬業への新規参入

　昭和電工は、喜多方・大町工場に次ぐ第3の製錬工場建設計画を持ち、千葉県市原市に工場用地を確保していた。しかし、発電所問題が障壁となり具体化に時間がかかった。石炭産業保護政策の一環として制定された重油ボイラー規制法（1955年公布）によって、重油専焼発電所の建設許可条件が厳しくなって、自家発電所の建設が難しくなったのである。結局、電気事業者の資格のもとで重油専焼発電所を運営することとして、昭和発電を設立して電力を確保する方法をとった。電解工場にはゼーダーベルグ式10万アンペア電解炉を自社技術で設計、設置することとし、技術提携先のペシネーと一時金支払いで自由な生産ができる新協定を締結して技術面での問題を処理した。原料アルミナは横浜工場の能力を拡張して、海上輸送で供給する体制を取った。こうして、1962年から千葉工場（完成時年産5万2,500トン）が稼働した[64]。その後、千葉工場は増設を重ねて、独自技術によるプリベーク式15万アンペア電解炉も備え、1973年には製錬能力は16万2,000トンに達した。さらに、1974年3月には5万トン増設のための工事に着工したが、第2次オイルショックによる状況変化に対応して増設工事は中止となった。この他、1969年には大分臨海工業地区に年産30万トンの一貫工場建設計画を構想したが、県の埋め立て計画について地元漁業組合との話し合いが進まなかったのでこの計画を断念した。1970年には広島県福山市箕島で年産34万トンの製錬工場を建設する計画を県当局に提出したが、県当局が大気汚染防止の見地から好ましくないとの意向を示したので、この計画も断念することとなった[65]。環境問題の壁が新投資の障壁となったのである。

　住友化学工業は、菊本製造所の製錬設備増設が敷地限界に達した後に、名古屋の住友軽金属工業の隣接地に年産4万6,500トンの製錬工場を新設した。ペシネーと技術導入契約を結び、中部電力からの電力供給の都合で3期に分けて電解炉を建設し、菊本製造所のアルミナで、1961年に第1期の操業を開始した。市況の悪化で第2期工事は遅れたが、1964年に第3期工事が完成した。住友軽金属にホットメタル（溶融地金）を供給する体制で販路問題はなかったが、電力確保と従業員採用の面で苦心

83

第2章　日本におけるアルミニウム産業の展開

があったようである[66]。アルミナ需要拡大に対応して、ボーキサイト専用船を海運会社と共同で建造し、オーストラリアのコマルコの販売会社に昭和電工とともに資本参加し長期輸入契約を締結した。

　続いて、住友化学工業は、新居浜市磯浦地区に新工場を建設し1967年から稼働させ、69年に年産7万6,000トンの磯浦工場を完成させた。ところが1968年にフッ化水素ガスによる農作物被害が発生し、公害防止設備の増強による対応がおこなわれた。地金需要の増加が続くなかで、さらなる製錬工場の新設が計画され、茨城県鹿島地区を候補地としたが、県当局の承認が得られずに断念し、富山県新湊地区に立地を選定した。アルミニウム加工業が盛んな高岡市を背後に持ち、新産業都市計画の埋立地で県当局から勧誘を受け、北陸電力も大口需要者として進出を期待するという好立地であった。富山工場は、年産16万8,000トン規模で、3期に分けて建設し、電力は北陸電力との共同火力発電から供給を受ける計画であった。ホットメタルによる供給のメリットを考慮してアルミニウム2次製品加工企業を周辺に誘致して販路を確保した。アルミナは、菊本製造所を増設して専用船で輸送する体制を整えた。1970年から操業を開始し、1973年に第3期工事を終えて年産18万トンの工場が完成した。

　さらに、愛媛県東予新産業都市計画の一環として、県当局からの誘致に応えて、1970年には年産30万トンを最終目標とする東予工場建設を決定した。住友東予アルミニウム製錬の工場として、1975年に世界最大のプリベーク式17万5,000アンペア電解炉を備えた5万トン設備が完成したが、不況下で一部の稼働にとどまった。1976年に第1期9万9,000トン設備が完成したものの、第2次オイルショック後の状況悪化で、第1期計画までで製錬からは撤退することとなった。

6　安西正夫『アルミニウム工業論』ダイヤモンド社、1971年。
7　桑原靖夫「アルミニウム産業」、『戦後日本産業史』東洋経済新報社、1995年。
8　根尾敬次「アルミニウム産業論」（『アルトピア』連載22回）、2002-2004年。
9　秋津裕哉『わが国アルミニウム製錬史にみる企業経営上の諸問題』建築資料

第 2 節　高度成長と製錬業への新規参入

　　研究社、1994年。

10　牛島俊行・宮岡成次『黒ダイヤからの軽銀―三井アルミ20年の歩み』カロス
　　出版、2006年。

11　宮岡成次『三井のアルミ製錬と電力事業』カロス出版、2010年。

12　大西幹弘「戦後、日本アルミニウム製錬業に見る新規参入と既存企業の対応
　　―三菱化成の参入をめぐって―」、『一橋論叢』第89巻 第5号、1983年。

13　越後和典「アルミニウム製錬業における規模の経済性」、越後和典編『規模
　　の経済性』新評論、1969年。「アルミニウム」、熊谷尚夫編『日本の産業組織
　　Ⅱ』中央公論社、1973年。

14　通例では投資障壁という用語は外国企業が国内投資をする際に障壁となる制
　　度などを指す。ここでは、国内企業が国内に投資する際に、クリアしなけれ
　　ばならない条件を指す用語として使用している。新規参入障壁の一部は、既
　　存企業の拡大投資についても障壁となりうるからである。

15　田中久泰『アルミニウム工業の現状と課題』（社）軽金属協会、1969年、30頁。

16　安西前掲書、106-124頁。

17　安西同上書、124頁。

18　三菱化成工業についての記述は、特記する以外は三菱化成工業『三菱化成社
　　史』同社、1981年による。

19　越後前掲書、1973年、77頁。

20　『三菱化成社史』261頁。なお、「レイノルズはこの時点で本邦企業に全く足
　　場をもつていなかったのである。三菱からの働きかけ（実際には三菱商事）
　　はまさに"渡りに船"であった。」（秋津裕哉前掲書、143頁）と言われる。

21　1966年10月に通商産業省がまとめた報告書では、アルミナの最小設備規模は
　　年産20万トンとされている。日本アルミニウム協会編『社団法人日本アルミ
　　ニウム連盟の記録』同協会、2000年、253頁。

22　出資比率はレイノルズ33.33％、三菱金属鉱業28.00％、三菱化成26.67％、三菱
　　銀行、三菱電機、三菱商事、新三菱重工業、三菱日本重工業、三菱造船各
　　2％。静岡県裾野町に工場を建設し、1963年10月に生産を開始した。後に、
　　1970年1月に、社名を三菱アルミニウムに変更した。

23　「レイノルズから発せられた三菱化成あてのファックスが誤って三菱金属鉱
　　業に送付され、両社間で極秘裡に進められていた提携交渉が三菱鉱業に察知
　　され、三菱鉱業が厳重に抗議して、この構想は変更された。」とのヒアリン
　　グが残されている。秋津前掲書、144頁。

24　「三菱商事を総販売代理店とした上で、系列内の三菱レイノルズアルミニウ
　　ム（1962年設立）や、製錬系列色のない独立系の神戸製鋼及び吉田工業等へ
　　の販売に注力した。殊に、距離的に近い吉田工業へは、当初一方的に地金を

85

第2章　日本におけるアルミニウム産業の展開

送り込み「代金はいつでもよい、価格も幾らでもよい」という破天荒な販売を通したとも伝えられている。」根尾「アルミニウム産業論」第6回、2003年、84頁。

25　大西幹弘は、三菱化成の参入計画が明らかになった1960年から実際にアルミニウム地金の生産を始めた1963年までの価格推移を分析した結論として、「三菱化成の参入に対して既存三社はアグレッシブな価格政策を発動しなかった」と指摘している。大西前掲論文。

26　「三菱化成の進出に対する先発3社の対応は、第一に設備の増強による自社生産力の増強、第二には、圧延加工メーカーの系列化で、先発3社によるアグレッシブな価格政策での参入阻止は見られなかった。むしろ3社寡占の業界としては、不毛な価格競争に走る愚を避け、新しく4社による寡占体制の保持を計って新規参入者との協調的な関係をめざしたものと考えられる。」根尾同上論文、84頁。

27　1960年10月に三井金属鉱業がアルミ製錬進出を断念と報道された（日本アルミニウム協会前掲書、225頁）。牛島・宮岡前掲書、3頁。以下の三井のアルミニウム事業についての記述は、特記以外は同書による。

28　「事業の第一目的からすれば三鉱が筆頭株主となるべきであったが、出資は4社均等で、役員人事などでは三鉱が実質的に主導権を取ったように見える。このため投資リスクは分散されたが、事業の成功に責任を持つ会社が不在ともいえる寄り合い所帯で新会社はスタートした。」宮岡前掲書、146頁。「三井グループの内部も一枚岩ではなかった。結果的には積極派が大勢であったからこそ三井アルミは発足したのであるが、慎重派の意見も無視できないといわれていた（*8）。その核心は技術面で、とくに電力コストについて、低品位炭を使って1KWH当り2円60銭を産出するのはかなり難しい、九電の拒絶もその確信がもてなかったからであるということ、当初年産3万トンでは採算割れとみられたことであるが、『グループ内には三井鉱山のために重荷を負うのはいやだという意見。……、いまさら石炭火力なんてという批判』（*9）があった。電力問題が一応解決をみたあとでも運営主体については、三井鉱山が三池での製錬を当初から構想し、石炭発電による企業化を推進してきたこと、三井金属は非鉄金属の総合メーカーであり、戦時中に製錬の経験があること、三井化学は総合化学メーカーとして電解工場を持つ必然性をそれぞれ主張し、意見の調整には手間どった（*10）。」（*8・*9「三井グループ"アルミへの執念"をきる」『ダイヤモンド』1968.2.19、*10「激突前夜のアルミ戦線」『週刊東洋経済』42.11.4。）秋津前掲書152頁。

29　1968年1月の三井アルミニウム工業設立の趣旨には、石炭の安定需要の確保と産炭地振興に寄与し、併せて三井グループの総合利益拡大のため、アルミ

第2節　高度成長と製錬業への新規参入

地金製錬等アルミ関連事業分野へ協同して進出すると書かれている。牛島・宮岡前掲書、5頁。

30　牛島・宮岡前掲書4頁。九州電力が共同火力発電所の建設を拒否した理由は、三池の低品位炭を使って1kWh当り2円60銭で電力を供給する確信がもてなかったからであると言われる。「三井グループ"アルミへの執念"をきる」『ダイヤモンド』1968年2月19日、60頁。

31　「発電所5.7万円/kWは規模の利益と微粉炭処理設備費などから25万kW以上の他社共同火力の4万円台より高かった。」宮岡前掲書、151頁。

32　三井物産の「販売可能量は5万トンに満たなかったが、拡販に努力すればアルミの需要は高率で伸びるので、三井の製品販売も応分の比率で伸びるという見込だった。」牛島・宮岡前掲書、34頁。

33　水上達三『私の商社昭和史』東洋経済新報社、1987年、144頁。

34　「三井グループ"アルミへの執念"をきる」『ダイヤモンド』、60頁。

35　既存4社は、①わが国製錬業の国際競争力低下と企業体質脆弱化を招く、②高額な国家助成を受けている三井鉱山から低廉な石炭の供給を受ける計画は競争条件の差別となる、③アルミ地金の需給は安定しているとの理由から三井の参入に反対していた。三井グループは、「強い反論は避けて低姿勢で臨み、各界関係者の理解を求めた」。牛島・宮岡前掲書10-11頁。「低姿勢」は、技術導入の認可を受ける際に提出した通産省鉱山石炭局長宛念書に「軽金属製錬会に速やかに入会し、販売節度を守など既存業界との協調に努め、局の行政指導に従う」との一項が加えられているところにも表れている。

36　「「板需給が安定するまでは」と条件付きとはいえ、「加工への進出は行なわない所存」とアルミ製錬事業にとっては重大な制約を受け入れた。グループ内に加工を持たずに製錬に進出した国内でも数少ない例で、その後三井グループとしては、板メーカーへの資本参加や押出など加工に進出したが、販売の弱さは続いた。」宮岡同上書、151頁。

37　「他社のゼーダー方式の新増設はもとより、千葉、苫小牧、坂出などのプリベーク計画の各社社史や『軽金属通鑑』記載の建設費に比べ年産トン当たり2万円程度高かった。したがつて、最新鋭の技術を導入しても、同業他社に比べ有利な立場にあったとは言い難く、予定通りに販売できなければ、合計20%を超える金利・償却コストがさらに増加する危険を秘めた計画だった。」宮岡同上書、151-2頁。

38　日本アルミニウム協会『(社)日本アルミニウム連盟の記録』405頁。

39　「アルミナ自給は三物と三金が積極的に推進し、三東圧も苛性ソーダ販売などのメリットがありこれに賛成した。」「会議では三井5社全部の参加でなくてもアルミナを早くやりたいという三物と三金の姿勢が目立った。」「栗村委

第2章　日本におけるアルミニウム産業の展開

員は、自山鉱を持たない非鉄製錬所での苦しくて情けない勤務経験から、「確保したボーキ源は機を失せず掴むべき」と述べた。貴重な経験談ではあるが、地球表層で3番目に多い元素アルミニウムは銅・鉛・亜鉛とは大きく異なる別の世界で、質のよい鉱石が1960年代から大量に発見されつつあり、アルミナも世界の大手が共同で大型工場を建設・操業しており、自製しなくてもアルミナ入手は可能なので、量の確保より安く作れるのかが自給問題の焦点となるはずだった。」「自給がアルミ社にとって最適な選択なのかという検討よりも、自社の都合を優先させた三物と三金の別会社によるアルミナ早期自給論に押し切られた。」「一条諦吉は『三菱はアルコアと長期契約の下で坂出に大拡張計画があるにも拘らずアルミナ自給の話はおくびにも出さない。よほど確実、有利な契約を結んでいるものと見られる。……長い期間安全有利な契約で、これを保証できれば、莫大な費用をかけてアルミナ設備など造る必要はない、と云うことにもなる。経理の都合からであろうが、別会社にしてまでアルミナ工場を拵へた三井と、何時までも拵へようとしない三菱と、どちらが悧口か、時が回答するだろう』と書いた。」「戦前は三井も三菱もそれぞれ三井鉱山、三菱鉱業がアルミ製錬の主体であった。戦後三菱は化成1社であったが、三井は5社の寄り合い所帯だったことも、自給に踏み切った一因であった。」宮岡同上書、155-157頁。

40　住友軽金属『住友軽金属年表』平成元年版、同社、1989年、223～24頁。住友化学工業『住友化学工業株式会社史』(同社、1981年)でも、「わが国アルミニウム事業のもつ構造的弱点の是正が強く要請され、欧米の主要なアルミニウム会社のように、製錬から圧延までの垂直的一貫操業体制をとることが望まれた」と述べられている (669頁)。

41　住友軽金属同上書、224頁。

42　日向方齊『私の履歴書』日本経済新聞社、1987年、123頁。製錬に対しての不満については、次のような指摘がある。「高度成長に伴うアルミ需要の急速な増大により、極めて順調な業績を挙げていた時期である。こうした時期における製錬企業と圧延・加工企業との取引関係では、原料をにぎる製錬企業の力が圧倒的に大きく、量・価格の決定において断然優位に立ち、当月の納入量及びその価格は翌月の製錬企業の請求書をみてはじめて圧延・加工企業にわかるという状況であったといわれる。こうした取引関係が日常業務に定着すると、自ずと担当者から不満やがて怨嗟の声が挙がり、企業の総意としてチャンスがあれば川上に進出したいという気運を醸成していくのである。」「数人からのヒアリングを要約すると、『当時、地金はもうかるが、圧延は過当競争でもうからなかった。その地金を押さえられ、地金の購入で量も価格も明示されたことはなかつた。いつも請求書をみて、いいなりに払っ

第2節　高度成長と製錬業への新規参入

たので量・価格の交渉は事実上なく、もとより契約書もない。圧延が地金を
やりたいというのは多年の悲願だった。』」秋津前掲書　126・130頁。
　地金価格については、コマルコ・ジャパン代表取締役だった清水啓が、「住
軽金はアルキャンから導入した圧延技術契約の一部として輸入地金について
アルキャンにプライオリティーを与えることに同意していた。（中略）アル
キャンはカナダ地金について数量を限定して特定の需要家に特価を提供して
いた。住軽金に対しても神戸に対しても同じで、国内製錬の地金価格からト
ン当り五、〇〇〇円の値引を行っていたはずである。住軽金は当然、住化に
対して……値下げを要求したはずである。しかも、アルキャン並みの値下げ
であった。住化がそれに応えるはずがない。」と書いている。清水啓『アル
ミニウム外史（下巻）北海道のサトウキビ』カロス出版、2002年、450-1頁。

43　秋津前掲書、130頁。

44　清水啓前掲書、451頁。

45　長谷川周重『大いなる摂理』アイペック、1985年、117頁。

46　住友軽金属同上書、237頁。『住友化学工業株式会社史』では、「同社（住友
　　軽金属……引用者）は突如田中通産大臣に斡旋を依頼した。当社は、住友銀
　　行堀田庄三会長の勧めもあり、結局斡旋を受け入れて、同社の工場析設を承
　　諾し」たと書かれている。住友グループ内部での調整ができなかった点につ
　　いては、長谷川周重住友化学工業社長と日向方齊住友金属工業社長の対立関
　　係が作用したとの見方がある。「トップ間の確執が内部調整を不可能とし、
　　解決の手を外部に委ねざるをえなかったのである。　……経営トップの責任
　　が厳しく問われなければならないケースであったと思う。」秋津前掲書、128
　　頁。

47　座談会（平成5年3月4日収録）における発言。グループ38『アルミニウム
　　製錬史の断片』カロス出版、1995年、189-91頁。

48　「名古屋の軽圧工場は板、押出と広い範囲の製品を製造しており、しかもそ
　　れに見合う合金を顧客の受注量に応じて多少にかかわらず生産しなくてはな
　　らない。米国のごとく、箔や板材で単一の製品を量産したり、建築用の規格
　　サッシであれば、確かに溶湯を製錬から直接受け取ることは生産コスト低減
　　効果があるが、住軽金名古屋はそのような工場ではない。一方の製錬は二四
　　時間極めて規則的に、少量ずつ溶湯を持ち込む。受け取る方は多数の保持炉
　　を備えて多種、多様な合金を軽圧製品の工程に合わせて用意するか、いった
　　んスラブ、ビレットあるいは急場で普通地金に鋳造し再溶解する必要も出て
　　くる。」清水前掲書、450頁。

49　田下雅昭「アルミニウム製錬業の国際競争力と設備投資の動向」『日本長期
　　信用銀行調査月報』146号、1976年、14頁。

第 2 章　日本におけるアルミニウム産業の展開

50　「同一グループ内で住友化学との調整がつかないまま通産大臣の斡旋に依存
　　　し、地元酒田の与望を担ってスタートさせた事業は、いかに環境が悪化しよ
　　　うとまさに"不退転の決意"で臨んだものであり、おめおめとは引込められ
　　　ないとの経営トップの通産省、住友グループわけても住友化学と住友銀行、
　　　並びに同業他社さらに地元に対する"意地"と"面子"であつたとしか考え
　　　られない。」秋津前掲書、158頁。

51　日本アルミニウム協会前掲書、267頁。沖縄関係の記述は同書による。

52　日本アルミニウム協会同上書、223頁。

53　「アルミ企業化に協力を」『日本経済新聞』1960年12月17日。

54　昭和電工『昭和電工アルミニウム五十年史』同社、1984年、216-7頁。

55　日本アルミニウム協会前掲書230頁。

56　「アルミ圧延の土俵に巨人の足」『エコノミスト』1963年 9 月24日。

57　「通産あっせん案提示」『日本経済新聞』1964年10月27日。

58　古河電気工業『創業一〇〇年史』同社、1991年、565頁。古河アルミニウム
　　　工業に関する記述は同書による。

59　「製錬工場建設は繰りのべ」『日本経済新聞』1972年 1 月28日。

60　根尾前掲論文、2003年、56頁。

61　神戸製鋼所『神戸製鋼八十年』同社、1986年、170頁。

62　日本軽金属『日本軽金属二十年史』同社、1959年、298頁。
　　　日本軽金属（1970）『日本軽金属三十年史』同社。

63　日本軽金属『日本軽金属五十年史』同社、1991年、48頁。

64　昭和電工前掲書、197-202頁。

65　昭和電工同上書、249頁。

66　住友化学工業前掲書、291・380頁。

小　括　新規参入の成功と失敗

　新規参入3社の経営状態を見ると、早い時期に参入した三菱化成工業は、アルミニウム製錬事業で収益を計上することができたと推定できる。三菱化成工業の売上高に占めるアルミニウムの割合は1965年度に7.6％であり、1966年3月にはアルミニウム製錬をおこなう直江津工場を100％子会社の化成直江津として分離し、製品販売は三菱化成工業が担当する体制に変えた。同社社史は、徹底した合理化によって競争力を強化し、経営の早期安定を図ることが必要であり、このためには独立採算に基づく経営が不可欠と判断したためと説明している[67]。三菱化成工業はその後も直江津工場の生産能力拡張を続け、1968年4月には坂出工場の新設を発表した。三菱化成工業の積極姿勢は、アルミニウム製錬事業への進出が成功して収益を上げている事実を反映していたと推測できる。1969年8月には三菱化成工業は化成直江津を吸収合併した。アルミニウム事業が予想を上回るテンポで安定化したためと説明されており、部門別収益は公表されていないが、合併時に化成直江津の未処分利益剰余金9,567.2万円が引き継がれているから、アルミニウム製錬事業が収益を挙げていることが確認できる[68]。

　三菱化成工業は、1971年に坂出工場におけるアルミニウム製錬を開始し、1972年度にはアルミニウム売上高は総売上高の17.7％を占めるに至ったが、第1次オイルショックのなかで製錬事業経営が急速に悪化し、1976年4月にはアルミニウム製錬部門を三菱軽金属工業として分離した。三菱軽金属工業は、初年度から22億円の経常赤字となり、その後も1979・80年度に一時的に経常損益を黒字にしたものの、1981年度の累計損失は179億円に達して債務超過状態（資本金100億円）に陥った[69]。1981年10月には直江津工場の製錬を停止し、1983年には坂出工場の製錬部門を菱化軽金属として分離したが、結局、製錬の業績回復の見通しは立たず、1987年2月に製錬から撤退した。

　第1次オイルショック発生前の時点までは、製錬への新規参入は成功

第 2 章　日本におけるアルミニウム産業の展開

したが、その後の状況下では、最終的には参入に失敗して退出したという経緯になっている。1980年代後半期には、日本におけるアルミニウム製錬が経営的に成り立たない状況になったのであり、言葉を換えれば、世界のアルミニウム製錬業界への参入障壁が高くなって日本企業は退出を余儀なくされたのである。

　世界のアルミニウム市場への参入障壁の最大のものは、製錬コストに占める割合が大きい電力費であった。オイルショックに見舞われるまで、日本立地の製錬業は、電力費が高いために、地金を世界市場に輸出するほどの国際競争力を持つことはできなかったが、日本国内市場で輸入地金と競争する程度の競争力は備えていた。日本市場は、関税と円為替相場の壁で、世界市場のなかでは特別に保護された市場であった。

　1970年時点で見ると、1970年間平均の国内地金価格は 1 トン当たり207,000円であり、輸入地金価格（C.I.F.）は184,463円であった[70]。輸入地金に関税（10.6%）と諸経費（ 8 %）を加えた輸入地金国内価格は218,773円となり、輸入地金は国内相場より11,773円高い。仮に、関税がゼロであったとすると輸入地金国内価格は199,220円となって国内相場より安くなる。また、円為替相場が 1 ドル360円から10%円高の324円となったと仮定すると、輸入地金価格（C.I.F.）は166,017円となり関税・諸経費を加えた輸入地金国内価格は196,896円となる。円高で輸入重油価格が下がり、電力費（地金 1 トン当たり40,500円[71]）が低下することを見込むと、国内地金価格は202,950円になるが、輸入地金より高い水準である。つまり、関税が無くなるか、10%円高になれば、国産地金は日本市場における競争力を失うと推定できる。日本市場を保護する壁は、決して高いものではなかったのである。

　三菱化成工業に約 7 年遅れて1970年から製錬を開始した三井アルミニウム工業の場合には、操業初年度の決算で2,890万円の営業損失、1.89億円の経常損失を計上し、翌1971年度には、営業損益は9.1億円の黒字となったが、経常損失は13.65億円に膨らみ、72年度には20.51億円の営業収益にもかかわらず、12.07億円の経常損失が生じた[72]。経常損益の赤字

92

小　括　新規参入の成功と失敗

はその後も1978年度まで続いて、78年度末の累積損失は233.6億円と期末資本金135億円を上回る額に達した。経営実績から見ると、三井の製錬参入は失敗したと判定すべきであろう。

では失敗の原因はどこにあったのであろうか。一般的には、ドルショック以降の円高によって日本市場を保護してきた壁の崩壊が始まり、第1次オイルショックで電力費が高騰したことが失敗の原因といえるであろう。1968年1月に三井アルミニウム工業が設立された時点に較べると、製錬への参入障壁が急に高くなったのである。

このような一般的原因とは別に、特殊な原因も見逃せない。第1期7.5万トン操業体制が整った1972年度を見ると、地金1トン当たりアルミナ費と電力費は前掲表2-2-3の実行計画案で想定された金額とほぼ同じであり、製造原価は想定値水準を実現したと推定でき、販売価格は想定した18.5万円より7,000円ほど低い17.8万円であったが20億円を越える営業利益を計上することができている[73]。ところが、1972年度の借入金の金利は、表2-2-3で想定したトン当たり16,670円を遙かに上回る42,594円になっており、営業外損失は32.58億円に達して12億円を越える経常損失を生じさせた[74]。つまり、電力費急騰以前の1972年度には、想定水準の製造原価を実現していたが、金利負担が想定外の高さとなって期待した経営成果がえられなかったのである。

金利負担が増大したのは、主として工場建設費が膨張して借入金が拡大した結果である。三池工場第1期計画の建設費は実行計画（1968年7月）では電解設備194.78億円、発電設備89.3億円と予定されていたが、実績（取得簿価）では電解設備231.07億円、発電設備101.61億円となり、技術使用量や開業費などを含む設備費は計画金額を24%以上も上回る353.26億円となった[75]。この結果、1972年度末の借入金は445.52億円となって支払金利は32.83億円に及んだのである。

三池電解工場の建設費は地金生産能力1トン当たりで約30.8万円となったが、これは、ほぼ同時期に同じペシネーからのプリベーク式技術導入で建設された三菱化成工業の坂出工場第1期（年産9万トン、1969

93

年 1 月着工・1972年 2 月操業）の建設費地金 1 トン当たり22.8万円、プリベーク式自社技術で建設された昭和電工千葉第 2 工場第 2 期（年産 5 万トン、1969年 7 月着工・1971年 9 月操業）の建設費 1 トン当たり22.6万円と比較するとかなり高い[76]。宮岡成次は、電解設備建設費が割高となった理由については「ペシネー学校の優等生としてその教えに忠実に建設」し、「送られてきた図面や仕様に忠実に設計・施行し、推薦された海外メーカーの機器を輸入した」結果であると書いている[77]。すでに工場建設の経験を積んでいる昭和電工や三菱化成工業が、建設費を切り下げるノウハウを持っていたのに対して、三井アルミニウム工業が未経験であるが故に高い建設費を負担したのであったとすれば、ここには工場建設に際しての必要資金面での参入障壁が存在したことになる。三井の参入失敗の特殊原因として、このような参入障壁を挙げることができるであろう。

最後に参入した住軽アルミニウム工業の場合は、操業開始が1977年 1 月となり、先行各社が経常損失の累積に苦しみ始めた時期であったから、当初から収益をあげることはできなかった。1977年度は39億円の経常損失、1978年度も35億円の損失を計上し、1981年度末の累積損失は190億円と資本金（180億円）を上回って債務超過となった[78]。そして、1982年 4 月には、5 月末に住軽アルミニウム工業を解散することが発表されたのである[79]。円高とオイルショックで参入障壁が高くなった状況を無視するように試みられた住軽アルミニウム工業の新規参入は完全に失敗に終わったといえよう。

既存企業の製錬増設も、稼働が1974年以降となった日本軽金属新潟工場第 2 期や住友東予アルミニウム製錬の場合には収益はあげられなかったと推定される。日本軽金属新潟工場第 2 期工事（年産8.4万トン増設）は必要資金192億円の計画[80]で1970年 1 月に着工され、前半工事は1973年 3 月に完工して全炉が操業に入った。しかし後半工事はドルショックの影響で中断され、ようやく1974年10月に20炉、1976年末から翌年始に76炉の稼働にこぎつけたが、150炉のうち54炉は通電されることなく終

小　括　新規参入の成功と失敗

わった[81]。

　住友東予アルミニウム製錬は、10万トン工場の建設を370億円の資金予算で1973年3月に開始した[82]。1975年3月に完成した前半工事110炉のうち同年中に稼働したものは12炉で、翌76年1月から40炉操業となったが、後半工事完成後も220炉中168炉しか操業できない状態が1979年まで続いた[83]。

　新規参入と新設備投資が成功するか否かは、1971年のドルショックと1973年の第1次オイルショックを境としてかなりはっきりと分かれているといえる。ドルショック後の円高は、日本のアルミニウム地金市場を保護していた為替相場の壁が低くなって海外企業との競争が激化する状況をもたらした。見方を変えると、日本市場の参入障壁が世界市場の参入障壁に近い高さに変化したのである。オイルショック後の原油価格高騰は、製錬コストを上昇させ、世界的な地金価格の上昇をもたらしたが、製錬用電力の重油依存度の差異が企業競争力の強弱に大きな影響を与えることとなった。つまり、電力費という参入障壁が世界的に高くなったのである。日本のアルミニウム製錬業は、円高による日本市場の障壁上昇と石油高によると世界市場の障壁上昇という、いわば二重の参入障壁の上昇に見舞われたのであった。

　越後和典、田中久泰、安西正夫の参入障壁論とは異なった参入障壁状況が出現したのである。石油火力発電への依存度が高い日本企業は、電力費の障壁を乗り越えることができず、やがて製錬業から退出せざるを得なくなる。越後と田中の新規参入によって競争状況が激化するという見通しも、ヴァーティカル・インテグレーションという参入障壁を乗り越えて新規参入企業が定着すれば新しい寡占が出現するという安西の見通しも、ともに検証される機会はついに訪れることはなかったのである。

67　『三菱化成社史』、343-344頁。
68　三菱化成工業『有価証券報告書1969年度後期』の損益計算書による。
69　木村栄宏「アルミ製錬業の撤収と今後の課題」、『日本長期信用銀行調査月報』

第 2 章　日本におけるアルミニウム産業の展開

202号、1983年、13頁。

70　国内価格は『鉄鋼新聞』価格（99.5%）で、日本アルミニウム協会『(社) 日本アルミニウム連盟の記録』423頁。輸入地金価格（C.I.F.）はアルミニウムの塊（アルミニウムの合有量が99.0%以上99.9%に満たないもの）の1970年平均で財務省貿易統計http://www.customs.go.jp/toukei/suii/index.htmより算出。

71　電力費は通産省田中久泰推定で、プリベーク式製錬の原価。電力単価2.7円/kW、トン当たり使用電力15,000 k Wh。田中『アルミニウム工業の現状と課題』31頁。

72　三井アルミニウム工業の経営数値は宮岡『三井のアルミ製錬と電力事業』162・181・196頁による。

73　牛島・宮岡『黒ダイヤからの軽銀』192-3頁と宮岡同上書、196・204頁の数値から推計。

74　表 2 - 2 - 3 に注記したように計画案のトン当たり金利数値は低すぎる。借入金302億円に対する金利を1972年度の実数値年利7.4%で計算すると地金 1 トン当たりは29,800円になる。この数値を表 2 に当てはめるとトン当たり利益は約3,870円に下がる。1972年度の実際の金利トン当たり42,594円を当てはめると、トン当たり8,924円の損失が発生する。

75　牛島・宮岡前掲書、40頁。

76　三菱化成工業・昭和電工の建設費は両社の『有価証券報告書』の数値。建設費に含まれる費目は明示されていないから、厳密な比較はできない。三井の建設費には土地購入代金を含んでいるが、その額は8.8億円で、地金 1 トン当たりで1.17万円程度である。

77　宮岡前掲書、161頁。

78　清水『アルミニウム外史』下巻　444頁。

79　住友軽金属『住友軽金属年表』平成元年版　311-2頁。

80　日本軽金属『有価証券報告書1969年度後期』による。

81　日本軽金属『日本軽金属五十年史』53頁。

82　住友化学工業『有価証券報告書1974年度後期』による。

83　『住友化学工業最近二十年史』同社、1997年、67頁。

第3章　日本アルミニウム製錬業の衰退

分析方法

　日本のアルミニウム製錬業は、第2章で検討したように、高度成長期に急成長し、1977年度にはアルミニウム新地金118.8万トンを生産して新地金供給量の71.6%をまかなっていた。しかし、1973年のオイルショック後の重油価格急騰による電力価格上昇で製錬コストが高まり、アルミニウム製錬業は国際競争力を失って不況産業化し、構造改善が政府の産業政策のもとで進められたが、第2次オイルショック後の1980年代に国内製錬業は急速に衰退した。

　アルミニウム製錬業は、電力料金低減の政策的配慮や地金関税の引き上げなどの救済措置を政府に求めた。政府は、1974年に産業構造審議会（1964年設置）に設置したアルミニウム部会（1984年4月に非鉄金属部会に改組）に対してアルミニウム政策を諮問し、5回にわたる答申を得て、国内製錬を維持する政策を講じた。政策の基本線は、製錬能力を「適正規模」に調整することで、設備処理に対して資金的な援助を与える措置などがとられた。

　国内製錬能力は、1985年に35万トン水準に整理されたが、1986年に入ると、アルミニウム製錬企業の製錬撤退が相次ぎ、1987年2月の三井アルミニウム工業の製錬停止で、国内製錬工場は、自家用水力発電による日本軽金属蒲原工場のみとなってしまった。この最後のアルミニウム製錬工場も、2014年3月末で操業を停止し、日本のアルミニウム製錬業は完全に消滅した。

　このようなアルミニウム製錬業の衰退過程を考える場合には、アルミニウム製錬業盛衰の歴史的要因を分析する産業史的アプローチ、アルミニウム製錬企業の経営活動分析を中心にした経営史的アプローチ、アルミニウム製錬業に対する政策展開の分析を軸とした産業政策史的アプ

第3章　日本アルミニウム製錬業の衰退

ローチなどが考えられる。産業史的アプローチと経営史的アプローチは、社史や企業関係者を中心に行われ[1]、産業政策史的アプローチは、通商産業省（経済産業省）の政策史や関係者によって進められている[2]。本章では、産業史的アプローチと経営史的アプローチによって、衰退過程を分析する。

　産業史的・経営史的なアルミニウム産業の研究としては、安西正夫[3]が最も詳細な分析を展開しているが、記述内容は日本のアルミニウム製錬業が最盛期を迎える時期までであり、衰退期には及んでいない。桑原靖夫[4]は衰退過程に触れているが、概説的な記述にとどまっている。根尾敬次「アルミニウム産業論」[5]は、安西前掲書に次ぐ詳細な記述であり、製錬衰退の事実経緯を述べているが、衰退原因を産業史的・経営史的に分析する作業として十分とはいえない。アルミニウム関連企業の社史は、それぞれの企業の実情を記述しているが、全体像を明らかにするものではない。秋津裕哉の著作[6]は、住友銀行役員経験者による関係者ヒアリングを踏まえた分析であり、住友グループのアルミニウム事業に関してはすぐれた記述であるが、やはり全体像が明確にされてはいない。同様に、牛島俊行・宮岡成次『黒ダイヤからの軽銀—三井アルミ20年の歩み』、宮岡成次『三井のアルミ製錬と電力事業』は、三井グループのアルミニウム事業について、詳細なデータを含んだ分析を展開しているが、製錬業衰退の全体像を描き出してはいない。

　通商産業省（経済産業省）の政策史や関係者による刊行書・論文も、アルミニウム産業政策の展開過程について事実関係を中心に記述し、製錬衰退過程も述べているが、個別企業の対応と撤退にいたる経営史的分析まではおこなっていない。

　産業史的アプローチ、経営史的アプローチ、政策史的アプローチを総合することによってアルミニウム製錬業衰退の経済史的分析が可能になると思われる。政策史的アプローチは次章でおこなうこととして、本章ではまず製錬衰退過程の全体像を、産業史的・経営史的アプローチによって描き出すことを試みたい。

98

分析方法

1 アルミニウム製錬業の衰退期を対象として含む社史・企業関係者などによる
 経営史的アプローチ文献（刊本）としては、次のようなものがある。
 『三菱化成社史』三菱化成工業、1981年。『昭和電工アルミニウム五十年史』
 昭和電工、1984年。『日本軽金属五十年史』日本軽金属、1991年。秋津裕哉『わ
 が国アルミニウム製錬史にみる企業経営上の諸問題』建築資料研究社、1994
 年。グループ38『アルミニウム製錬史の断片』カロス出版、1995年。『住友
 化学工業最近二十年史』住友化学工業、1997年。日本アルミニウム協会編『社
 団法人日本アルミニウム連盟の記録』日本アルミニウム協会、2000年。清水
 啓『アルミニウム外史　下巻―北海道のサトウキビ』カロス出版、2002年。
 牛島俊行・宮岡成次『黒ダイヤからの軽銀―三井アルミ20年の歩み』カロス
 出版、2006年。宮岡成次『三井のアルミ製錬と電力事業』カロス出版、2010
 年。

2 アルミニウム製錬業の衰退期を対象として含む通商産業省（経済産業省）の
 政策史や関係者などによる産業政策史的アプローチ文献（刊本）としては、
 次のようなものがある。
 非鉄金属工業の概況編集委員会編（通商産業省基礎産業局金属課）『非鉄金
 属工業の概況』（昭和51年版・54年版）小宮山印刷工業出版部、1976年・
 1979。通商産業省産業政策局『構造不況法の解説』通商産業調査会、1978
 年。通商産業省編『基礎素材産業の展望と課題 』通商産業調査会、1982年。
 小宮隆太郎・奥野正寛・鈴村興太郎『日本の産業政策』（田中直毅「第16章
 アルミ製錬業」）東京大学出版会、1984年。通商産業省基礎産業局非鉄金属
 課『メタルインダストリー'88』通産資料調査会、1988年。通商産業省通商
 産業政策史編纂委員会編『通商産業政策史』第1巻、通商産業調査会、1994
 年。通商産業省通商産業政策史編纂委員会編『通商産業政策史』第14巻、通
 商産業調査会、1993年。通商産業政策史編纂委員会編、山崎志郎他著『通商
 産業政策史　1980-2000』第6巻、経済産業調査会、2011年。

3 安西正夫『アルミニウム工業論』ダイヤモンド社、1971年。

4 桑原靖夫「アルミニウム産業」（『戦後日本産業史』東洋経済新報社、1995年）

5 『アルトピア』連載22回、2002年10月～2004年8月。

6 秋津裕哉前掲書。

第3章　日本アルミニウム製錬業の衰退

第1節　外部環境の変化

1．国際的需給関係

　第1章で検討したように、1970年代から、アルミニウム地金生産の地理的構造に大きな変化が生じ始めた。第1章に掲げた表1-1-1から生産量構成比を算出すると表3-1-1の通りである。

　1970年にアメリカをはじめとする主要生産7カ国は、世界生産の80%を占めていたが、1980年にはシェアは68.9%に低下し、1990年には57.3%となった。7カ国以外の新興生産国が急速に生産を拡大させた結果である。

　そして、既述のように、アルミニウム製錬大企業のシェアも低下した。すなわち、1970年にはアルコア、アルキャン、レイノルズ、カイザー、ペシネー、アルマックスの6メジャーが、世界生産量の41.1%を占めていたが、1980年にはシェアは33%に低下したのである。

　アルミニウム・メジャーの地位の低下は、アルミニウム地金価格の決定プロセスにも大きな変化をもたらした。1960年以降の地金価格の動向を見ると（表3-1-2）、地金需給率（世界の消費量に対する生産量の割合）は変動的であるが、1960年から1972年までは価格指数は安定している。第1次オイルショックの1973年から価格は上昇傾向を示し、第2次オイルショック後の1980年にひとつのピークに達する。オイルショッ

表3-1-1　アルミニウム新地金の生産国の変化　　　　　　　　　　（生産量構成比）

暦年	世界合計	アメリカ	カナダ	フランス	ドイツ	ノルウェー	ソ連／ロシア	日本	7国計	その他の国計
1960	100.0%	40.2%	15.2%	5.2%	3.7%	3.8%	15.4%	2.9%	86.4%	13.6%
1970	100.0%	35.2%	9.4%	3.7%	3.0%	5.1%	16.6%	7.1%	80.0%	20.0%
1980	100.0%	29.0%	6.7%	2.7%	4.6%	4.1%	15.1%	6.8%	68.9%	31.1%
1990	100.0%	21.0%	8.1%	1.7%	3.7%	4.4%	18.2%	0.2%	57.3%	42.7%

注：第1章表1-1-1アルミニウム新地金の生産量によって作成。

第1節　外部環境の変化

表3-1-2　世界の地金需給率と日米地金価格指数

暦年	世界需給率	アメリカ地金価格指数	日本地金価格指数	暦年	世界需給率	アメリカ地金価格指数	日本地金価格指数
1960	1.09	98.4	110.1	1979	0.95	335.1	195.2
1961	1.01	96.4	105.8	1980	1.09	360.9	259.3
1962	1.00	90.4	100.5	1981	1.12	283.5	191.0
1963	0.99	85.6	96.3	1982	1.02	221.9	164.6
1964	1.00	89.9	101.1	1983	0.99	300.1	216.9
1965	0.99	92.8	101.6	1984	1.08	289.5	188.4
1966	0.95	92.8	113.2	1985	1.04	231.4	155.6
1967	1.02	94.6	112.7	1986	0.96	264.9	122.2
1968	0.96	96.9	103.2	1987	0.96	342.8	138.6
1969	0.98	102.9	108.5	1988	0.98	522.0	184.7
1970	1.03	108.7	109.5	1989	0.99	416.5	155.6
1971	1.03	109.8	106.9	1990	1.01	351.0	138.6
1972	0.99	100.0	100.0	1991	1.05	281.9	105.3
1973	0.93	125.2	109.5	1992	1.05	272.7	95.8
1974	0.99	204.1	157.7	1993	1.09	252.9	76.2
1975	1.12	165.1	138.1	1994	0.97	337.5	89.9
1976	0.94	195.1	162.4	1995	0.96	407.2	101.1
1977	0.99	226.5	171.4	1996	1.01	338.3	96.3
1978	0.96	242.0	149.7	1997	1.00	365.4	115.3

注：世界需給率は、*World Metal Statistics*の世界生産量を世界消費量で除した数値（新地金のみで再生地金は含まない）。1以上は供給過剰状態を示す。価格指数は、1971年までは純度99.5％以上地金、72年以降は99.7％以上地金で、1972年＝100として接続。日本地金指数は鉄鋼新聞の数値。
出典：『（社）日本アルミニウム連盟の記録』420-21・423頁

クで、製錬コストとともに地金価格も世界的に上昇したのである。その後、地金価格は低落傾向を示すが、1984・85年頃の需給逼迫で価格は高騰し、アメリカ地金価格は1988年には表示期間中の最高値となった。1989年以降は供給過剰気味で価格は低下し、1994年からふたたび需給が逼迫して価格は上昇する。日本国内地金価格の実数値は、1973年のトン当たり20.7万円から、1975年の26.1万円、1980年の49万円と上昇している。

　1973年以降に地金価格の変動が大きくなるのは、原油価格の変動が原

因であるが、アルミニウム世界市場の変化も関係している。地金価格は、大手アルミニウム企業であるアルコアまたはアルキャンの建値で取引されてきたが、1978年10月に、ロンドン金属取引所LMEにアルミニウムが上場されると、LME相場が取引の基準に移っていった。これは、世界メジャーがコストベースで設定していた建値による取引から、市場の需給を反映した市況ベースの取引への転換を意味していた。発電コストが低い後発国が相次いでアルミニウム生産に参入して、世界6大メジャーのシェアが低下してきたことがこの背景にあった。市況商品コモディティとなった地金の価格は、投機的にも変動することになる。

この市場構造の変化の影響について、『昭和電工アルミニウム五十年史』は、「ロンドンの金属取引場（LME）にアルミニウムが上場されたことは、（中略）それまでの、どちらかというとコストベースによる価格設定から市況ベースの価格設定に変わってゆくことは避けられず、製錬に限ってみると、アルミニウム市況が弱まったとき、わが国のように、国際競争力が極度に低下した製錬の業態では、一層苦境に立たされることにもなったのである。」と述べている[7]。

2. 円為替相場の上昇　ドルショック

1971年8月にニクソン大統領が発表したドル防衛策に含まれていた米ドルの金との交換性停止は、ドルの暴落を招き、変動相場制をもたらした。戦後世界経済を支えていた国際通貨体制は、IMFと世界銀行を制度的基盤とした金ドル本位制であったが、これが崩壊したことは、世界の安定低成長の前提条件が失われたことを意味した。

戦後、1ドル＝360円の固定相場が続いていたが、ニクソン声明発表後、円相場は急上昇して、1971年12月のスミソニアン合意では1ドル＝308円の水準となった。一時は固定相場制が復活したが、1973年2月にアメリカがドルを切り下げると、主要国は全面的に変動相場制へ移行し、円為替相場は、279円台に上昇し、1974年は年間平均291円、74年は291円、75年と76年は296円台、77年から円高傾向となって268円、78年には210

第1節　外部環境の変化

図3-1-1　円・ドル相場の推移

注：日本銀行調べ。東京市場、ドル・円スポット、月中平均。1ドル当たり円。
出典：http://www.stat-search.boj.or.jp/ssi/mtshtml/m.html

円となった。その後、円相場は図3-1-1のように変化し、1985年9月の5カ国蔵相会議のプラザ合意によって急激な円高時代を迎えたのである。

　表3-1-2の地金価格変動では、アメリカ価格と日本価格の差に注目しなければならない。両者はほぼ同様な動きを示しているが、日本の地金価格上昇率はアメリカより低くなっている。たとえば、1988年に、アメリカ価格は1972年の5.2倍を示したが、日本価格は1.8倍の上昇にとどまっている。これは、この間に円為替相場が円高に動いたことでほぼ説明できる。360円レートは、輸入地金の円価格を高めに維持して国内製錬業にとっての輸入障壁を形成していたのであり、円高はこの障壁が低くなることを意味した。また、円高傾向が続くことは、海外地金市況が逼迫して価格が上昇し、海外製錬業が活況を呈する場合でも、それが国内市況と国内製錬業に及ぼす好影響を相殺する作用が働くことを意味した。日本の製錬業は、円高と次に述べる原油価格上昇によって二重の打撃を受けたわけである。

第3章　日本アルミニウム製錬業の衰退

表3-1-3　オイルショック後の国内アルミニウム製錬業の経常損益と価格変動

年	経常損益	地金国内価格	地金輸入価格	輸入地金推定国内価格	アメリカ地金価格	電力単価	原油価格	外国為替	工場数	従業員数	生産量
	億円	千円／㌧	千円／㌧	千円／㌧	ドル／㌧	円/kWh	$／バレル	円／$1		人	1,000㌧
1973	5	207	142.3	166.5	582.2	4	4.8	274	13	11,030	1,082
1974	△ 61	298	212.4	248.5	949.1	8	11.5	293	13	11,130	1,116
1975	△ 291	261	234.3	274.1	767.9	8	12.1	299	13	10,551	988
1976	△ 311	307	251.7	294.4	907.2	10	12.7	293	14	9,726	970
1977	△ 211	324	268.6	314.2	1,053.2	11	13.7	257	14	9,492	1,188
1978	△ 231	283	226.8	265.3	1,125.0	10	13.9	201	14	8,286	1,023
1979	256	369	271.1	317.2	1,558.2	11	23.1	230	13	7,652	1,043
1980	303	490	370.5	433.5	1,677.9	17	34.6	217	12	7,104	1,038
1981	△ 698	361	350.3	409.9	1,318.4	17	36.9	228	11	5,923	665
1982	△1,018	311	327.0	382.6	1,031.8	17	34.1	250	7	4,040	295
1983	△ 305	410	316.1	369.9	1,395.5	17	29.7	236	7	3,853	264
1984	△ 322	356	342.2	400.4	1,345.9	17	29.1	244	6	3,526	278
1985	△ 546	294	274.5	321.2	1,076.1	17	27.3	222	4	3,179	209
1986	△ 318	231	192.7	225.5	1,231.7	16	13.8	160	2	1,977	113
1987	140	262	197.6	225.2	1,594.0	14	18.1	138	1	1,360	32
1988	140	349	264.5	288.3	2,427.1	14	14.8	128	1	483	35

注（1）経常損益は製錬各社合計の年度数値で△は損失。電力単価は購入電力年度平均。原油は通関価格、年度平均。外国為替は年度平均。工場数は年度末3月操業中の工場数。従業員はアルミナ、アルミニウム工場直接分。出典は、*MITI's Aluminium Data File*, 1991, 2頁。（2）地金国内価格は鉄鋼新聞の地金（99.7%以上）価格で暦年平均。出所は『（社）日本アルミニウム連盟の記録』423頁。（3）地金輸入価格はアルミニウムの塊（アルミニウムの合有量が99.0%以上99.9%に満たないもの）のC.I.F.価格で暦年平均。日本関税協会「外国貿易概況」から算出。（4）輸入地金推定国内価格は、輸入価格に関税（9%、1987年4月以降は5%、1988年からは1%）と諸費用（8%と仮定）を加えた推計価格。諸費用を8%と仮定したのは、『住友化学工業最近二十年史』72頁の記述による。（5）アメリカ地金価格は地金（99.7%）の暦年平均で、出所は『（社）日本アルミニウム連盟の記録』421頁。

第1節　外部環境の変化

3．第1次オイルショックの影響

　アルミニウム製錬業の経営環境は、1973年の第1次オイルショックで
一変した。原油価格の高騰は発電用重油価格をはじめ素材価格の急上昇
をもたらし、製錬企業は、経常損益の赤字に見舞われた。表3－1－3に
示されるように、経常収支は製錬各社合計で1973年度の5億円の黒字か
ら74年度には61億円の赤字へと転じたのである。そして、1975年度には
赤字は291億円に拡大し、その後も大幅な赤字経営が78年度まで続いた。

　オイルショックの影響を、製錬原材料費の上昇で見ると、表3－1－4
のようになる。地金1トン当たり製錬に必要なアルミナや電力の価格上
昇で、1973年に8万円程度であった原材料費が、1974年には約15万円と、
84％も上昇している。発電用重油価格の160％もの上昇が、約7万円の
原材料費上昇に65％ほど寄与したことになる。

　原材料費に労賃や減価償却費、金利、販売管理費などを含めた製造原
価を見ると、表3－1－5のような推計が得られる。1973年の推計では、
地金1トン当たりの総原価は15万円であったが、1974年には約22万円、
1975年には約29万円に上昇している。

表3－1－4　原材料価格上昇によるコストアップ推計

原材料	原単位 （地金1ﾄﾝ 当たり）	原材料価格（円）				1973年9月～74年9月 の地金（1ﾄﾝ） コストアップ	
		品目	1973年9月	1974年9月	上昇率	金額（円）	寄与率
アルミナ	1.95（ﾄﾝ）	アルミナ（ﾄﾝ）	20,500	29,500	44%	17,550	25.8%
ピッチ	0.17（ﾄﾝ）	ピッチ（ﾄﾝ）	20,000	30,000	50%	1,700	2.5%
ピッチコークス	0.4（ﾄﾝ）	ピッチコークス （ﾄﾝ）	25,000	36,000	44%	4,400	6.5%
電力 （16,300kWh）	C重油 3.8　（kl）	C重油（kl）	7,300	19,000	160%	44,460	65.3%
		原材料費計	81,115	149,225	84%	68,110	100.0%

注：田下雅昭「アルミニウム製錬業の国際競争力と設備投資の動向」（『日本長期信用銀行
調査月報』146号、1976年1月）の第7表・第8表より算出。

105

第3章　日本アルミニウム製錬業の衰退

1973年と1975年の推計を較べると、アルミナ費が1.5倍、その他の原材料費も2.2倍に上昇しているが、最も大きいのは電力費の上昇で、地金1トン当たり2.8万円から12.2万円へと4.4倍になっている。総原価中の電力費の割合は、1973年の18.5%から1975年には41.7%に高まっている。総原価上昇の約66%は電力費上昇によるものであった。

「アルミは電力の缶詰」といわれるように、アルミニウム製錬では電力の消費量が多く[8]、世界的に低コストの水力発電の利用が進められている。日本の場合は、自家用水力発電所の利用は限られ、火力発電に頼る割合が多

表3-1-5　製造原価の上昇推計

（単位：千円／トン）

	1969年 （1）	1973年 （2）	1974年 （2）	1975年 （3）
アルミナ費	42	40	58	62.7
その他の原材料費	20	13	20	30
電力費	42	28	72	122.3
（総原価中の構成比）	24.3%	18.5%	33.1%	41.7%
労務費	10	10	10	15
その他の製造経費	15	15	15	20
減価償却費	15	15	15	15
金利	19	19	19	18
製造原価	163	140	208	283
販売費・管理費	10	10	10	10
総原価	173	150	218	293
国内地金価格（4）	205	207	298	261

注：（1）通産省：田中久泰氏調査（1969年）、ゼーダーベルグ式。『アルミニウム』1969年3月号。西村「わが国アルミ製錬業の現状と問題点」『三井銀行調査月報』530号、1979年9月、9頁による。（2）原材料費は表3-1-3、他は1969年田中調査を使用した推計。（3）日本長期信用銀行調査部試算、既存プラントで電力量16,300kWhの場合。田下雅昭「アルミニウム製錬業の国際競争力と設備投資の動向」『日本長期信用銀行調査月報』146号、1976年1月、20頁。（4）国内地金価格は、鉄鋼新聞の数値。『(社)日本アルミニウム連盟の記録』423頁。

い[9]ので、重油価格の上昇（それにともなう石炭価格の上昇）によって、ただちに製造コストが上昇することになる。

　国内地金価格と比べると、1973年には5.7万円の製造益が出ている。1974年には、国内価格が上昇したので、製造益は8万円に拡大しているが、1975年には原価と市価が逆方向に動き、3.2万円の損失が発生したことになる。地金輸入価格は前掲表3-1-3のようにこの間に約65%上

第1節　外部環境の変化

昇しているが、オイルショック後の不況でアルミニウム需要が縮小したので国内価格の上げ幅は低くなったのである。製錬各社の経営悪化は不可避の状況であった。

産業構造審議会アルミニウム部会の第1次中間答申「昭和50年代のアルミニウム工業及びその施策のあり方」(1975年8月) に基づいて、1976年1月から行政指導による生産制限 (6カ月間、操業率を60%に制限)[10]が実施され、さらに、1976年7月に一次産品備蓄措置の一環として軽金属備蓄協会が設立されて、アルミニウム地金備蓄[11]が実行された。

1973年の製錬能力は、第2章の表2-2-4のように年産125万トンであったが、後発の住友系2工場 (住軽アルミニウム工業酒田工場・住友東予アルミニウム製錬東予工場) の新増設と三井アルミニウム工業の三池工場の増設で1977年には164万トンと史上最高水準にまで拡大した。これは、当時、資本主義諸国ではアメリカに次いで第2位の規模であった[12]。

アルミニウム不況が続くなかで、1977年11月には、産業構造審議会アルミニウム部会が第2次中間答申「今後の我が国アルミニウム産業及びその施策のあり方」を出し、はじめて適正規模を125万トンと想定して、現有設備164万トンのうち39万トンを凍結することを提案した。政府は、関税割当制度の新設、特定不況産業安定臨時措置法や特定不況業種離職者臨時措置法による指定をおこなって、設備削減を支援した。関税割当制度は、1978年度から実施され、設備削減分に見合った割当量に限って輸入地金の関税率を5.5% (1979年度からは4.5%) とし、一般税率9%との差額を、製錬企業の構造改善資金の一部として交付するという制度であった。1978年5月に特定不況産業安定臨時措置法が公布・施行され、アルミニウム製錬業は7月に特定不況産業に指定された。そして、同年9月から7カ月間の不況カルテルが公正取引委員会の認可をうけて実施された。

この時期には、価格を統制する「アルミ事業法」が構想されたり、企業合併によるアルミニウム製錬業界の再編成問題[13]も議論されたりして

いた。また、1970年代から進められていた海外で製錬事業を興して地金を輸入する開発輸入に関しても、インドネシアのアサハン・プロジェクトとブラジルのアマゾン・プロジェクトが具体化し、開発輸入による地金の安定確保策が進められた。

4．第2次オイルショックの影響

　1977年秋に入ると、日本経済はオイルショック後の不況からようやく脱出して景気拡張局面を迎えた。アルミニウム地金需要も1978年からは200万トンを越える規模に回復した。しかし、1978年は急速な円高の進行で輸入地金価格が低落し、製錬企業の赤字経営は続いた。1978年10月には、産業構造審議会アルミニウム部会の第3回目の答申「今後のアルミ製錬業の在り方」が出され、適正規模は110万トンに引き下げられ、約53万トンの設備廃棄・凍結が実行された。製錬各社の地金生産能力は表3-1-6のように減少していった[14]。

　世界的な地金需給の逼迫で地金価格が上昇した1979年には製錬企業はようやく黒字経営への転換を実現したが、そこで、第2次オイルショックに見舞われることとなった。表3-1-3に見るように電力単価は1979年の11円から80年には17円へと急騰した。表3-1-5の1975年の生産原価数値を基準として、その後の原価上昇を重油・ボーキサイトの輸入価格変化と労賃変化から推計すると表3-1-7のようになる。

　表3-1-7によると、1980年の電力費は、地金1トン当たり23.6万円、1975年に較べて2倍近くに上昇した。しかし、1979年からの国際的な地金価格の高水準と仮需要の発生で国内価格も上昇して、製造原価を上回ったので、製錬企業は、1980年度も黒字を続けることができた。その後、1980年後半から81年にかけて地金国際価格は急落し、第2次オイルショック後の不況の中で日本のアルミニウム需要は低迷し、国内地金価格は表3-1-3に見るように81年と82年には輸入価格（関税と諸経費を含む輸入地金推定国内価格）を下回るほど下落した。製錬企業は、81年度からは再び赤字経営に転落し、1980年度末には319億円にまで縮小し

第1節　外部環境の変化

ていた各社合計の繰越損失は、82年度末には1,313億円へと膨らんでしまった[15]。

表3-1-6　アルミニウム新地金生産能力の推移　　　　　　　（単位：千トン）

暦年	昭和電工			住友化学工業					日本軽金属			三菱化成工業		三井アルミニウム工業	住軽アルミニウム工業	合計
	喜多方	大町	千葉	菊本	磯浦	名古屋	富山	東予	蒲原	新潟	苫小牧	直江津	坂出	三池	酒田	
1978	28.3	41.3	165.7		79.2	54.0	182.4	98.4	95.0	145.0	130.0	162.0	195.6	165.6	98.4	1,640.9
1979	28.7	23.8	170.3		79.0		177.7	98.7	63.9	109.3	134.4	160.2	192.5	163.8	98.7	1,501.0
1980	28.7	23.8	127.5		79.0		177.7	98.7	64.0	109.3	134.4	160.2	147.2	163.8	98.7	1,413.0
1981	28.7	23.8	127.5		79.0		177.7	98.7	64.0		134.4	160.2	147.2	163.8	98.7	1,303.7
1982	28.7	23.8	127.5				177.7	98.7	64.0		72.0		147.2	163.8	98.7	1,002.1
1983			58.0				82.9	98.7	63.9		72.4		76.4	144.4		596.7
1984			58.0				82.9	98.7	64.0		72.0		76.4	144.4		596.4
1985			31.7				82.9		64.0				50.9	125.0		354.5
1986							82.9		64.0				50.9	125.0		322.8
1987									51.0							51.0
1988									35.0							35.0
製錬停止年月	1982・9	1982・6	1986・3	1974・9	1982・3	1979・3	1986・10	1984・12	2014・3	1980・12	1985・4	1981・9	1987・2	1987・2	1982・5	

注：昭和電工系：1975年7月までは昭和電工所属。同年8月に千葉工場を昭和電工千葉アルミニウムとして分立。76年10月同社を昭和軽金属に改称。77年喜多方工場と大町工場軽金属部門を昭和軽金属に統合。住友系：菊本・磯浦・名古屋・富山4工場は住友化学工業所属で1976年7月に住友アルミニウム製錬として分立。東予工場は1974年8月に住友東予アルミニウム製錬所属として新設。酒田工場は、1973年2月設立の住軽アルミニウム工業所属。1981年1月、住友東予アルミニウム製錬、住友アルミニウム製錬を合併、住友アルミニウム製錬と改称。日本軽金属系：日本軽金属所属。三菱系：1976年3月までは三菱化成工業所属。76年4月から三菱軽金属工業として分立。1983年3月、同社、菱化軽金属工業に改組。三井系：三井アルミニウム工業所属。
出典：American Bureau of Metal Statistics, Nonferrous Metal Data. 日本軽金属『日本軽金属五十年史』1991年、344-345頁。一部数値修正。『日本アルミニウム連盟の記録』402-403頁の生産統計表に生産量記録がある場合に製錬能力を記載。各社社史。

第3章　日本アルミニウム製錬業の衰退

表3-1-7　地金生産原価の推計と地金価格

（単位：千円/トン）

年次	アルミナ費	電力費	労務費	その他費用	合計推計原価	国内地金価格	推定値算出用指数		
							ボーキサイト輸入価格指数	重油輸入価格指数	賃金指数
1975年	62.7	122.3	15.0	93	293	261	100.0	100.0	100.0
1976年	69.9	118.4	16.2	93	298	307	111.4	96.8	108.1
1977年	66.8	116.0	17.8	93	294	324	106.5	94.9	118.5
1978年	58.0	91.5	18.9	93	261	283	92.5	74.8	126.3
1979年	67.7	165.1	20.0	93	346	369	108.0	135.0	133.2
1980年	83.4	236.1	21.3	93	434	490	133.0	193.0	141.9
1981年	89.8	251.0	22.6	93	456	361	143.2	205.2	150.8
1982年	108.4	270.8	23.8	93	496	311	172.8	221.5	158.5
1983年	87.1	223.8	24.5	93	428	410	139.0	183.0	163.6
1984年	84.0	218.8	25.4	93	421	356	134.0	178.9	169.3
1985年	82.4	201.6	26.3	93	403	294	131.4	164.9	175.0
1986年	62.7	83.7	27.1	93	267	231	100.1	68.5	180.5
1987年	54.7	86.4	27.8	93	262	262	87.2	70.7	185.0
1988年	53.1	62.6	28.4	93	237	349	84.7	51.2	189.7
1989年	55.6	80.2	29.6	93	258	294	88.7	65.6	197.6
1990年	59.8	104.4	31.2	93	288	262	95.4	85.3	208.2
1991年	53.7	79.9	32.6	93	259	199	85.6	65.3	217.5
1992年	49.3	71.3	33.7	93	247	181	78.6	58.3	224.8
1993年	45.8	71.5	34.4	93	245	144	73.1	58.5	229.6
1994年	39.9	59.5	35.4	93	228	170	63.6	48.7	235.7
1995年	39.9	56.4	35.7	93	225	191	63.6	46.1	238.0
1996年	45.1	74.0	36.2	93	248	182	71.9	60.5	241.5
1997年	47.5	85.2	36.6	93	262	218	75.7	69.6	244.2

注：（1）推計方法：日本長期信用銀行調査部試算（既存プラントで電力量16,300ｋWhの場合。田下雅昭「アルミニウム製錬業の国際競争力と設備投資の動向」『日本長期信用銀行調査月報』146号、1976年1月、20頁）を1975年原価として、アルミナ費・電力費・労務費をボーキサイト輸入価格・重油輸入価格・製造業所定内給与額の指数に比例して変動させ、その他の原料費3万円・減価償却費1.5万円・金利1.8万円・販売管理費1万円・その他の製造経費2万円合計9.3万円は不変と仮定して推計。ボーキサイト輸入価格・重油輸入価格は日本関税協会「外国貿易概況」、製造業所定内給与額は厚生労働省「賃金構造基本統計調査」による。なお、昭和軽金属千葉工場の事例では、1980年下期の地金1トン当たり製造原価は43.4万円、電力費は24.2万円で原価の55.8％を占めている（『昭和電工アルミニウム五十年史』278頁）。（2）日本国内地金価格は鉄鋼新聞の暦年平均価格で99.7％地金価格。『（社）日本アルミニウム連盟の記録』423頁。

第 1 節　外部環境の変化

　1981年10月の産業構造審議会アルミニウム部会第 4 回答申「今後の我
が国アルミニウム製錬業及びその施策のあり方」では、適正規模は70万
トンに引き下げられた。電力に関しては、共同火力発電の重油から石炭
への転換支援が図られて、助成金交付と開銀融資が実施された。関税に
関しては、これまでの割当制度を免除制度に改めて、製錬業者が輸入す
る地金の関税 9 ％を、設備処理量（42.4万トン）を限度に 3 年間免除して、
構造改善資金に充てる方式が採用された。

　政府のアルミニウム政策が実施される中で、1982年には、住友アルミ
ニウム製錬の磯浦工場が製錬を停止したのを始めとして、住軽アルミ
ウム工業の酒田工場、昭和軽金属の大町工場、喜多方工場と製錬停止が
続き、1983年の製錬能力は、約60万トンと答申を下まわる水準にまで低
下した（表 3 - 1 - 6 ）。製錬各社は、残存工場でコスト削減に必死の努
力を払うが、第 2 次オイルショックの影響が長引いて世界的な不況が続
き、地金市況は低迷して、経営環境はさらに悪化した。

　1984年12月には、産業構造審議会の非鉄金属部会（1984年 4 月、アル
ミニウム部会改組）が、「今後のアルミニウム産業及びその施策のあり方」
を答申し、35万トン体制を提案した。しかし、1985年 9 月のプラザ合意
で、円高が急速に進行し、結局、86年に 2 工場、87年にも 2 工場が製錬
を停止し、 1 工場、 3 万5,000トンが残るだけとなり、日本のアルミニ
ウム産業は、製錬業からはほぼ撤退したのである。

7　『昭和電工アルミニウム五十年史』278-279頁。
8　金属地金生産に必要なエネルギー原単位（百万kcal/トン）は、鉄鋼11.2、銅
　　10.3、亜鉛8.6、鉛8.2に対して、アルミニウムは56.0と推定されている（1970
　　年時、世界数値）。金原幹夫・望月文男「アルミニウム産業の資源とエネルギー
　　問題」『軽金属』Vol.30、No.1 （1980）、60頁。
9　1980年時点では、アルミニウム工業の電力源に占める水力の割合（％）は、
　　カナダ100、アメリカ41、南米94、ヨーロッパ46、オセアニア59に対して、
　　日本は12であった。日本アルミニウム連盟資料。首藤宣行「"死に至る病"
　　のアルミ製錬」『エコノミスト』1982年 9 月20日。71頁。
10　過剰在庫調整のために業界が自主的に行っていた30%減産に10%を上積みし

111

第3章　日本アルミニウム製錬業の衰退

た40%の減産指導が行われた。『通商産業政策史』第14巻、98頁。

11　備蓄制度は、銅・鉛・亜鉛・アルミニウム地金を対象としたもので、昭和51
　　年度総額300億円の政府保証による融資（金利6.5%）と利子補給を組み入れ
　　た政府予算案が昭和50年12月31日の閣議で決定された。『（社）日本アルミニ
　　ウム連盟の記録』296頁。

12　1977年のアルミニウム製錬能力が年産100万トンを超える国は、アメリカ（478
　　万トン）、ソ連（247万トン）、日本（164.1万トン）カナダ（105.3万トン）の
　　4カ国であった。『日本軽金属五十年史』337-347頁。

13　1977年のアルミニウム部会答申の中には、業界の再編成が必要であるとの指
　　摘があった。これに関しては、次のような報道がある。「住友アルミの長谷
　　川周重会長のように『アルミ製錬はなんとしても残す必要がある。そのため
　　には、一社に統合することもいとわないし、場合によれば国有化も覚悟する』
　　という声が強まりつつある。」小邦宏治「生か死か─土壇場のアルミ製錬業」
　　『エコノミスト』1978年7月18日、60-61頁。

14　各社生産能力は、設備削減措置で完全に廃棄された設備を差し引いた残存量
　　で、凍結している設備はまだ生産能力のうちに含まれている。

15　『メタルインダストリー'88』289頁。

第2節　アルミニウム製錬からの撤退

　製錬事業からの撤退にいたるまでには、それぞれの企業は経営改善に大きな努力を払った。製錬業撤退の過程を、図式的に整理すると、①事業環境の変化を主体が認識→②変化への経営的対応→③主体の内部に製錬撤退の動因蓄積→④撤退戦略の選択→⑤撤退を可能にする内部的外部的要因の整備→⑥撤退実現という流れである。図3-2-1のようなフローチャートを念頭に、各企業が製錬業を撤退するにいたる具体的な過程を追うことができる。

1. 住軽アルミニウム工業の場合

　最初に撤退した住軽アルミニウム工業の場合を検討しよう（図3-2-2）。同社は電力コストの低減策として、東北電力と共同で運営する酒田共同火力発電所を重油焚きから石炭焚きに転換することを1981年3月に決定した[16]。1号機（出力35万キロワット）は1982年3月に着工し、運転開始を1984年6月、2号機（同）は1983年2月着工、1985年5月運転開始という計画を立てて、予定通り1号機の工事に着手した。同社はアルミニウム地金全量を自社と住友軽金属に供給していたが、市況の悪化に対処して、1981年11月には、アルミニウム電解炉220炉中52炉を停止して4分1減産体制に移行した。しかし、1981年度末の累積損失は190億円に及び、資本金180億円を越える債務超過状態に陥った[17]。

　そして、1982年4月には、住友軽金属と住軽アルミニウム工業は共同発表をおこなって、1982年5月で酒田工場の操業を停止し住軽アルミニウム工業を解散することを明らかにした[18]。その理由は、住軽アルミニウム工業の経営状態は、1982年5月期末で債務超過になるまでに悪化し、現在の電力コストおよび地金市況を考慮すると、今後も膨大な損失発生は避けられないと予想されるということであった。ただし、酒田共同火力発電の熱源石炭化工事完成後、経済的見通しをつけた上で、新会社による製錬事業の再開を検討すると含みを残していた。

第3章　日本アルミニウム製錬業の衰退

図3-2-1　製錬業撤退のフローチャート

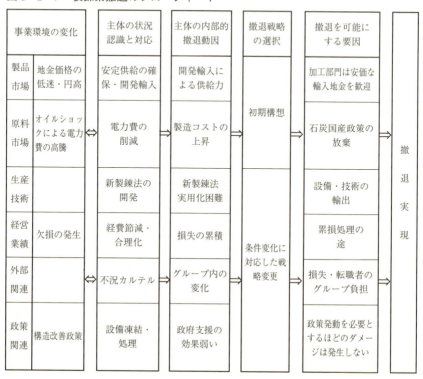

　製錬操業停止の決定については、親会社である住友軽金属独自の決定ではなく、住友軽金属の親会社である住友金属工業の決断であったとの見方がある[19]。1982年3月期の住友金属工業の業績は、シームレスパイプの好調な売行きを中心として好決算となる見通しがついたため、アルミニウム地金製錬事業から一挙に撤退することとしたと見るのである。確認することはできないが、住友金属工業の発言力が強かったことは事実であろう。酒田工場の製錬停止後、住友軽金属は、製錬再開を検討したようであるが、実現することはなかった[20]。
　あるいは、住友グループ内で、住友系アルミニウム3社の合併によってアルミニウム事業を統合させようとの動きがあり、それを住友軽金属

第2節　アルミニウム製錬からの撤退

図 3-2-2　住軽アルミニウム工業：撤退のフローチャート

（1）1981年3月　東北電力、酒田共同火力発電、住軽アルミニウム工業の3社は、酒田共同火力発電を石炭焚きに転換することで合意。計画では、1号機（出力35万キロワット）の着工が1982年3月、運転開始1984年6月。2号機（同）の着工は1983年2月、運転開始1985年5月。『住友軽金属年表』305頁。1982年3月　酒田共同火力発電所、石炭焚き転換工事に着工。同上書311頁。（2）1981年11月　住軽アルミニウム工業、4分の1減産体制に移行。アルミ製錬業の深刻な不況に対処し、酒田工場のアルミ電解炉220炉中52炉を停止。同上書308頁。（3）1982年（昭和57年）5月の生産停止は、それなりに素早い対応であった。しかし、その決定は住軽アルミニウムの親会社である住友軽金属独自の決定ではなく、住友軽金属の親会社である住友金属工業の決断であった。同年3月期の住友金属工業の業績は、シームレスパイプの好調な売行きを中心として好決算となる見通しがついたため、アルミ地金製錬事業から一挙に撤退することとしたものである。秋津裕哉『わが国アルミニウム製錬史にみる企業経営上の諸問題』131頁。（4）1982年4月20日　住軽アルミニウム工業の解散発表。住軽アルミニウム工業の経営状態は、今5月期末で債務超過になるまでに悪化し、住軽アルミニウム工業の現在の電力コストおよび地金市況を考慮すると、今後も膨大な損失発生は避けられないと予想される。したがって、住軽アルミニウム工業は、これ以上の経営の継続は不可能と判断し、昭和57年5月末日をもって、操業を停止し解散することとする。なお、現在進めている酒田共同火力発電の熱源石炭化工事完成後、経済的見通しをつけた上で、改めて新会社により製錬事業を行い、今後のアルミニウム地金の安定供給に資したいと考えている。『住友軽金属年表』311-2頁。（5）数年後、住友軽金属のトップから酒田再開の構想が持ち上がった。しかし、住友金属工業の強い反対で陽の目をみることはできなかった。秋津前掲131-2頁。（6）住友軽金属は、1982年度中間決算で、住軽アルミニウム工業の解散に伴い、238億5100万円の整理損を計上。『住友軽金属年表』315頁。（7）解散時の従業員400名のうち、住友軽アルミ鋳造の業務に従事する者101名、住友軽金属ほかに移る者203名、退職者96名。同上書312頁。

115

が嫌って住軽アルミニウム工業を早めに解散させたという見方もある。住友金属工業の熊谷典文社長が、「住軽アルミに未練を残していたら住軽金本体まで沈没してしまう。住友グループの再編については、合併などは絶対考えられない。垂直統合というやり方も、国際競争力のある時代ならプラスになるが、今ではマイナスだ」と発言したと報道され[21]、小川義男住友軽金属会長も「これ（酒田工場の全面休止）で住友アルミとの垂直統合などありえないということが改めてはっきりしたはず」と断言したと伝えられている[22]。

　住軽アルミニウム工業の製錬撤退・解散にともなう負債と累積損失の整理は住友グループ内で処理された。住友軽金属は、1982年度中間決算で、住軽アルミニウム工業の解散に伴い、238億5,100万円の整理損を計上している[23]。1981年7月の増資で、住友軽金属の出資比率は50%であるから、整理損はこの数値の2倍程度にはなったと推定される[24]。住友各社の出資比率は、住友金属工業25%、住友化学工業10%、住友銀行・住友信託銀行・住友商事各5%であった[25]。解散に伴う従業員についても、住友系で再雇用される者が多かった。解散時の従業員400名のうち、住軽アルミ鋳造の業務に従事する者101名、住友軽金属ほかに移る者203名、退職者96名であった[26]。

　第2章で、住軽アルミニウム工業の新規参入の経緯を検討し、住友グループ内の対立が存在したことを見たが、やはり、この新規参入には無理なところがあり、そのことが、撤退の決断を早めたと言えるであろう[27]。

2. 昭和軽金属の場合

　昭和電工・昭和軽金属の場合は、図3-2-3のような撤退過程であった。

　昭和電工は、オイルショック前から開発輸入に積極的に取り組み、1969年には、コマルコが50%を出資するニュージーランド・エンザス・プロジェクトに住友化学工業とともに25%を出資し、1971年には第1期工事を完成させた。オイルショック後には1974年にベナルム・プロジェ

第2節　アルミニウム製錬からの撤退

クトに参加し、1974年に新契約に調印し、続いて、1975年にはアサハン・プロジェクト、1977年にはアマゾン・プロジェクトに参加した[28]。

　国内では、オイルショック以降、工場の電解炉を部分的に停止して生産制限をおこない、1978年の不況カルテルでは、喜多方工場の電解炉44炉を全面停止して１万1,000トンの減産を実施した。この間、1974年には、すでに着工していた千葉工場の年産能力５万トン増設工事を中止することを決定した。社長であった鈴木治雄は、のちに「社内では大変でしたよ。稟議が来ても、千葉工場の増設だけは認めなかった。そうすると、他社にシェアを抜かれて本当に残念だ、何とかしてくれ、と特に営業の連中が強く言うが、私は絶対認めなかった」と回顧し、「第一次オイルショックの後、電力価格が上がって以来、早いうちから非常に消極的になっていましたね」と語っている[29]。

　そして、1975年に千葉工場を昭和電工千葉アルミニウムとして分立させ、翌年に昭和軽金属と改称、1977年に喜多方工場と大町工場軽金属部門をこれに統合し、製錬部門を独立させる組織改革をおこなって経営責任の明確化を図った。

　構造改善計画で設備処理を進めたが、第２次オイルショック後、1981年度末には累積損失は149億円となった[30]。昭和電工グループは、局面を打開するために、オーストラリアのコマルコとの資本提携を図り、1980年から交渉を続けて、82年11月には、昭和軽金属にコマルコが50％の資本参加をするという内容の合弁契約書に調印した。そして、昭和電工が昭和軽金属の他の株主（丸紅他25社）から持株を買い取り、減資と増資によって資本金を500億円とし、コマルコが250億円を出資するという手順が採られて、1982年12月に新しい昭和軽金属が誕生した[31]。

　コマルコとの提携は、製錬からの撤退を想定しておこなわれたもので、昭和電工は傘下のアルミニウム加工関連会社株式を昭和軽金属に譲渡し、コマルコはアルミニウム地金を長期安定的に昭和軽金属に供給することになっていた[32]。

　コマルコとの合弁前に、資本金170億円の全額減資で累積損失を処理

第3章　日本アルミニウム製錬業の衰退

図3-2-3　昭和電工・昭和軽金属：撤退のフローチャート

事業環境の変化		主体の状況認識と対応	主体の内部的撤退動因	撤退戦略の選択	撤退を可能にする要因	撤退実現
製品市場	地金価格の低迷・円高	安定供給の確保・開発輸入（1）	開発輸入による供給力（9）	初期構想：外資の導入（10）	加工分野の強化：大町工場、電極部門。喜多方工場、アルミ合金の細径鋳造棒。千葉工場、合金。後継会社：1986年昭和軽合金㈱設立。	撤退実現：1986年2月千葉工場電解炉停止昭和軽合金㈱昭和軽金属より鋳造部門継承
原料市場	オイルショックによる電力費の高騰	電力費の削減	製造コストの上昇			
生産技術						
経営業績	欠損の発生	生産制限（2）企業再編（3）備蓄買上（4）構造改善資金交付（5）関税軽減（6）経費節減・合理化	損失の累積	条件変化に対応した戦略変更：外資撤退、製錬停止（11）	累損処理の途	
外部関連		不況カルテル（7）				
政策関連	構造改善政策	設備凍結・処理（8）			政策発動を必要とするほどのダメージは発生しない	

（1）1969年、ニュージーランド・エンザス計画調印（コマルコ50%・昭電・住友化学各25%）。1973年、ベネズエラ計画調印（日本側80%：昭和電工35%・神戸製鋼所35%・丸紅10%。ベネズエラ20%）。大統領交代で1974年12月新契約調印（日本20%：昭和軽金属7%・神戸製鋼所4%・住友アルミニウム製錬4%・三菱軽金属工業2%・三菱金属2%・丸紅1%。ベネズエラ80%）。1975年、アサハン計画。1977年、アマゾン計画。『昭和電工アルミニウム五十年史』250−6頁。（2）1973年、大町工場、48年12月電力10%重油20%カットの通知を受け、緊急対策として電解炉65炉を停止。1974年春から制限緩和で秋までに全炉を復旧。1974年12月から1975年3月にかけて、47炉を休止、年産6,600トン減産。同上書290頁。1974年、千葉工場第5電解工場生産能力5万トン増設工事起工後、建設中止を決定。同上書290−1頁。1975年7月、千葉工場、第1電解10万アンペア、ゼーダーベルグ式162炉全炉（年間能力4万2,000トン）停止決定、75年9月26日までに全作業終了。同上書290頁。1976年2月、千葉工場、第4電解工場15万アンペア、プリベーク式128炉のうち64炉停止（年産2万6,000トン減産）。1977年7月全面再開（大町工場減産分肩代わりの意味）。大町工場、1976年2月中旬から1ヵ月かけて、第2電解工場132炉稼働止める（年産1万8,000トン減少）。

118

第2節　アルミニウム製錬からの撤退

同上書291頁。1978年6月、大町工場第1電解の残りの1系列4,000室82炉を停止（年産1万2,000トン減少）、残るは3,000室1系列のみ。同上書291頁。（3）1975年8月、昭和電工千葉アルミニウム設立。千葉工場分立。同上書293頁。1976年10月昭和軽金属に改称。昭電アルミ部門（大町・喜多方工場、横浜工場アルミナ関連部門と軽金属加工研究所）を順次統合。同上書293頁。（4）備蓄買上制度によって、合計26,380トン（全社合計量の15.7％）の買上を受ける。利子補給総額は25億2,670万円で、その15.7％は3億9,669万円。表4-2-1地金備蓄の内容参照。（5）125万トン体制下での設備凍結に対して4億1,400万円、110万トン体制下での設備処理に対して4億4,277万円、合計8億5,677万円。表4-2-3構造改善資金交付実績参照。（6）関税減免額は不明。（7）1978年9月、喜多方工場、不況カルテルで第2電解10万アンペア44炉10月に全面停止（1万1,000トン減産）。同上書291頁。残りは第3電解10万アンペア、44炉、年産1万7,000トン。同上書296頁。（8）表4-2-8アルミニウム製錬業の構造改善実施状況参照。1977（昭和52）年11月中間答申（125万t体制）：千葉工場162炉（42,782トン）・大町工場132炉（19,088トン）凍結。『日本アルミニウム連盟の記録』339頁。1979年1月安定基本計画（110万トン体制）：千葉工場、1980年10月第2電解100炉停止（年産2万6,000トン減産）。千葉工場、1981年3月第2電解残りの57炉運転停止（1炉260トンなら1万4,820トン減産）。第1工場火消える。『昭和電工アルミニウム五十年史』292頁1982年3月安定基本計画（70万トン体制）：千葉工場、1981年6月第4電解16万アンペア、プリベーク式64炉停止（2万6,000トン減産）、1981年12月第4電解残りの57炉停止。第4電解休眠。残りは第3電解1系列（10万アンペア、ゼーダーベルク式120炉、年産約3万トン）。第4電解16万アンペア、プリベーク式128炉、年産5万2,500トンはスタンバイ。同上書292・294頁。1982年6月、大町工場製錬停止。喜多方工場　1981年6月から運転炉減らし、1982年8月末には17炉、82年9月6日全面停止。同上書296頁。1985年2月構造改善基本計画（35万トン体制）：千葉工場、26,255トン処理、残存能力31,690トン。『メタルインダストリー'88』288頁。（9）「ニュージーランドはコマルコに売ってしまいましたが、ベネズエラは圧倒的に強いポジションにありましたし、アサハン、ブラジルを含めて10万トン近い開発地金を持っているということが、国内製錬の撤収の1つの踏切台になった。かりにそれがなかったとしたら、もっと撤収を躊躇したかも知れませんね。」（三好大哉・昭和電工専務取締役の話、「トップに聞く　撤収から再構成へのシナリオ」『アルトピア』1989年2月、22-3頁）（10）1982年、コマルコが昭和軽金属に50％資本参加。『昭和電工アルミニウム五十年史』304頁。（11）1986年、コマルコ撤退、昭和電工のエンザス出資分を同社に譲与。

していたが、新生した昭和軽金属の経営は改善せず、その後も損失が続いて累計損失は400億円弱に達した[33]。コマルコは合弁の解消を望むに至り、昭和軽金属は製錬部門を停止し鋳造部門を新設の昭和軽合金に継承させて解散することとなった[34]。コマルコの出資分に対しては、昭和電工が所有していたニュージーランド・アルミニウム製錬会社（エンザス）の持分をコマルコに譲渡することで処理された[35]。こうして、1986年2月に、千葉工場の電解炉が停止され、1934年以来の伝統ある昭和電

工のアルミニウム製錬事業は幕を下ろした。

　製錬撤退に備えて、昭和軽金属の加工分野の強化が図られ、大町工場の電極部門、喜多方工場のアルミニウム合金（細径鋳造棒）部門、千葉工場の合金部門が拡充されて、製錬部門の従業員の受け皿が用意された。

　昭和電工グループが比較的早期に製錬撤退を決定した理由としては、経営トップの先見性が指摘されている。住友銀行役員だった秋津裕哉は、鈴木治雄（昭和電工・昭和軽金属会長）を「当時の製錬企業のトップリーダーの中で最も先見性に富んだ経営者であったといえよう」と高く評価している[36]。鈴木は、アルミニウムは安い水力電気がなければ基本的に駄目で、日本でアルミニウムをやるのは北海道でサトウキビを作るようなものだと発言している[37]。

　また、早くから開発輸入による地金の安定確保に力を入れていたことも、早期撤退の一因であった。三好大哉・昭和電工専務は、「ニュージーランドはコマルコに売ってしまいましたが、ベネズエラは圧倒的に強いポジションにありましたし、アサハン、ブラジルを含めて10万トン近い開発地金を持っているということが、国内製錬の撤収の1つの踏切台になった。かりにそれがなかったとしたら、もっと撤収を躊躇したかも知れませんね」と語っている[38]。

3．住友アルミニウム製錬の場合

　3番目に撤退した住友アルミニウム製錬の場合を見よう（図3-2-4）。

　住友グループは、地金の安定確保のために、日本企業の中では最も開発輸入に力を入れていた。1969年からのエンザス・プロジェクトをはじめとして、ベネズエラのベナルム・プロジェクト、アサハン・プロジェクト、アマゾン・プロジェクトのほかに、オーストラリアのグラッドストーン（ボイン・スメルターズ）・プロジェクトにも参加した[39]。

　国内では、第1次オイルショック直前の1973年10月に富山製造所の第3期工事を完成させ、さらに愛媛県の東予新産業都市計画の一環として

第2節　アルミニウム製錬からの撤退

着工していた東予工場をオイルショックのなかでも続行して1975年7月から住友東予アルミニウム製錬（1974年8月設立）の工場として稼働させた。しかし、富山製造所の電解炉をフル稼働させることはできず、業界の自主操短のなかで、4工場合わせた稼働率は1975年には65％に低下し[40]、1976年には通産省のガイドラインに沿って操業度は60％になった。東予工場が完成した1976年度には、住友系の製錬能力は、日本軽金属を越える年産41.4万トンと日本第1位、世界でも第7位となった。

　住友化学工業は、1976年7月に、アルミニウム事業を分離して住友アルミニウム製錬（資本金40億円、住友化学工業全額出資）を設立した。業界あげて政府援助を要請するなかで、総合化学会社の1部門としてではなく、独立の新会社として運営することが適当と判断したためであり、タイミングとしては地金市況が好転すると予想された時期であった[41]。住友アルミニウム製錬は、住友東予アルミニウム製錬の経営管理・製品販売も担当した[42]。

　アルミナ製造からアルミニウム製錬までおこなう住友アルミニウム製錬は、アルミニウム加工会社への資本参加を進めて圧延加工分野との関係強化をはかり、アルミナ製品の充実や新事業の開発にも力を入れた[43]。

　構造改善計画が実行される中で、既述したような設備の処理を進め、1979年3月には名古屋製造所の製錬を停止したが、経営状況は、表3-2-1に見るように1981年度から急速に悪化している。1982年3月には磯浦工場の製錬を停止し、富山製造所と東予製造所の2工場に生産を集中させた。

　電力コストの削減のために、住友ではすでに、電力原単位の引き下げ[44]や火力発電設備の定期点検期間延長[45]などの対策を講じてきたが、1982年からは、富山共同火力発電の石炭焚き転換に着手して、1984年11月に1号機、同年12月に2号機の改装を完成させた。石炭焚きへの転換で、発電単価はkWh当たり1980年度18.07円、1983年度15.71円から、1985年度には10.80円に引き下げることができた[46]。

　富山工場については、「第三セクターにして再出発させる」という考

第3章　日本アルミニウム製錬業の衰退

図3-2-4　住友アルミニウム製錬：撤退のフローチャート

事業環境の変化		主体の状況認識と対応	主体の内部的撤退動因	撤退戦略の選択	撤退を可能にする要因	
製品市場	地金価格の低迷・円高	安定供給の確保・開発輸入（1）／加工分野への進出（2）	開発輸入による供給力（12）	初期構想：石炭転換を完了している富山製造所での製錬をもってしても国際競争力の回復はもはや望めないと判断し、同所の製錬工場を停止し、国内製錬から撤退して事業を再構築することを決定	加工部門は安価な輸入地金を歓迎	撤退実現：1986年10月30日、富山製造所の電解炉停止。同年12月、住友アルミニウム製錬㈱解散。
原料市場	オイルショックによる電力費の高騰	電力費の削減：使用電力の節減（3）／定期点検期間の延長（4）／富山共同火力発電の石炭焚き転換（5）				
生産技術						
経営業績	欠損の発生	操業短縮（6）／企業再編（7）／備蓄買上（8）／構造改善資金交付（9）／関税軽減（10）／経費節減・合理化	損失の累積		累損処理の途（14）	
外部関連		不況カルテル	グループ内の変化（13）		転職者のグループ負担（15）	
政策関連	構造改善政策	設備凍結・処理：（11）			政策発動を必要とするほどのダメージは発生しない	

（1）エンザス計画・ベネズエラ計画・アサハン計画・アマゾン計画・グラッドストーン（ボイン・スメルターズ）計画。『住友化学工業最近二十年史』82-88頁。（2）アルミニウム加工会社への資本参加。同上書80頁。新製品・新事業の開発。同上書191-3頁。（3）現行の電解法のもとで電力原単位トン当たりDC（直流）1万2,300kWh以下を目標とし、同DC1万3,500kWh/トンを当面の目標として設定した。この目標の達成のため電解炉の保温の強化、陰極導電棒（シーネ）の形状の工夫による低抵抗化、コンピュータによる陽極効果（抵抗が上がって電圧が急上昇する現象）自動抑制、電圧自動調整による操業の安定化などを実施した。1977年7月、住友東予アルミニウム製錬東予製造所において当面の目標は達成された。同上書79頁。（4）1978年4月、電気事業法に定める火力発電設備の定期点検期間が使用、管理状態に応じて弾力化、延長された。これにより自家発電や共同発電設備について、

第2節　アルミニウム製錬からの撤退

毎回約20日を要し、その間電力会社から高価格の補充電力を購入していた定期点検の回数が減少し、経費を節減。同上書78頁。（5）富山製造所では、富山共同火力発電の石炭焚き転換を1982年9月に着工、1984年11月1号機・12月2号機完工。発電単価はkWh当たり1980年度18.07円、1983年度15.71円から、石炭転換により1985年度には10.80円となった。同上書188-9頁。（6）1974年11月から75％操業、翌年2月から65％操業となる。1976年には通商産業省のガイドラインに従って約60％操業となったが、6月末のメーカー在庫量は20万トン弱に減少、ガイドラインも6月までで終了。同上書66・68頁。（7）1976年7月31日、アルミニウム事業を分離して独立の新会社として運営するため、住友アルミニウム製錬（資本金40億円、住友化学工業全額出資）を設立。同上書68頁。1981年1月1日、住友アルミニウム製錬と住友東予アルミニウム製錬合併、住友アルミニウム製錬となる。同上書181頁。（8）備蓄買上制度によって、両社は合計4.6万トン（全社合計量の27.5％）の買上を受ける。利子補給総額は25億2,670万円で、その27.5％は6億9,484万円。表4-2-1地金備蓄の内容参照。（9）125万トン体制下での設備凍結に対して両社で6.5億円、110万トン体制下での設備処理に対して住友アルミニウム製錬が5億円。表4-2-3構造改善資金交付実績参照。（10）住友アルミニウム製錬は、57年度から3年間に約80億円の関税免除、解散までの60、61年に40億円の関税軽減を受けた。同上書186・252頁。（11）表4-2-8アルミニウム製錬業の構造改善実施状況参照。1977（昭和52）年11月中間答申（125万トン体制）：住友アルミニウム製錬および住友東予アルミニウム製錬は両社合計年産能力41万4,000トンの現有設備のうち9万9,610トン、24.1％を凍結。同上書76頁。1978年11月、住友アルミニウム製錬は中部電力からの買電に依存する名古屋製造所の電解工場のすべてを、1979年3月末をめどに停止すると発表。同上書73頁。1979年1月安定基本計画（110万トン体制）：住友アルミニウム製錬は予定していた名古屋製造所の全電解設備（198炉、年産能力5万3,000トン）に加えて、富山製造所の一部（全所660炉中、5、6棟の220炉年産能力5万9,000トン）を休止し、住友東予アルミニウム製錬を含めた両社合計の残存能力を29万6,000トンとすることにした。同上書178頁。1982年3月安定基本計画（70万トン体制）：住友アルミニウム製錬ではこの設備能力の処理に、菊本製造所磯浦工場の全部（年産能力7万9,000トン）および富山製造所の一部（年産能力11万8,000トン中の3万5,000トン）の休止で対応し、プリベーク式の最新設備を持つ東予製造所（年産能力9万9,000トン）と、電源の石炭火力発電への転換を実施中であるゼーダーベルグ式設備の富山製造所（同8万3,000トン）の2拠点、計18万2,000トンを残すこととした。同上書185頁。菊本製造所磯浦工場は、1982年3月31日、第二次安定基本計画に従い、電解炉への通電を断ち、製錬工場を全面停止。同上書188頁。1985年2月構造改善基本計画（35万トン体制）：伝えられる産構審の検討内容によれば、住友アルミニウム製錬でも生産能力の半減を要する事態となったので、2工場による非効率な生産体制を避け1工場制を採ることとし、主として次の理由から富山存続、東予停止を決めた。①立地条件　富山はアルミニウムコンビナート内にあり、三協アルミニウム工業グループなど大手需要家に近いが、東予は当初予定のアルミニウムコンビナートが形成されておらず、需要家にも遠い。②償却費　45年完成の富山より、50年完成の東予の方が簿価が高く、従って償却費が多い。③電力料金　富山は富山共同火力発電の石炭転換工事が完了、比較的安価な電力が受電できる。一方、東予は小規模生産時には住友共同電力の水力、石炭火力の電力のみで賄えるが、生産量の増加時には重油火力発電所の稼働を要するので富山より割高となる。1984年12月21日、東予工場は電解工場の操業を停止し、同27日には鋳造工場がこれに続いた。産構法上の設備休止の措置、手続きは60年4月に行われた。同上

123

第3章　日本アルミニウム製錬業の衰退

書252-3頁。(12) 海外開発地金の輸入、販売は事業経営の効率化を図るため新会社により行い、輸入量を1987年度に年間約13万トン程度に拡大する。同上書257頁。(13) 住友化学工業の増減資負担、債権放棄などによる支援も限界にきていた。同上書256頁。(14) 1986年7月から8月にかけて、住友アルミニウム製錬は株主の申し出に基づき、1,800万株を1株につき実価375円での任意買入消却することにより、90億円の減資を行った。住友化学工業はこの申し出を行わず、同社は資本金250億円の住友化学工業の100%子会社となった。同上書257頁。(15) 東予工場の従業員約130人は菊本製造所などへの配転、住友化学工業への復帰などにより再配置した。同上書252-3頁。1982年からの余剰人員整理には、退職手当増額など特別措置を実施した。同上書190頁。

え方もあった。親会社の住友化学工業の土方武社長は、「住友アルミの富山製錬所を住友アルミから切り離し、住友グループのほか地元の富山県や北陸電力、三協アルミニウムなど地場産業が共同出資する第三セクターに製錬事業を引きうけさせる。こうすれば電力コストの安い富山県の県営水力発電を使う道が開けるなど、国内製錬として生き残ることが可能になる。」と提案したと報じられている[47]。公営水力発電所からの低価格での電力供給は製錬業界が要望していた電力コスト削減の方法のひとつであり、第三セクター化によってそれを可能にする道が探られていたわけである。

　1984年12月には、第4次構造改善計画で35万トン体制が予想されたのに対応して、東予製造所での製錬を停止し、大手需要者の近くに立地し、電力コストが低い富山製造所1工場のみの生産体制を採った[48]。

　しかし、1985年のプラザ合意以降の急速な円高は、地金輸入価格を引き下げ、国内地金価格は、1984年のトン当たり35.6万円から、85年には29.4万円、86年には23.1万円と低下した（表3-1-3）。住友アルミニウム製錬の経常損益は、1984年度までは赤字が減少する方向を示していたが、85年度から再び赤字が拡大した。

　住友アルミニウム製錬が債務超過になるのを回避して、財務体質の改善、事業基盤の強化を図るために、住友化学工業は、1985年12月に、単独で住友アルミニウム製錬の減資（減資額90億円、通算4回目）とそれに続く大幅な増資（増資額250億円、資本金は340億円）を引き受けた。

第2節　アルミニウム製錬からの撤退

表3-2-1　住友アルミニウム製錬　業績の推移　　　　　（単位：100万円）

年度	売上高	経常損益	当期損益	総資産	負債	資本	資本金
1976	23,354	△ 1,021	△ 1,021	154,862	147,884	6,978	8,000
1977	142,849	△ 864	△ 864	185,991	171,877	14,113	16,000
1978	135,187	△ 4,110	△ 3,053	177,302	166,241	11,060	16,000
1979	157,897	2,509	2,483	190,692	177,148	13,543	16,000
1980	195,037	8,065	6,535	225,732	205,653	20,079	16,000
1981	121,481	△ 9,103	△ 8,279	281,028	271,273	9,754	18,000
1982	99,678	△ 27,927	△ 17,999	272,280	271,615	664	18,000
1983	124,128	△ 17,154	△ 15,129	201,490	201,483	6	18,000
1984	139,306	△ 4,578	△ 8,786	189,509	189,307	202	18,000
1985	127,065	△ 9,103	△ 12,033	167,672	154,521	13,150	34,000
1986	80,297	△ 10,981	△ 20,001	24,993	38,593	△ 13,600	25,000

注：1980年度までは住友アルミニウム製錬の数値で、住友東予アルミニウム製錬の数値は
含まない。1981年度以降は合併により東予分を含む。
出典：『住友化学工業最近二十年史』資料編52-3頁。

また同時に、住友アルミニウム製錬のアルミナおよびアルミナに関連す
る新規商品・新規事業の開発に属する事業を住友化学工業が223億円で
買い受けた。これらの財務措置によって、累積損失の一部補填と借入金
（約1,600億円）の一部返済などがおこなわれた。

　しかし、円高による地金価格低下で住友アルミニウム製錬の経営は好
転せず、1986年度の経常損益は109億円、当期損益も200億円を越える赤
字となった。赤字拡大を予想した住友アルミニウム製錬は、「石炭転換
を完了している富山製造所での製錬をもってしても国際競争力の回復は
もはや望めないと判断し、同所の製錬工場を停止し、国内製錬から撤退
して事業を再構築することを決定した」。そして、1986年7月に、①富
山製造所のアルミニウム製錬部門は同年10月末をもって停止する、②海
外開発地金の輸入、販売は事業経営の効率化を図るため新会社により行

う、③同製造所の鋳造事業は、他のアルミニウム関連企業の参加を得て鋳造専業会社として富山新港で発展させるとの方針を公表した[49]。

そして、住友アルミニウム製錬は、1986年7月から8月にかけて、株主の申し出に基づいて、1,800万株を1株につき実価375円で任意買入消却することにより、90億円の減資を行った。住友化学工業はこの申し出を行わず、住友アルミニウム製錬は資本金250億円の住友化学工業の100%子会社となった[50]。

1986年10月30日に富山製造所の電解炉が停止され、1936年以来の住友のアルミニウム製錬事業は幕を閉じた。そして、同年12月に住友アルミニウム製錬は解散し、地金輸入販売は住友アルミニウム販売、鋳造加工業は富山合金に引き継がれた[51]。

4．三菱軽金属工業の場合

4番目に撤退した三菱軽金属工業の場合を見よう（図3-2-5）。

三菱化成は、オイルショック後、延期していた坂出工場第2期増設（年産10万トン）工事を完成させて1975年には年産能力を35.8万トンと史上最高レベルに引き上げた（この年は日本最大）。そして、1976年4月には、三菱化成アルミニウム部門を分離して三菱軽金属工業を設立した。これは、通産省の基礎産業局の矢野俊比古局長のサゼッションによると伝えられているが[52]、同様に製錬業を分立させた住友化学工業、昭和電工よりも早い企業再編であった。住友と昭和電工が100%子会社のかたちを採ったのに対して、三菱はグループ各社と需要者に共同出資を要請する方式を選んでいるのが特徴的である[53]。

一方、地金の安定確保のために、開発輸入にも力を入れ、ベルナム・プロジェクトでは1974年12月の新契約から三菱金属とともに参加、1975年に、アサハン・プロジェクト、1977年に、アマゾン・プロジェクトにも加わった。

構造改善計画に沿って設備縮小を実施したが、1978年度までは他社と同じように経常収支の赤字が続いた。1979・1980年度は地金市況の好調

第２節　アルミニウム製錬からの撤退

図３-２-５　三菱化成・三菱軽金属（菱化軽金属）：撤退のフローチャート

事業環境の変化		主体の状況認識と対応	主体の内部的撤退動因	撤退戦略の選択	撤退を可能にする要因	
製品市場	地金価格の低迷・円高	安定供給の確保・開発輸入（1）	開発輸入による供給力			
原料市場	オイルショックによる電力費の高騰	電力費の削減	製造コストの上昇	初期構想：1983年３月坂出工場を菱化軽金属工業として分立（10）	設備・技術の輸出（11）	撤退実現：1987年２月坂出工場製錬停止
生産技術						
経営業績	欠損の発生	生産制限（2）企業再編（3）備蓄買上（4）構造改善資金交付（5）関税軽減（6）経費節減・合理化	損失の累積（8）		累損処理の途	
外部関連		不況カルテル				
政策関連	構造改善政策	設備凍結・処理（7）	政策の効果弱い（9）		政策発動を必要とするほどのダメージは発生しない	

（１）1973年、ベネズエラ計画調印（日本側80％：昭和電工35％・神戸製鋼所35％・丸紅10％。ベネズエラ20％）。大統領交代で1974年12月新契約調印（日本20％：昭和軽金属７％・神戸製鋼所４％・住友アルミニウム製錬４％・三菱軽金属工業２％・三菱金属２％・丸紅１％。ベネズエラ80％）。1978年２月工場一部完成。『昭和電工アルミニウム五十年史』252－４頁。1975年、アサハン計画。1977年、アマゾン計画。同上書255－６頁。（２）1972年、坂出工場第１期（９万トン）フル稼働６ヵ月遅らす。第２期（10万トン）着工遅らす。『三菱化成社史』401頁。1975年１月、直江津工場（15万7,000トン）で586炉中140炉、坂出工場（14万トン）384炉中180炉の操業中止。『昭和電工アルミニウム五十年史』232頁。（３）1976年４月、三菱軽金属工業設立、三菱化成アルミ部門分離。「アルミニウム製錬事業の立て直しのためには、総合化学の枠内での経営努力だけでは不十分であると判断、19763月、当社のアルミニウム製錬事業を分離独立させて新会社に移管することを決意し、三菱グループ各社および需要業界などに新会社への出資を要請した。」『三菱化成社史』486-７頁。（４）

第 3 章　日本アルミニウム製錬業の衰退

備蓄買上制度によって、合計36,756トン（全社合計量の21.9%）の買上を受ける。利子補給総額は25億2,670万円で、その21.9%は 5 億5,335万円。表 4 - 2 - 1 地金備蓄の内容参照。（5）125万トン体制下での設備凍結に対して 6 億610万円、110万トン体制下での設備処理に対して 9 億6,457万円、合計15億7,067万円。表 4 - 2 - 3 構造改善資金交付実績参照。（6）関税減免額は不明。（7）表 4 - 2 - 8 アルミニウム製錬業の構造改善実施状況参照。1977（昭和52）年11月中間答申（125万トン体制）：坂出工場256炉（90,579トン）凍結。『日本アルミニウム連盟の記録』339頁。1979年 1 月安定基本計画（110万トン体制）：坂出工場　328炉（年産11万6,054トン）処理。『日本アルミニウム連盟の記録』351頁。1982年 3 月安定基本計画（70万トン体制）：直江津工場（16万164トン）処理。1985年 2 月構造改善基本計画（35万トン体制）：坂出工場、25,475トン処理、残存能力50,952トン。『メタルインダストリー'88』288頁。（8）「私はその時、三菱化成の社長の鈴木永二さんから社長をやれといわれて、八三年まで七年間社長をやりました。その間、二〜三ヶ月だけ黒字が出ましたが、それ以外は大幅な赤字で、夜もしばしば眠れないような状態でしたね。」「当社のアルミ事業の赤字は恥ずかしくて言えませんが、相当なもので親会社の三菱化成が四年くらい無配になってしまい、化成全体をメチャクチャにしてしまいました。」鈴木斐雄の回顧、『アルミニウム製錬史の断片』214・216頁。（9）「アルミ製錬がこうなった原因ははっきりしていて、電気が高くなったことで、学者の方々も認めておられたし、日経研究センターの並木信義さんのレポートでも指摘されていたことでしたが、なかなかそこにはメスが入らなかったんですね。人間の病人でいえばガンにかかっているようなもので、原因は分かっていてそこにメスを入れなければどうにもならないのに、根本的には政策上できないものだから、栄養剤や痛み止めをやるから延命しろというに等しい。そんなわけで、関税割当制度やその他の政策はやっていただいたが、結局は根本治療をやってないので、次第に体力が消耗して、衰弱死してしまったわけですよ。」鈴木斐雄の回顧、同上書237頁。（10）「三菱軽金属も三菱という名前が付いていては解散もできないということで、最後は菱化軽金属と名称を代え」辻野担の回顧、同上書314頁。（11）「私の会社も操業を止めてから三年くらいは、アルミの技術が世界に売れましたしね。担当の課長が世界の一〇ヶ国くらい歩いて技術を売ってきました。」鈴木斐雄の話『アルミニウム製錬史の断片』215頁。「私の所も青銅峡に直江津の設備を売りました。」辻野担の回顧、同上書316頁。

で黒字化したものの、1981年度には182億円の経常損失を計上し、179億円の累積赤字を抱えるにいたった[54]。

　1981年10月には、直江津工場の製錬を停止して、坂出工場のみの生産体制となった。坂出工場も最盛期の生産能力19.2万トンから1982年 4 月には7.6万トンに縮小し、1983年 3 月には、菱化軽金属工業として分立する組織改革をおこなった[55]。坂出工場は、第 4 次構造改善計画で年産能力5.1万トンに落としたが、製錬の業績回復の見通しは立たず、1987年 2 月に製錬を停止した。

　高い技術水準を誇っていた三菱軽金属は、直江津工場の設備を中国の

第 2 節　アルミニウム製錬からの撤退

青銅峡アルミニウム工場に売却し、操業停止後も、アルミニウム技術を
世界のアルミニウム製錬企業に輸出した[56]。

5．三井アルミニウム工業の場合

（1）開業初期の経営状況

　参入が遅かった三井アルミニウム工業は、表 3 - 2 - 2 に示されるよう
に、開業当初から経営収支は赤字が続いた。オイルショック直前の1972
年度を見ると、三井アルミニウム工業が12.1億円、三井アルミナ製造が5.9
億円、合計18億円の経常損失を出して、両社合計の累積損失は35.4億円
になっている。

　三井アルミニウム工業は、1972年度は生産能力（設備能力）が年産 7
万5,000トンで、稼働生産能力も同じで稼働設備率は100%、生産実績は
7 万7,076トンで、実績・稼働能力比は102.8%と完全フル稼働状態であっ
た（表 3 - 2 - 3 参照）。

　地金販売量は仕入品を含めて 7 万9,168トン、売上高は141.2億円で、
営業利益は20.5億円であった（表 3 - 2 - 4 ）。しかし、金利負担が32.8億
円に達しているために、経常損益が12.1億円の赤字になった。

　1972年度について製造コストと販売単価を見ると、表 3 - 2 - 5 のよう
に、粗製造コスト（表 3 - 2 - 4 の売上高から営業利益を差し引いた金額）
は地金 1 トン当たり15.7万円であるのに対して、販売単価は17.8万円で
あるから、 2 万円強の製造粗利益は挙げていることになる。第 2 章で見
た1968年時点の実行計画案（表 2 - 2 - 3 ）と対比すると、地金 1 トン当
たりアルミナ費は計画案4.8万円に対して1972年度の数値は4.9万円、電
力費は3.9万円に対して 4 万円であるからほぼ見合っている。その他費
用を含めた製造原価は計画案の13.3万円に対して72年度の粗製造コスト
は15.7万円と2.4万円高くなっている。そして、地金 1 トン当たりの金利
負担額は計画案では1.7万円を見込んでいるが、72年度のそれは4.3万円
で2.6万円高い。これに対して販売単価は計画案ではトン当たり18.5万円
であったが、72年度は17.8万円で7,000円ほど低くなっている。結果とし

第3章　日本アルミニウム製錬業の衰退

表3-2-2　三井のアルミニウム事業の損益推移　　　　　　　　（単位：100万円）

年度	経常損益			累積損失			資本金		
	三井アルミニウム工業	三井アルミナ製造	両社合計	三井アルミニウム工業	三井アルミナ製造	両社合計	三井アルミニウム工業	三井アルミナ製造	両社合計
1968	△ 10		△ 10				1,500		1,500
1969	△ 37	△ 3	△ 40				2,500	2,000	4,500
1970	△ 189	△ 10	△ 199	△ 236		△ 236	2,500	2,000	4,500
1971	△ 1,465	△ 24	△ 1,489	△ 1,701		△ 1,701	6,000	2,000	8,000
1972	△ 1,207	△ 593	△ 1,800	△ 2,908	△ 630	△ 3,538	6,000	2,000	8,000
1973	△ 67	△ 1,274	△ 1,341	△ 2,975	△ 1,904	△ 4,879	6,000	3,000	9,000
1974	△ 747	△ 1,355	△ 2,102	△ 3,722	△ 3,259	△ 6,981	9,500	4,000	13,500
1975	△ 4,638	△ 1,278	△ 5,916	△ 8,361	△ 4,537	△ 12,898	11,000	5,000	16,000
1976	△ 3,342	△ 990	△ 4,332	△ 11,654	△ 5,527	△ 17,181	13,500	6,000	19,500
1977	△ 5,129	△ 1,537	△ 6,666	△ 16,783	△ 7,037	△ 23,820	13,500	6,000	19,500
1978	△ 6,580	△ 2,478	△ 9,058	△ 23,364	△ 9,515	△ 32,879	13,500	6,000	19,500
1979	1,693	△ 1,691	2	△ 12,690	△ 11,209	△ 23,899	13,500	6,000	19,500
1980	5,536	766	6,302	△ 7,155	△ 10,032	△ 17,187	13,500	6,000	19,500
1981	△ 6,009	△ 1,316	△ 7,325	△ 13,166	△ 11,349	△ 24,515	13,500	6,000	19,500
1982	△ 15,385	△ 797	△ 16,182	△ 28,552	△ 4,409	△ 32,961	13,500	6,000	19,500
1983	△ 2,354		△ 2,354	△ 26,912		△ 26,912	13,500		13,500
1984	△ 12,955		△ 12,955	△ 39,875		△ 39,875	27,000		27,000
1985	△ 15,923		△ 15,923	△ 42,995		△ 42,995	27,000		27,000
1986	△ 8,399		△ 8,399			△ 50,485			
出典頁	204頁			162・181・195頁	172・182・195頁		162・181・195頁	172・182・195頁	

注：（1）1973年度のアルミ社の経常損益は、別数値では696百万円の黒字。宮岡成次『三井のアルミ製錬と電力事業』196頁。（2）清算過程の損失を合わせた累積損失額は50,458百万円。牛島俊行・宮岡成次『黒ダイヤからの軽銀』163頁。
出典：宮岡『三井のアルミ製錬と電力事業』。

て、計画案で見込まれたトン当たり1.7万円の利益は実現できず、72年度の経常損益は地金1トン当たり1.6万円の赤字になっている。赤字発生要因としては、金利負担額の高さが第1要因となっている。

第2節　アルミニウム製錬からの撤退

表3-2-3　三井アルミニウム工業の地金製錬能力と生産実績

年度 (4月~ 翌年3月)	生産能力 トン/12カ月 (A)	稼働生産 能力 トン/12カ月 (B)	設備能力 1,000トン/年	生産実績 トン/年 (C)	生産実績 トン/年 (D)	稼働 設備率 (B)/(A)	実績・ 稼働 能力比 (C)/(B)	実績・ 生産 能力比 (C)/(A)	実績・ 生産 能力比 (D)/(A)
1970	15,625	15,625	37.5	7,548	7,548	100.0%	48.3%	48.3%	48.3%
1971	75,000	75,000	38.0	42,588	42,593	100.0%	56.8%	56.8%	56.8%
1972	75,000	75,000	75.0	77,076	76,752	100.0%	102.8%	102.8%	102.3%
1973	75,000	75,000	75.0	78,410	76,179	100.0%	104.5%	104.5%	101.6%
1974	75,000	72,917（1）	75.0	76,584	76,396	97.2%	105.0%	102.1%	101.9%
1975	85,142	76,801（2）	118.5	77,947	77,948	90.2%	101.5%	91.5%	91.6%
1976	112,776	94,729	142.8	105,080	102,280	84.0%	110.9%	93.2%	90.7%
1977	163,830	148,259（3）	165.6	148,334	147,136	90.5%	100.1%	90.5%	89.8%
1978	163,830	112,485（4）	165.6	108,421	106,359	68.7%	96.4%	66.2%	64.9%
1979	144,369（5）	120,118（6）	163.8	115,000	114,986	83.2%	95.7%	79.7%	79.6%
1980	144,369	103,687	163.8	125,000	125,165	71.8%	120.6%	86.6%	86.7%
1981	144,369	103,687	163.8	101,000	100,777	71.8%	97.4%	70.0%	69.8%
1982	145,713（7）	105,030	163.8	103,000	103,083	72.1%	98.1%	70.7%	70.7%
1983	145,713	105,030	144.4	102,000	101,537	72.1%	97.1%	70.0%	69.7%
1984	124,888（9）	96,018（8）	144.4	90,000	90,530	76.9%	93.7%	72.1%	72.5%
1985	124,888	74,465（8）	125.0	58,000	58,455	59.6%	77.9%	46.4%	46.8%
1986 (10カ月)	124,888	37,739（10）	125.0	35,907	35,907	30.2%	95.1%	28.8%	28.8%

注：生産能力と生産稼働能力は、牛島・宮岡『黒ダイヤからの軽銀』記述より推定。年度内の設備能力変化を月単位で12ヵ月集計値。第2次構造改善計画（110万トン体制）からの設備処理は生産能力値に反映させている。第1次構造改善計画（125万トン体制）の設備凍結は、その後復活する分があるので稼働生産能力値に反映させている。（1）1974年11月、不況深刻化で社内在庫4万トン越え、A-1の20炉停止・3月まで6,000トン減産。牛島俊行・宮岡成次『黒ダイヤからの軽銀』68頁。（2）1976年1月~6月　ガイドライン（操業率60%までの生産制限）でA240炉中80炉停止予定。設置炉304炉、99,340トン／年に対して稼働炉は202炉、66,003トン／年となり、設備制限率は66%。停止は68炉で済む。同上書72頁。（3）1977年10月自主減産　B-2 32炉停止。待望の値上げが実現した後は需要家への出荷が伸びず、同業への出荷や輸出努力にも拘わらず在庫の増加が続く。同上書73頁。（4）1978年3月125万トン体制で、B-1 64炉停止。同上書73頁。1978年9月生産カルテル実施（7カ月間）、Aライン27炉停止、両ライン電流下げる。同上書97頁。（5）1979年3月110万トン体制への対応、A-1　西半分60炉停止。同上書108頁。（6）1979年8月自主減産A-1東半分停止でA-1は全部停止。11月A-2　西側53炉停止。同上書108頁。（7）1982年3月~7月200kA大型炉、試験炉4炉を建設。Aラインの一部として操業。同上書126頁。1982年4月70万トン体制では、14.4万トンを維持。同上書112頁。（8）1984年9月自主的設備処理B-1西53炉強制停止、下期年産8万トンベースへ。同上書239頁。（9）1985年3月~4月35万トン体制B-2西50炉強制停止、6万トン体制Aライン90炉、Bライン70炉。同上書243頁。（10）1986年4月自主減産4万トン体制、Aライン85炉・Bライン35炉、合計120炉以下の操業が続く。1987年1月Aラインの大型炉4炉・Bライン34炉停止。残ったAラインの70炉を順次停止し、1987年2月27日、最後の電解炉4基停止。同上書166頁。
出典：設備能力は、『日軽金五十年史』344-5頁。生産実績（C）は宮岡成次『三井のアルミ製錬と電力事業』、1970-72年度は162頁、1973-78年度は181頁、1979年度からは194頁。生産実績（D）は『（社）日本アルミニウム連盟の記録』403頁。

第 3 章　日本アルミニウム製錬業の衰退

表 3 - 2 - 4　三井アルミニウム工業の業績推移（1970〜78年度）

年度	販売量	売上高	販売トン当たり	営業利益	営業外損益	うち金利負担	経常損益	当期損益	累計損失	期末資本金	期末借入残高
	トン	100万円	1,000円	100万円	100万円	100万円	100万円	100万円	100万円	100万円	100万円
1970	1,074	214	199	△ 29	△ 142	122	△ 189	△ 171	236	2,500	23,366
1971	48,971	9,286	190	914	△2,379	2,356	△ 1,365	△ 1,465	1,701	6,000	34,656
1972	79,168	14,123	178	2,051	△3,258	3,283	△ 1,207	△ 1,207	2,908	6,000	44,552
1973	114,405	24,187	211	3,476	△3,543	3,275	△ 67	△ 67	2,975	6,000	44,200
1974	74,162	21,212	286	3,590	△4,339	4,059	△ 747	△ 747	3,722	9,500	62,200
1975	115,309	30,424	264	976	△5,614	5,189	△ 4,638	△ 4,638	8,361	11,000	84,400
1976	142,306	45,029	316	4,158	△7,501	7,243	△ 3,342	△ 3,294	11,654	13,500	97,800
1977	151,967	48,145	317	3,897	△9,025	9,153	△ 5,129	△ 5,129	16,783	13,500	105,100
1978	145,912	43,210	296	1,741	△8,321	8,217	△ 6,580	△ 6,581	23,364	13,500	173,300

出典：経常損益は宮岡成次『三井のアルミ製錬と電力事業』196頁、それ以外は1970年度〜72年度は同書162頁、1973年度〜78年度は同書181頁。

　ここまで、第 1 期工場建設費が、電解設備279億400万円、発電設備115億4,800万円、合計394億5,200万円であり[57]、1968年時点の計画案で見込まれていた、電解設備194億7,800万円、発電設備89億3,000万円、合計284億800万円と較べて100億円以上増加している。建設費が膨らんだことが金利負担を大きくした原因といえる。1972年度末の期末借入残高は445.5億円であるから、単純計算して金利は7.4%程度になる。日本開発銀行からの融資額は78億円、産炭地事業団からは 8 億円で低利融資分は 5 分の 1 程度であったから[58]、平均金利はやや高くなっている。開業当初から、金利負担の重さが、経営を圧迫していたとことは明らかである。

　開業初期の赤字経営から脱却する道は、生産規模の拡大に求められ、1972年12月には、第 2 期増設計画が決定された。電解Bライン（年産 8 万7,000トン、所要資金220億円）と発電第 2 号機（17万5,000 k W、113億円）の建設計画で、運転開始は発電機とBライン半分が1975年初、Bライン後半は1976年初と予定され、アルミナの増産（年産20万トン、

第2節　アルミニウム製錬からの撤退

76.6億円）も計画された[59]。

1973年9月から第2期工事が開始されたところに第1次オイルショックが発生したのである。計画の見直しはおこなわれることなく建設は進められ、表3-2-3に見るように1976年に生産能力は11.3万トン、77年に16.4万トンに増強された。しかし、諸物価の暴騰で、建設費は当初の見込額を大きく上回り、電解設備は351億円、発電設備は165億円、アルミナ設備は192億円に増加した[60]。第2期工事に伴って、借入金は拡大し、金利負担はさらに経営を圧迫することとなった。

（2）第1次オイルショックの影響

三井アルミニウム工業の場合は、後掲図3-2-6のような経緯を経て製錬から撤退した。

第1次オイルショックの後、電力単価（1kWh）は1972年度の2.8円から75年度の5.2円へと上昇した（表3-2-5）。九州地区の電力用炭の基準価格は、1972年度のトン当たり3,223円から75年度の7,840円へと上昇しており、石炭火力発電も燃料コストは急上昇したのである。前掲表3-1-3の電力単価に較べると、三池炭を使用した火力発電の電力コストは1975年度で35%ほど低いが、地金1トン当たりの電力費は7.5万円と72年度の1.9倍になった。アルミナ費も上昇して、粗製造コストは35.8万円で販売価格26.4万円を越えてしまった。1975年度の金利負担は借入額の増加とともに地金トン当たり6.3万円となり、1975年度の経常損失は46.4億円にのぼり、損失累計は83.6億円に達した。

電力コスト削減に関しては、輸入炭の使用が考えられた。一般炭の輸入は国内炭保護のため禁止されていたが、1974年度から高硫黄炭の混炭用に認められ、三井アルミニウム工業でも一部使用した。円高により輸入価格は次第に国内炭より低くなっていったが、1979年度までは輸入枠は制限されていて、石炭コストの削減はできなかった。ひとつの有効な手段は、火力発電設備の定期修理期間の延長であった。三井アルミニウム工業が先頭に立ち、業界が一丸となって政府に働きかけた結果、所定の条件を満たせばボイラーは6ヵ月以上、タービンは1年延長可能に

133

第3章　日本アルミニウム製錬業の衰退

表3-2-5　粗製造コストの内訳（1970～78年度）

年度	生産量	粗製造コスト 売上高-営業損益	粗製造コスト 地金トン当たり金額	アルミナ 消費量	アルミナ 単価	アルミナ 消費金額	アルミナ 地金トン当たり金額	電力 工場使用電力量	電力 単価	電力 使用電力金額	電力 地金トン当たり金額	三井地金販売価格 販売トン当たり	鉄鋼新聞地金価格99.7% 年平均
	A	B	B/A	C	D	C×D	C×D/A	E	F	E×F	E×F/A		
	トン	百万円	千円/トン	千トン	千円/トン	百万円	千円/トン	百万kWh	円/kWh	百万円	千円/トン	千円/トン	千円/トン
1970	7,548	243	32	19	25.6	479	63	47	2.6	121	16	199	202
1971	42,588	8,372	197	89	25.4	2,250	53	680	2.7	1,809	42	190	202
1972	77,076	12,072	157	151	24.9	3,750	49	1,119	2.8	3,077	40	178	189
1973	85,858	20,711	241	147	26.6	3,905	45	1,110	3.0	3,308	39	211	207
1974	90,450	17,622	195	149	35.2	5,255	58	1,136	4.3	4,828	53	286	298
1975	82,264	29,448	358	151	40.8	6,165	75	1,189	5.2	6,135	75	264	261
1976	115,079	40,871	355	202	41.1	8,282	72	1,618	6.9	11,099	96	316	307
1977	148,929	44,248	297	285	40.6	11,559	78	2,207	7.6	16,707	112	317	324
1978	108,996	41,469	380	201	38.0	7,634	70	1,557	6.9	10,790	99	296	283

注：粗製造コストは、表3-2-4の売上高から営業利益を引いた数値。三井地金販売価格は同表の販売トン当たり売上高。
出典：工場使用電力量は牛島俊行・宮岡成次『黒ダイヤからの軽銀』193頁。主要原材料単価は宮岡成次『三井のアルミ製錬と電力事業』196頁、アルミナ消費量は204頁。鉄鋼新聞地金価格は『(社) 日本アルミニウム連盟の記録』423頁。

なった。三井アルミニウム工業の第1号機も1978年8月に延長を認められ、「三井アルミにとって格段の利益をもたらした」といわれている[61]。

　国内価格維持のための地金備蓄制度にも参加し、1976・78年に2,150トンを備蓄し、自主的な生産制限もおこなった。各社の備蓄と減産で減少した在庫は1978年にはまた増加に転じ、円高の進行で海外市況の回復にも拘わらず輸入価格は安値が続いた。公正取引委員会が許可した不況カルテルに参加して、電解炉の一部停止とライン電流低下によって、1978年度平均の稼働生産能力を設備生産能力の68.7％に落とし、地金生産量を、前年度の73％相当の10.8万トンに減らした。「カルテルは成功し在庫は予定以上に減り、値上げも順次実現した」と評価されているが[62]、

第 2 節　アルミニウム製錬からの撤退

減産にともなう製造コストの上昇は避けられなかった。

表 3 - 2 - 5 によれば、1977年度に較べて、78年度の地金 1 トン当たり
アルミナ費・電力費はともに減少しているが、粗製造コストは29.7万円
から38万円へ28％ほど上昇している[63]。地金 1 トン当たりの金利負担も、
1977年の6.1万円から78年には7.5万円に増加しており、不況カルテルが
どの程度地金市価に影響したかは推定できないので、カルテルの経営改
善効果の評価は簡単にはできない。

1978年の第 1 次構造改善計画では、電気炉496炉のうちの128炉、年産
4 万2,993トン分を凍結することとし、1978年度 1 億7,750万円、1979年
度 1 億1,018万円、合計 2 億8,768万円の構造改善資金の交付を受けた[64]。
1978年度の経常損益は65.8億円の赤字であるから、交付金の経営改善効
果は大きくない。第 1 次構造改善計画の交付金は、凍結した設備量基準
で配分された。三井アルミニウム工業が凍結した電解炉は、生産能力 1
トン当たりの簿価が20.8万円で、 6 社平均簿価10.1万円の 2 倍であった
（第 4 章表 4 - 2 - 3 参照）。住友東予アルミニウム製錬を除くと、先行 4
社はすでに償却が進んでいる電解炉を凍結したわけで、第 2 次構造改善
計画と同じ設備簿価基準方式で算定されれば交付金の経営改善効果は
もっと大きくなったはずであった。

経常収支の赤字が続いた結果、1977年度の累積損失は資本金（135億円）
を上回って債務超過状態に陥った。

（3）第 2 次オイルショックの影響

1979年からの第 2 次オイルショックは、ふたたび原油価格の高騰によ
る電力コスト上昇を招いた。ところが、物価上昇を見込んだ仮需要の発
生で国内地金市況は一時的な活況を呈し、国際的な地金需給もタイト に
なって国際価格は上昇し、円安の影響も加わって、輸入地金価格が国産
地金価格を上回る状態も出現した[65]。この一時的好況のなかで、アルミ
ニウム各社は表 3 - 1 - 3 に見るように1979年と80年には経営収支を好転
させた。

他の製錬各社と同様に、三井アルミニウム工業も1979年度には16.9億

第3章　日本アルミニウム製錬業の衰退

図3-2-6　三井アルミニウム工業：撤退のフローチャート

事業環境の変化		主体の状況認識と対応	主体の内部的撤退動因	撤退戦略の選択	撤退を可能にする要因	
製品市場	地金価格の低迷・円高	安定供給の確保・開発輸入 (1) 新製品開発 (2)	開発輸入による供給力 (14)	初期構想：アルミナ生産の休止・新会社への営業譲渡 (19)	後継企業の設立： 1988年4月（新）三池火力発電㈱発足 1989年2月九州三井アルミニウム工業設立（アルミニウム製品・高純度アルミニウム地金の製造販売） 1989年2月三井アルミニウム設立（海外アルミニウム事業への投資管理・地金輸入販売）	撤退実現：1987年2月27日電解炉通電停止
原料市場	オイルショックによる電力費の高騰	電力費の削減：輸入炭の使用 (3) 定期点検期間の延長 (4) 大型電解炉の開発 (5)	製造コストの上昇 (15)			
生産技術		新製錬法の開発 (6)	新製錬法実用化困難 (6)			
経営業績	欠損の発生	生産制限 (7) 企業再編 (8) 備蓄買上 (9) 構造改善資金交付(10) 関税軽減 (11) 経費節減・合理化	損失の累積 (16)	条件変化に対応した戦略変更：アルミニウム製錬の停止 (20)	累損処理の途 (21)	
外部関連		不況カルテル (12)	グループ内の変化 (17)		退職者のグループ負担	
政策関連	構造改善政策	設備凍結・処理 (13)	政策の効果弱い (18)		政策発動を必要とするほどのダメージは発生しない	

（1）1975年、アサハン計画。1977年、アマゾン計画。（2）高純度アルミは三層電解法で住化と日軽金2社が独占していたが、ペシネーが偏析法の日本特許を取り、1981年に三井と合弁による製造を打診した。その後合弁ではなく技術導入して単独でやることになり、交渉は難航したが、1982年4月に調印した。4月16日に三池の高品位地金を原料とする高純度アルミを1983年から年2,000トン規模で生産すると発表した。ピレネー山中のフォア工場で技術実習を行い、1983年1月に火入れ式を挙行、社内公募でHIALMと命名されたこの高純度アルミのスラブは9月に初出荷された。高純度アルミは1989年の会社解散で鋳造部門を継承した九州三井アルミを支える柱にまで成長した。牛島俊行・宮岡成次『黒ダイヤからの軽銀』126-7頁。（3）一般炭の輸入は国内炭保護のため禁止されていたが、1974年度から高硫黄炭の混炭用に認められ、三池でも一部使用した。円高により輸入価格は次第に国内炭より低くなっていったが、第二次石油危機が深刻化する1979年度までの輸入枠は

136

第2節　アルミニウム製錬からの撤退

制限されていた。牛島・宮岡77-8頁。輸入炭使用は、1981年度から増加する。同上書192頁。
（4）火力発電設備の定期修理期間延長は、前述の構造改善や備蓄に比べ、三井アルミにとっ
て格段の利益をもたらした。ボイラーは1年、タービンは2年ごとに定期修理が義務付け
られ、修繕費や高い予備電力代を支出するだけでなく、修理後の起動時に事故が発生しや
すかった。法令は20年間変わらずこの間の技術の進歩を考慮していない。このため同じ機
器を使う海外と比べて不合理なので、川口社長が先頭に立ち、業界が一丸となって政府に
働きかけ、省令の弾力的運用で、所定の条件を満たせばボイラーは6ヵ月以上、タービン
は1年延長可能になった。1978年8月に延長を認められた三池の1Uは、1979年4月までの
542日・1万3,008時間の連続運転記録を達成した。同上書97頁。（5）ペシネーとの延長契
約では電流は140kAまでで、ペシネーが試験中の175kA炉は契約外だった。すでにアサハン
など住友アは175kA、物産が25％出資したアルマックスのASCOも1980年夏からアルコア
697方式の180kAで操業していた。そこで三井も自力で大型炉を開発すべく、1980年7月に
9名のプロジェクトチームを発足させて200kA大型炉の設計を進めた。1981年4月に設計
は完了し、休止しているA-1の端に試験炉4炉を建設し、1982年3月から7月までに4炉
をスタートし、Aラインの一部として操業した。この技術はアルプラスのC、Dライン採
用を目指した。同上書126頁。（6）溶鉱炉製錬法技術開発は三井アルミナに始まり、三井
グループのABF開発機構、製錬各社共同の研究センターを経て、国の補助金を受ける研
究組合が引き継ぎ、1983年度からベンチスケールによる実験に入った。当初の計画では
1986年度にパイロットプラントを建設し、1987年度に商業生産設備の設計まで行う予定で
あった。しかし、組合の主要構成員である製錬各社が製錬から撤退する状況下で、ベンチ
スケールでの試験結果では2,000℃の高熱に耐える炉材確保が困難で、製造コストも円高で
の国内地金価格低迷を考慮すると経済性に欠けるので、研究開発をさらに進めることはで
きなかった。研究組合は1986年度で研究開発を終了し、4年間の研究成果をまとめ、これ
で「所期の目的を達成した」ので、1987年5月に解散した。同上書158・160頁。（7）表3
-2-3三井アルミニウム工業の生産能力と実績参照。（8）火力発電所分離：1980年1月三
池火力発電設立。アルミと鉱山の折半出資で新会社を設立し、新会社に火力発電所の営業
を譲渡し、譲渡差益で債務超過を解消するとともに、鉱山の支援の下にアルミに低廉な価
格で電力の特定供給を行う方針。同上書102・104頁。アルミ・アルミナ合併：1982年10月
アルミナ社営業をアルミ社に譲渡。アルミナ精製・アルミ地金製錬の一貫体制を確立する
と共に、一層の工場合理化、管理部門の適正化を図り、更に両社蓄積技術の一体的活用等
により、経営体制を強化して「三井グループアルミ事業の中核体」として再出発。同上書
117頁。（9）備蓄買上制度によって、合計20,776トン（全社合計量の12.4％）の買上を受ける。
利子補給総額は25億2,670万円で、その12.4％は3億1,331万円。表4-2-1地金備蓄の内容
参照。（10）125万トン体制下での設備凍結に対して2億8,768万円、110万トン体制下での設
備処理に対して1億4,991万円、合計4億3,759万円。表4-2-3構造改善計画と資金交付実
績参照。（11）1982～84年度、三年間の免税輸入総計は10万5,300トンで、免税額は33億円（同
上書113頁）。1985・86年度の軽減税輸入総計は11万3,850トン（同上書149頁）。1985・86年
度輸入量に輸入地金価格（財務省日本貿易統計の年次数値を年度数値に換算＝当年次9ヵ
月＋次年次3ヵ月。1985年度トン当たり254.1円、86年度193.9円）を乗じた輸入価額の8％
は19.7億円。免減税総額は52.7億円と推定される。（12）表3-2-3三井アルミニウム工業
の生産能力と実績参照。住軽アルミを除く製錬6社は公取の許可を得て生産カルテルを
1978年9月1日から7ヵ月実施した。カルテル参加各社は期間中の生産限度量を54万トン

137

第3章　日本アルミニウム製錬業の衰退

に制限し、終了時の在庫を14万9,000トンまで減らす見込みだった。三井アルミは全体の10.79%で5万8,266トン生産し、輸出5,000トンを含め6万3,000トン出荷して、在庫を開始時の1万9,400トンから約5,000トン減らす計画だった。操業はBライン128炉を維持し、Aラインを逐次27炉停止するとともに両ラインとも電流を下げる計画だった。カルテルは成功し在庫は予定以上に減り、値上げも順次実現した。」同上書97-8頁。(13) 表4-2-8アルミニウム製錬業の構造改善実施状況参照。1977年11月中間答申（125万トン体制）:128炉、4万2,993トン凍結。1979年1月安定基本計画（110万トン体制）:60炉、1万9,461トン処理。1982年3月安定基本計画（70万トン体制）:新規処理なし。1985年2月構造改善基本計画（35万トン体制）:1万9,460トン処理。(14) アルブラスは、第1フェーズ16万トンが1986年12月にフル生産体制に入った。しかし32万トン体制になっても、円高による借入金の為替差損と損失補填資金の借入利息で大幅な赤字が見込まれた。三井アルミは幹事会社としてアマゾン計画でも、アルブラス販売価格と収益性の確保、商社に支払うべき輸入手数料、第2フェーズの着工とその採用技術（200kAの売り込み）などの難問題を抱えていた。同上書157-8頁。(15)「通産省は石炭をエネルギー源として残すため産炭地振興政策をとっていましたし、三井アルミも30万キロワットの石炭火力発電所を持っていて、初めは1トン200円の微粉炭を使って低コストにし、その後、三井鉱山側は燃料炭も使ってもらいたいということで、最後はトン1万5,000円の燃料炭を相当量使わせられていました。当時は輸入炭は5,000円程度で、これを使えばまだやれたんですが、鉱山は石炭政策上、産炭地振興ということもあるし絶対輸入炭は駄目だということで、だいぶん喧嘩もしました。そのうち微粉炭が出なくなり、燃料炭に一部輸入炭を混ぜてやっていましたが、それでも他のアルミ会社の3分の1くらいの電力単価でした。最後の段階でいろいろ考えましたが、余った電気は三井炭でやったものでは高くて、九州電力も買えないし、それでは30万キロワットの発電所は半分以下しか動かせない。三井鉱山を助けるため高い石炭を使ったんではどうしても駄目だし、輸入炭はどうしても使わせてもらえないということでアルミ製錬を止めることにしました。皆さんのほうは石油からの高い電力費で駄目になりましたが、当時当社は違う理由から徐々に撤退したんです。また、それに加えアルミの世界市況は低迷していましたし、急激な円高もありましたから止めざるを得なかったということなのです。」平成5年11月5日の座談会における松村太郎・三井アルミニウム工業の発言。グループ38『アルミニウム製錬史の断片』304頁。(16) 表3-2-2三井のアルミニウム事業の損益推移参照。(17) 金属と三東圧は無配を続け、大幅な人員削減など合理化を実施中であり、アルミ支援の余裕に乏しかった。金属が三機工業と合弁で経営していた三井軽金属加工は大幅減資の後、東洋サッシに売却した。物産もイラン石油化学事業がイラクとの戦争で続行が困難となり、三東圧とともにその処理に悩まされていた。さらに、1984年1月には鉱山の有明鉱で坑内火災事故が発生し、多数の死傷者を出した。牛島・宮岡同上書133頁。(18)「低い設備処理率のため政府支援策の恩恵も少なく」同上書112頁。(19) 1985年10月アルミナ製造停止。損失を最小限に抑えるためには、低操業で割高になっている若松を停止して、安いアルミナを購入することを総合委員会で検討し、物産は日軽金に委託して4万円／トンを下回る価格で引き取る計画を進めた。同上書150-1頁。1986年2月12日九州アルミニウム設立、3月31日三井アルミニウム工業、新会社に営業譲渡、新会社と商号交換。同上書162頁。「1985年度決算は150億円の損失となり、累積損失は資本金の2倍を越える550億円に達する見込みとなった。大規模な手術が必要であると総合委員会は判断し、新会社を設立して1986年3月末に三井アルミの営業全部を新会社に譲渡し、三井アルミの債務超過は発起5

第2節　アルミニウム製錬からの撤退

社の負担と協力で処理する抜本再建策を立案した。」牛島・宮岡161頁。(20)「資本金32億円の新三井アルミはC-15に代えて、生産4万トン、販価26万円でもSurviveできる「S・4・26」実現を目指した。累積赤字の負担から開放され身軽になったとはいえ、グループ外の23社借り入れを含む600億円を越える長短借入金など911億円の負債を背負っての再出発だった。」「4万トン体制では、最大で20万kWを越える余剰電力が発生するので、13億kWh販売により電力の仕上がり単価を4円50銭と見込んでいた。しかし、九電は川内原発2号機などからの供給が増え、円高と原油の値下がりで電発の石炭火力の売電価格も安くなったので、引き取り量も単価も大幅減を主張し、結局、引き取り見込みは前年度実績を1億8,900万kWh下回る7億5,000万kWhとなり、仕上がり単価は7円近くにまで上昇する見込みとなった。これを織り込んだ見直し予算では、高純度地金の不振もあり営業利益段階で赤字、金利や若松の休止損失も加えると50億円を越える損失が見込まれた。これは生産量1トン当たり13万円となり、製錬の休止は不可避となった。」同上書164頁。(21)　1990年3月までの総額と試算した1,605億円の各社の分担額は、三井鉱山345億円、三井金属と三井物産各384億円、三井東圧297億円、三井銀行195億円となる。宮岡『三井のアルミ製錬と電力事業』231頁。5社は直接投資44.92%と火力社とアルム開発経由の間接投資との合計で78.91%を保有し、残る14社が21.09%、約57億円を保有していた。その内訳は三井信託、三井生命、三井造船、三井不動産など三井グループ11社で38億円（14.24%）、新日鉄12億円、吉田工業5億円、不二サッシ1.5億円の3社合計6.85%であった。旧社解散のためにはこれらの株主に出資全額を損失負担してもらう必要があった。同上書217頁。

円、80年度には55.4億円の経常利益をあげ、三井アルミナ製造も80年度に開業以来初めての黒字（7.7億円）を計上した[66]。累計損失も減少して、1979年度には三井アルミニウム工業が債務超過状態から抜け出すことができた。1979年以降の正確な経理数値（販売量・売上高・営業損益）が得られないので、生産量から生産額を推計して原材料費・金利負担と対比してみると表3-2-6の通りである。

　推定生産金額は、増産と地金価格上昇で、1978年度の301億円から、79年度に424億円、80年度に613億円と増加し、粗収益（生産額からアルミナ費と電力費の合計を差し引いた額）は、78年度の117億円から、79年度に189億円、80年度には324億円と拡大した。

　地金1トン当たりのアルミナ費と電力費の合計は1978年度の17.3万円から79年度には20.5万円、80年度には23.1万円に上昇しているが、地金価格は28.3万円から36.9万円、49万円に高騰し、アルミナ・電力費と地金価格の差は78年度の11万円から79年度には16.4万円、80年度には25.9万円となっている。ここから地金1トン当たりの金利負担を差し引いて

みると、78年度は3.3万円、79年度は9.2万円、80年度には18.9万円が残り、これが、79年度からの経常収支を黒字化する源泉となったのである。

しかしながら、このアルミ好況は長続きせず、1981年度から、三井アルミニウム工業と三井アルミナ製造はふたたび赤字経営に転落した。両社の経常損失合計は1981年度に73.3億円、82年度には161.8億円にのぼり、累計損失も両社合計で81年度に245億円と両社の資本金合計195億円を大きく越える規模に至った。

三井アルミニウム工業・三井アルミナ製造は、事態を打開するために、新製品導入、大型炉開発、新製錬法開発、企業再編成などさまざまな取り組みを試みた。

新製品としては、高純度アルミニウムを手がけた。フランスのペシネーからの技術導入で1983年9月から出荷を開始した高純度アルミHIALMは、競争が激しいなかで需要家を獲得し、年産3,000トンの規模に成長した[67]。

大型炉では、200kA炉を自力で開発した。ペシネーとの契約では電流が140kAまでの電解炉であったが、プロジェクトチームを発足させて200kA大型炉の設計を進め、1981年4月に設計は完了し、試験炉4炉を建設して、1982年3月から7月までに4炉の操業を開始した[68]。

従来の電解製法とは異なって電力消費を大幅に節減できる溶鉱炉製錬法の技術開発も進めた。三井アルミナ製造が手がけて基本特許を取得し、三井グループのABF開発機構が小型溶鉱炉による実験をおこない、1982年からは製錬各社が共同で設立した日本アルミニウム新製錬技術研究センターが実験施設を建設して実用化研究を続けた。これを、国の補助金を受けるアルミニウム新製錬技術研究組合（1983年設立）が引き継ぎ、1984年度からベンチスケールによる開発実験に入った。当初の計画では1986年度にパイロットプラントを建設し、1987年度に商業生産設備の設計まで行う予定であった。しかし、組合の主要構成員である製錬各社が製錬から撤退する状況下で、ベンチスケールでの試験結果では2,000℃の高熱に耐える炉材確保が困難で、製造コストも円高での国内

第2節　アルミニウム製錬からの撤退

表3-2-6　三井アルミニウム工業の経営実績　（1978～86年度）

年度	地金 生産量	地金国内 価格 （鉄鋼新聞 99.7%年平均）	生産金額 （生産量 ×価格）	主要原料 コスト （アルミナ費 +電力費）	粗収益 （生産金額- 主要原料 コスト）	営業外 損益の うち金 利負担	経常損益	当期損益	特別損益	累計損失	期末 資本金
	A	B	C=A×B	D=c+g	E=C-D	F					
	トン	千円/トン	100万円	100万円	100万円	100万円	100万円	100万円	100万円	100万円	100万円
1978	106,359	283	30,100	18,424	11,675	8,217	△6,580	△6,581		23,364	13,500
1979	114,986	369	42,430	23,546	18,884	8,281	1,693	10,674	8,983	12,690	13,500
1980	125,165	490	61,331	28,941	32,389	8,821	5,536	5,535		7,155	13,500
1981	100,779	361	36,381	23,836	12,545	7,877	△6,009	△6,010		13,166	13,500
1982	103,088	311	32,060	26,328	5,732	9,378	△15,385	△15,386		28,552	13,500
1983	101,537	410	41,630	22,779	18,851	11,554	△2,354	1,641	4,000	26,912	13,500
1984	90,530	356	32,229	19,494	12,734	11,840	△12,955	△12,963		39,875	27,000
1985	58,455	294	17,186	12,998	4,188	8,327	△15,923	△3,120		42,995	27,000
1986	35,907	231	8,295	6,427	1,868		△8,399				

年度	アルミナ 消費量	アルミナ 単価	アルミナ 消費金額 （消費量 ×単価）	地金トン 当たり アルミナ 消費金額	工場使用 電力量	電力 単価	工場使用 電力金額 （使用電力 量×単価）	地金トン 当たり 電力金額	地金トン 当たり アルミナ +電力金額	地金トン 当たり金 利負担額	参考数値 ：売上高
	a	b	c=a×b	d=c/A	e	f	G=e×f	h=g/A	i=d+h	j=F/A	
	千トン	千円/トン	100万円	千円/トン	百万kWh	円/kWh	100万円	千円/トン	千円/トン	千円/トン	100万円
1978	200.9	38.0	7,634	72	1,557	6.930	10,790	101	173.2	77.3	43,210
1979	227.3	45.5	10,342	90	1,750	7.545	13,204	115	204.8	72.0	55,700
1980	238.7	63.5	15,157	121	1,881	7.328	13,784	110	231.2	70.5	65,700
1981	194.0	63.2	12,261	122	1,559	7.425	11,576	115	236.5	78.2	72,900
1982	199.0	61.7	12,278	119	1,609	8.732	14,050	136	255.4	91.0	81,900
1983	195.7	53.1	10,392	102	1,604	7.723	12,388	122	224.3	113.8	91,200
1984	172.8	54.0	9,331	103	1,402	7.249	10,163	112	215.3	130.8	82,300
1985	112.2	54.6	6,126	105	929	7.397	6,872	118	222.4	142.5	62,490
1986	68.1	35.0	2,384	66	592	6.830	4,043	113	179.0		43,900

出典：地金生産量・工場使用電力量は牛島俊行・宮岡成次『黒ダイヤからの軽銀』193頁。
地金国内価格は『（社）日本アルミニウム連盟の記録』423頁。その他は宮岡成次『三井の
アルミ製錬と電力事業』181・195・196・204頁。参考数値：売上高は、牛島・宮岡同上書、
139・163・225・227・229・233・243・253頁、宮岡同上書、205頁の記述からの推定値。

第3章　日本アルミニウム製錬業の衰退

地金価格低迷を考慮すると経済性に欠けるので、研究開発をさらに進めることはできなかった。研究組合は1986年度で研究開発を終了し、1987年5月に解散した。研究組合が出願した特許5件は組合員に優先譲渡された。

　この間、1982年度に構造改善促進協会から委託を受け、2億円の予算で研究センターが実施したテストの成果は、促進協会が1983年9月に特許と実用新案を出願し、1986年7月に特許が成立したが、その後1988年2月に促進協会は解散したので、特許権は日本アルミニウム連盟に寄付した[69]。

　企業再編成は、三井グループの支援によるアルミニウム事業再建計画の一環として行われた火力発電所の分離とアルミナ製造の合併である。

　三井アルミニウム工業は、第2次構造改善計画（110万トン体制）の際には、参加5社のなかでは最も小規模な年産19,461トンの設備凍結をおこなうにとどまった（第4章表4－2－3参照）。そして、1979年度中の自主減産で、1980年度からは年産10.4万トンの稼働生産能力での再建を計画した。この再建計画は三井グループの社長会で検討され、1979年9月に、アルミ・アルミナ両社を将来合併させることを条件に、3年間の収益改善支援を決定した。支援の内容は、三井アルミニウム工業分311億6,500万円、三井アルミナ製造分138億7,000万円、合計450億3,500万円の肩代わり融資（三井金属・三井東圧・三井物産）、石炭代引き下げと発電事業支援（三井鉱山）、貸出金利引き下げ（三井銀行）などであった。

　この支援協定に従って、三井アルミニウム工業は、発足以来直接経営してきた石炭火力発電事業を、1980年1月に、三井アルミニウム工業と三井鉱山が折半出資で設立した三池火力発電（資本金10億円）に譲渡した。発電営業の譲渡によって89億8,700万円の評価益が捻出され、1979年度決算に89億8,300万円の特別利益が計上された。

　次に、1982年10月に、三井アルミナ製造が営業を三井アルミニウム工業に譲渡するかたちで、アルミナ精製・アルミ地金製錬の一貫体制が確

142

第2節　アルミニウム製錬からの撤退

立された。川口勲社長の所信表明では、一層の工場合理化、管理部門の適正化を図り、更に両社蓄積技術の一体的活用等により、経営体制を強化して「三井グループアルミ事業の中核体」として再出発するとされている[70]。再出発した三井アルミニウム工業に対しては、三井グループが、新たに15億円を限度とした利子削減の低利融資などの追加支援をおこなった[71]。

　三井グループが製錬参入時にアルミナ製造にも進出したことは、三菱化成が輸入アルミナによるアルミニウム製錬に参入したことと対照的で、その経営戦略の評価は難しい。宮岡成次は、三井のアルミナ価格は、輸入アルミナ価格に比べて、1969年度から85年度17年間平均で1トン当たり8,200円割高になっていると推定し、アルミナ自製戦略が経営赤字の拡大を招いたと判定している[72]。そうであるとすれば、アルミナ製造とアルミニウム製錬の経営一体化も、その効果は小さいと言わざるを得ないであろう。

　このような経営改善の努力とグループ支援がおこなわれたが、1982年度の三井アルミニウム工業の経常損益は153.9億円という過去最大の赤字を計上した。1983年3月には、役員数・報酬の削減、従業員の削減、給与カットを含む合理化案が決められ、実行に移された。翌83年度は、アルミナと電力の単価引き下げと地金価格の上昇で赤字幅は23.5億円に減少し、合理化の一環として実行された、輸入地金販売権のアルム開発地金販売（1984年2月設立）への譲渡益40億円が特別利益に計上されて、当期損益は16.4億円の黒字となった。

（4）製錬撤退へ

　1984年6月に新社長に就任した村松太郎は、85年の年頭挨拶で、自助努力・親会社支援・政府支援の三位一体での再建を社員に呼びかけた[73]。

　自助努力としては、2回目の合理化案（人員削減、選択定年制、給与カットなど）が1984年末に決定され、直ちに実行に移された。さらに、アルミナ製造の中止が検討され、1985年10月には若松工場を休止し、アルミナは日本軽金属にボーキサイトを供給して生産を委託することにし

143

第 3 章　日本アルミニウム製錬業の衰退

た。

　1985年 2 月には、資本金を270億円にする倍額増資がおこなわれた。増資分は、三井 5 社が61億円を引き受け、残りの74億円を三井火力が引き受けた。この増資は、1984年度の輸入関税免除申請の際に、三井アルミニウム工業と三井 5 社が連名で、債務超過の解消を約束した誓約書を通商産業省基礎産業局長に差し入れていたことを踏まえたものであった[74]。増資以外に、三井グループは、1985年 3 月に三井銀行以外の 4 社で合計320億円の低利融資による支援もおこなった。三井グループは、増融資支援をおこなうとともに、抜本的な再建のための第 2 会社設立による債務処理案も検討しはじめていた。

　政府による支援は、直接に経営改善効果がなかった地金備蓄利子補給・新技術開発補助・開発輸入出資を除くと、構造改善資金として交付されたものが、125万トン体制下での設備凍結に対して 2 億8,768万円、110万トン体制下での設備処理に対して 1 億4,991万円、合計 4 億3,759万円であり、輸入税免除が1982〜84年度で33億円、輸入税軽減が1985・86年度で推定19.7億円、総計で、57億759万円であった[75]。1978年度から1986年度までの 9 年間の経常損益の累計損失額は603.8億円であるから、政府支援は損失累積を8.6%程度軽減する効果があったことになる。

　自助努力のうえにグループ支援・政府支援を受けたものの、三井アルミニウム工業の経営は改善せず、1985年度はこれまで最大の159.2億円の経常損失を計上した。

　1982年の第 3 次構造改善計画（70万トン体制）では設備処理をおこなわず、地金生産量を10万トンレベルに維持して操業率（生産実績・稼働生産能力比）を98%に保ち、減産による製造コスト上昇を抑えようとしていた。しかし、市況悪化にともなって、1984年には自主的設備処理をおこなって、下期には稼働能力を年産 8 万トンレベルに縮小させた。1985年の第 4 次構造改善計画（35万トン体制）では、公的には設備生産能力を1.9万トン削減して12.5万トンとする届出をおこないながら、稼働生産能力は年間7.4万トンレベルに縮減させた。

第2節　アルミニウム製錬からの撤退

　1984年度の生産実績は9万トン、85年度は5.8万トンに低下し、地金
1トン当たりのアルミナ費・電力費・金利負担分の合計は、1983年度の
33.8万円から、84年度には34.6万円、85年度には36.5万円に上昇した。地
金価格は、1983年度平均が41万円、84年度35.6万円、85年度29.4万円と
下落したから、経常損失は拡大せざるを得なかったのである。

　1985年9月のプラザ合意以降の円高で輸入地金価格はさらに低下する
ことが見通され、抜本的な対策が必要と判断されて、1986年1月の5社
社長会は、第2会社設立方針を決定した。2月には九州アルミニウム（3
月の資本金32億円）が設立され、3月に三井アルミニウム工業の営業譲
渡がおこなわれ、商号を交換して九州アルミニウムが清算に入った。累
積損失は504億8,500万円で、資本金270億円と三井グループの債務免除
234億8,500万円で消却された。

　新しい三井アルミニウム工業（10月の資本金192億円）は、累積赤字
からは解放されたが、長短借入金など911億円の負債を背負っての再出
発だった。稼働生産能力を3.8万トンに縮減し、生産4万トン、販売価
格26万円でもSurviveできる「S・4・26」実現を目指した。しかし、
4万トン体制では、発生する余剰電力が大きくなる一方、川内原発など
の発電量が増えた九州電力が引き取り量と単価を引き下げたので、三池
火力から受電する電力単価が上昇することが見込まれた。発電コストの
引き下げには、輸入炭を使用する方法があった。日本の石炭政策は、す
でに生産目標を5,500万トンから2,000万トンに引き下げ、一般炭の輸入
も認める段階に入っていたが、三井鉱山は三池炭使用にこだわったため、
輸入炭使用は実現できなかった[76]。

　電力コストの上昇を織り込んだ見直し予算では、「高純度地金の不振
もあり営業利益段階で赤字、金利や若松の休止損失も加えると50億円を
越える損失が見込まれた。これは生産量1トン当たり13万円となり、製
錬の休止は不可避となった」[77]のである。三井グループもアルミニウム
事業を継続することは困難と判断し、1986年8月の5社社長会で、1987
年3月までに製錬から撤退することを決定した。

第3章　日本アルミニウム製錬業の衰退

　1987年2月27日に最後の電解炉への通電を停止し、16年4ヵ月の三井のアルミニウム製錬事業に終止符が打たれた。高純度アルミニウム製造とアルミニウム鋳造は九州三井アルミニウム工業（1989年2月設立、資本金27億円）、海外投資事業は三井アルミニウム（1989年2月設立、資本金36億円）が継承した。

6. 日本軽金属の場合

　日本軽金属も、オイルショック後、購入電力価格の高騰によるコスト増に苦しめられていた。『日本軽金属五十年史』によれば、「新潟、苫小牧両工場の地金コストは昭和50年代に40万円／トン以上に押し上げられ、両工場ともすでにその存続が危ぶまれる状態になっていた」[78]。

　新潟工場では、1980年12月に最後の電解炉が操業を停止し、1941年操業開始以来の歴史に幕が閉じられた。競争力のある水力発電中心の蒲原工場で火力発電の苫小牧工場を支えながら操業を維持する方針がとられた。苫小牧工場については、火力発電の燃料を石炭に転換する案も検討されたが、事業環境が悪化を続ける中で、1983年5月には、苫小牧工場の製錬の停上が決定され、製錬関連を除いたサッシ製造などの事業を、新会社の日軽苫小牧に分離することとなった。そして、1985年4月に苫小牧製錬工場の電解炉が全面的に停止された。

　蒲原工場に関しても、1985年10月と1986年11月に電解ラインの整理をおこない、最終的には、2系統年産3万6,000トンを残すのみとなった。所要電力は、水力発電所6カ所の電力（総発電量は約860GWh／年）でまかない、電力が不足する渇水期には、不足分を中部電力から購入し、一部の電解炉を仮休止して対処することで操業が続けられた。

　この間、1983年には第三者割当による新株式の発行が行われ、140億円が調達された。新株発行の50%はアルキャンが引き受け、残る50%を第一勧業銀行、日本興業銀行ほか8社が引き受けた。また、同年12月には、日本軽金属のシンボルとも言われていた本社ビルを売却して250億円強を調達した。第三者割当増資と本社ビルの売却などによって1983年

第2節　アルミニウム製錬からの撤退

度に借入金のうち約500億円を返済し、財務体質の改善が図られた。

　製錬事業の縮小によって不要になった設備については、新潟工場の最新設備であるNX設備を南アフリカ共和国のアルサフへ売却し、蒲原工場の設備の一部は中国四川省広元のアルミニウム工場に売却するなど、設備廃棄に伴う莫大な費用損失を軽減する措置がとられた。また、苫小牧工場で開発された世界的レベルの電解設備が、中国の貴州工場向けにプラント輸出された。

　最後のアルミニウム製錬工場となった蒲原工場も2014年3月末で製錬を停止し、日本におけるアルミニウム製錬の歴史は終焉した。日本唯一の工場、蒲原工場が2013年度までに生産した地金は表3-2-7の通りである。

表3-2-7　日本軽金属蒲原工場の地金生産

（単位：トン）

年度	生産量	年度	生産量
1987	32,369	2001	6,671
1988	35,396	2002	6,335
1989	34,446	2003	6,473
1990	34,100	2004	6,442
1991	28,618	2005	6,539
1992	19,182	2006	6,656
1993	17,668	2007	6,638
1994	17,627	2008	6,505
1995	17,338	2009	4,687
1996	17,198	2010	4,699
1997	16,713	2011	4,683
1998	15,045	2012	4,141
1999	9,676	2013	2,600
2000	6,500		

出典：日本軽金属広報室提供資料。

16　『住友軽金属年表』305頁。
17　清水啓『アルミニウム外史』下巻、444頁表11.1による。表の出典は明記されていない。
18　『住友軽金属年表』311頁。
19　秋津『わが国アルミニウム製錬史にみる企業経営上の諸問題』131頁。秋津は、住友金属工業の製錬停止の決定を次のように評価している。「確認はできないが、当時の住友軽金属の首脳は未練をもち、相当に抵抗したとおもわれるが、この住友金属の決断はその後の製錬の辿った過程をみるとき高く評価されて然るべきである。終始アルミ事業を支援してきた住金のリーダーである日向に、その決断を迫った幹部も賞賛されるが、それを受け入れた日向も評価されてよい。」
20　秋津によると、製錬再開は、住友金属工業の強い反対で陽の目をみることはできなかったという。住友軽金属のトップが再開に固執した理由として、秋

第3章 日本アルミニウム製錬業の衰退

津はインタビューから、「①再開は執念であった、という見方と、②地元対策上、住軽金としては再開を持出したが、反対されて実現しないことは予め覚悟していた、という見方が当時の幹部間でも分かれていた」と見ている。同上書131-2頁。

21 「住友のアルミ再編（3）」日経産業新聞 1982年5月12日、24頁。

22 「住友グループ、アルミ事業"大手術"」日本経済新聞1982年4月24日、朝刊7頁。

23 『住友軽金属年表』315頁。

24 秋津によると、「整理損の詳細は不明であるが、600億円以上に達したといわれる」。秋津前掲書132頁。

25 『住友軽金属年表』307頁。

26 同上書312頁。

27 住友金属工業の会長で住軽アルミニウム工業の参入に賛成した日向方齊は、「電気の缶詰といわれるアルミ製錬事業は、もともと日本のようなエネルギー資源の少ない国で成り立つはずはなかったのである。経済の原則の流れを読み誤ったケースだった。」と書いている。前掲『私の履歴書』121-2頁。

28 『昭和電工アルミニウム五十年史』250-6頁。

29 グループ38『アルミニウム製錬史の断片』168・170頁。

30 清水啓『アルミニウム外史』下巻、444頁表11.1による。表の出典は明記されていない。

31 『昭和電工アルミニウム五十年史』302-4頁。

32 三好大哉・昭和電工専務取締役は、次のように語っている。「全面撤収の見通しをつけたあたりで、コマルコさんとの提携話が持ち上がった。全面撤収すれば日本のマーケットには外国の地金が来るだろう。そうなれば資源を持っているコマルコは技術の高いダウンストリームを抱えた昭和電工グループと非常に良い関係を持ちうるだろう。ということで、トップもそう考えたし、お互いにそういう哲学を持ったし、私もこれがベストな布陣になるだろうと考えてコマルコさんに出資いただいたわけです。」「トップに聞く 撤収から再構成へのシナリオ」『アルトピア』1989年2月、25頁。

33 「アルミを黒字集団化した昭和電工」『週刊ダイヤモンド』1988年3月30日。

34 「新生・昭和軽金属は57年に提携して、58年までは利益を上げうる会社にまでなっていて、コマルコさんにとっても非常にハッピーであったにもかかわらず、その年の後半から急激にアルミの市況が悪くなり、円高も加わって、赤字幅がきわめて大きくなった。コマルコさんとしてはそれ以上大きな赤字を抱えるわけにはいかない。撤収せざるを得ないと決断されたわけです。」三好大哉・昭和電工専務取締役の話、「トップに聞く 撤収から再構成への

148

第 2 節　アルミニウム製錬からの撤退

シナリオ」『アルトピア』1989年2月、25頁。

35　林健彦・元昭和軽金属社長は、次のように語っている。「五〇〇億円の資本でコマルコと五〇対五〇でやっていた最後の段階でエンザスの放棄を鈴木治雄さんが決断され、この貴重な財産で昭和軽金属もなんとか店仕舞いができました。」『アルミニウム製錬史の断片』224頁。

36　秋津前掲書　132頁。

37　グループ38『アルミニウム製錬史の断片』168頁。これについて、昭和電工に勤務した一方井卓雄は、「オイルショック後のことですが、鈴木治雄社長にもうアルミは駄目ですよ、北海道で砂糖キビを作るようなものですと申し上げた。鈴木さんはスンナリそうだろうなと言っておられたことも思い出します。」と回顧している（同上書、293頁）。

38　「トップに聞く　撤収から再構成へのシナリオ」『アルトピア』1989年2月、22-3頁。

39　『住友化学工業最近二十年史』82-88頁。ただし、1978年のグラッドストーン計画に対しては、財務状況から参加には消極的であったが、技術を供与するために参加したとされる。

40　『住友化学工業株式会社史』663・665・667-8頁。

41　『住友化学工業最近二十年史』69頁。

42　住友アルミニウム製錬の設立時には、累積赤字をかかえる住友東予アルミニウム製錬とは別会社であったが、1981年1月に両社は合併し、住友アルミニウム製錬となった。『住友化学工業最近二十年史』181頁。

43　同上書　80・191-3頁。

44　現行の電解法のもとで電力原単位トン当たりDC（直流）1万2,300kWh以下を目標とし、同DC1万3,500kWh/トンを当面の目標として設定した。この目標の達成のため電解炉の保温の強化、陰極導電棒（シーネ）の形状の工夫による低抵抗化、コンピュータによる陽極効果（抵抗が上がって電圧が急上昇する現象）自動抑制、電圧自動調整による操業の安定化などを実施した。1977年7月、住友東予アルミニウム製錬東予製造所において当面の目標は達成された。同上書79頁。

45　1978年4月、電気事業法に定める火力発電設備の定期点検期間が使用、管理状態に応じて弾力化、延長された。これにより自家発電や共同発電設備について、毎回約20日を要し、その間電力会社から高価格の補充電力を購入していた定期点検の回数が減少し、経費を節減。同上書　78頁。

46　同上書　189頁。

47　「アルミ製錬ゼロからの出発（8）」日経産業新聞1982年7月8日、3頁。

48　『住友化学工業最近二十年史』252-3頁。1970年完成の富山よりも1975年完

第3章　日本アルミニウム製錬業の衰退

成の東予のほうが簿価が高く償却費が多いというのも1つの理由であった。
償却が進んでいる工場に生産を集中させたわけである。

49　同上書　256-7頁。

50　同上書　257頁。

51　同上書　258-9頁。

52　「オイルショック後の通産省の基礎産業局長矢野俊比古さんのサゼッション
　　で、思い切ってアルミ部門を別会社にすべきだということで、三菱化成から
　　分離して三菱軽金属という会社になり」辻野担の回顧、『アルミニウム製錬
　　史の断片』314頁。

53　三菱軽金属は資本金100億円で、株主は三菱化成29%、三菱金属14%、三菱商
　　事10%、吉田工業10%、三菱重工業・新日本製鐵各5%、三菱アルミニウム
　　4%、三菱銀行・三菱電機・東洋サッシ各3%、三菱信託銀行・三菱鉱業セ
　　メント・三菱地所・神戸製鋼所・不二サッシ・東洋カーボン各2%、東京海
　　上火災保険・明治生命保険各1%であった。『三菱化成社史』486頁。
　　この方式については、「三菱軽金属の経営責任は、あくまで三菱化成が背負
　　うもので、実態としては子会社方式とさほど差はないが、三菱グループが一
　　致協力して事に当らうとするところに組織の三菱らしさがうかがわれる。」
　　との評価がある。秋津前掲書　170頁。

54　清水前掲書　444頁、表11.1。

55　「三菱軽金属も三菱という名前が付いていては解散もできないということで、
　　最後は菱化軽金属と名称を代え」たと辻野担が回顧している。グループ38『ア
　　ルミニウム製錬史の断片』314頁。

56　「私の会社も操業を止めてから三年くらいは、アルミの技術が世界に売れま
　　したしね。担当の課長が世界の一〇ヶ国くらい歩いて技術を売ってきまし
　　た。」鈴木斐雄の回顧、『アルミニウム製錬史の断片』215頁。「私の所も青銅
　　峡に直江津の設備を売りました。」辻野担の回顧、同上書316頁。

57　牛島・宮岡『黒ダイヤからの軽銀』54頁。

58　同上書　45頁。

59　同上書　51頁。

60　同上書　54頁。

61　同上書　97頁。

62　同上書　98頁。

63　1976年頃で、減産率30%の場合のコスト上昇率は19%という試算が示されて
　　いる。田下雅昭「アルミニウム製錬業の国際競争力と設備投資の動向」『日
　　本長期信用銀行調査月報』146号、1976年1月、18頁。

64　『(社) 日本アルミニウム連盟の記録』339・350頁。

第2節　アルミニウム製錬からの撤退

65　『住友化学工業最近二十年史』179頁。

66　以下の三井アルミナ製造の経営数値は、宮岡『三井のアルミ製錬と電力事業』172・181・195・204頁による。

67　「高純度アルミは1989年の会社解散で鋳造部門を継承した九州三井アルミを支える柱にまで成長した。」牛島・宮岡前掲書　126-7頁。

68　同上書　126頁。

69　同上書　114・158・160頁。

70　同上書　117頁。

71　同上書　118頁。

72　宮岡前掲書　203-4頁。

73　牛島・宮岡前掲書　144頁。

74　宮岡前掲書　208頁。

75　構造改善交付金は、『(社)日本アルミニウム連盟の記録』339・350・352・354頁。関税減免は『メタルインダストリー'88』141・145頁、『(社)日本アルミニウム連盟の記録』39頁の数値を基礎に推計。

76　「通産省は石炭をエネルギー源として残すため産炭地振興政策をとっていましたし、三井アルミも30万キロワットの石炭火力発電所を持っていて、初めは1トン200円の微粉炭を使って低コストにし、その後、三井鉱山側は燃料炭も使ってもらいたいということで、最後はトン1万5,000円の燃料炭を相当量使わせられていました。当時は輸入炭は5,000円程度で、これを使えばまだやれたんですが、鉱山は石炭政策上、産炭地振興ということもあるし絶対輸入炭は駄目だということで、だいぶん喧嘩もしました。そのうち微粉炭が出なくなり、燃料炭に一部輸入炭を混ぜてやっていましたが、それでも他のアルミ会社の3分の1くらいの電力単価でした。最後の段階でいろいろ考えましたが、余った電気は三井炭でやったものでは高くて、九州電力も買えないし、それでは30万キロワットの発電所は半分以下しか動かせない。三井鉱山を助けるため高い石炭を使ったんではどうしても駄目だし、輸入炭はどうしても使わせてもらえないということでアルミ製錬を止めることにしました。皆さんのほうは石油からの高い電力費で駄目になりましたが、当時当社は違う理由から徐々に撤退したんです。また、それに加えアルミの世界市況は低迷していましたし、急激な円高もありましたから止めざるを得なかったということなのです。」平成5年11月5日の座談会における松村太郎・三井アルミニウム工業の発言。グループ38前掲書　304頁。

77　牛島・宮岡前掲書　164頁。

78　『日本軽金属五十年史』162頁。

小 括 撤退はなぜ回避できなかったか

オイルショックが発生するまでは、日本のアルミニウム製錬工場は、規模としては国際メジャーの工場とくらべて遜色はないと考えられ[79]、工業技術の点では、海外へ技術提供[80]をするほどの高いレベルにあったから、規模・技術面では、国際競争力に問題はなかった。しかし、エネルギー価格の上昇は、日本製錬企業の競争力を一気に低下させ、製錬撤退に追い込んだのである。

電力費の上昇を抑えることが製錬企業の最大の関心事となり、電力コスト削減策の採用が政府に求められた。ヨーロッパで行われている製錬用電力料金の割引制度を日本にも導入するよう政府に働きかけがなされ、一時は通商産業省でも割引制度が検討されたが、適用を望む業種が殺到したので実現できなかったと伝えられている[81]。あるいは、電力会社に供給することが原則になっている県営の水力電力事業から直接に電力を購入する方式も検討されたが、電力会社の反対で実現はしなかった[82]。

共同火力発電所燃料の重油から石炭への転換補助措置が講じられたが、住友グループが実施した石炭転換も、撤退を止める力は持たなかった。電力節減型の新しいアルミニウム製錬技術として、溶鉱炉製錬法の研究開発が進められたが、実用化には至らなかった。結局、電力コストの上昇を抑える有効な手段は得られず、製錬業の経営改善の見通しは立たなかったのである。

もちろん、アルミニウム製錬原価が上昇しても、地金販売価格の上昇がともなえば収益は得られる。表3-1-3のアメリカ地金価格を見ると、第1次オイルショック後から価格は上昇傾向を示し、第2次オイルショック後の1980年にひとつのピークに達する。オイルショックで、製錬コストとともに地金価格も世界的に上昇したのである。しかし、その後、国際的に地金需給が緩んで地金価格は低落傾向を示し、地金国内価格は、製錬コスト上昇を吸収できる水準は維持できなかったのである。また、円高が原油価格上昇とともに国内製錬業に二重の打撃を与えた。

小 括 撤退はなぜ回避できなかったか

製錬衰退の原因として、アルミニウム産業内部の問題も指摘されている。そのひとつは、「製錬・圧延一貫経営による国際競争力強化の可能性は無かったのか？」という論点である。もうひとつは、産業構造審議会の答申でしばしば示唆されている業界体制の整備、つまり、「共同化による事業提携など協調体制をとる道は無かったのか？」という論点である。この論点については、第4章で検討するが、いずれも実現されなかった。

国内製錬業に最後のとどめを刺したのは、日米交渉のなかで、アルミニウム地金関税がアメリカ並みに引き下げられたことだと言われている。1985年の市場開放行動計画のなかでは、アルミニウム製品の関税引き下げは明示されていたが、地金関税は政策措置として維持することとされていた。ところが、同時に進められていた皮革と革靴をめぐる日米交渉のなかで、皮革・革靴の輸入規制を続ける代償として、アルミニウム地金関税を1988年1月から1％に引き下げることが合意された[83]。

9％の地金通常関税は、国内製錬を保護する効果を持っていたし、関税減税制度によって、製錬企業は構造改善資金を得ていたのであるから、9％が1％になれば、このようなメリットはすべて失われる。製錬業存続を基本方針としてきた政府が、なぜこの時点で、代替的措置を講じることもなく、このような政策選択をしたのかは、解明されていない。

関税引き下げに加えて、1985年のプラザ合意による円高の進行が、日本のアルミニウム製錬の衰退を決定づけたと言うことができよう。

企業経営的観点からは、アルミニウム製錬からの撤退は合理的な選択であった。表3-1-7で1990年以降の推計原価が国内地金価格を上回る状況が続いたことは、製錬を継続した場合に一層の業績悪化が進んだであろうことを示唆している。円高が進行する中で、アルミニウム圧延加工部門は、安い原料地金を取得できるようになり、原料と製品の国際分業関係が形成されたわけで、国民経済からすると、そのメリットは大きかったと評価できる。

1975年以来の国内製錬維持を目指したアルミニウム政策をどのように

第3章　日本アルミニウム製錬業の衰退

評価すべきかは、次章の研究課題である。

79　アルミニウム・メジャーのアルミニウム電解工場の規模（単位は年産千トン）は、1970年代で、アルコア249〜91、アルキャン408〜44、レイノルズ200〜101、カイザー236〜74、ペシネー105〜75、アルスイス70〜60程度であり、日本の工場は、「国際資本のアルミ電解工場規模に比して遜色はない」と評価されている。「アルミ製錬業界事情」『興銀調査』166号、1972年11月、44-45頁。

80　根尾敬次「アルミニウム産業論」13回、『アルトピア』2003年11月、62- 4 頁。

81　小松勇五郎神戸製鋼会長（元通産次官）の回想。1993年11月24日座談会記録。グループ38『アルミニウム製錬史の断片』321-322頁。

82　木村栄宏「アルミ製錬業の撤収と今後の課題」『日本長期信用銀行調査月報』202号、1983年 3 月、12・14頁。

83　『通商産業政策史　1980-2000』第 6 巻、304-305頁。その後、日米アルミニウム貿易協議で、関税引き下げの前倒しが求められ、1987年 4 月から地金関税率を 5 ％に引き下げる合意が成立した（『メタルインダストリー'88』175頁）。

第4章　アルミニウム産業政策の評価

分析方法

　オイルショックと円高によって危機に直面したアルミニウム製錬業に対して、産業構造審議会アルミニウム部会は、1975年には海外立地の推進などを答申し、1977年には製造能力を年産125万トンに縮減する構造改善を答申した。その後も、資源の安定確保の観点からアルミニウム製錬業を国内に残すことを基本方針としながら、適正生産規模を110万トン・70万トン・35万トンに縮小する構造改善策を相次いで答申した。

　製錬各社は、政府主導の構造改善計画に沿って設備の削減を進めながら、それぞれに電力費の節減、新技術の開発、新事業への進出、経営合理化などの自助努力を重ねた。しかし、1979年の第2次オイルショックによる電力コストの更なる上昇が、アルミニウム製錬事業の経営収支悪化に拍車を掛けた。そして、1985年9月のプラザ合意以降に円高が進行したこと、さらに、1985年12月の日米貿易交渉でアルミニウム地金関税率が1988年から1％に引き下げられることになって、国内製錬の経営改善の見通しはほぼ決定的に失われた。

　1982年には新規参入した住軽アルミニウム工業が製錬業から真っ先に撤退し、1986年に昭和軽金属（昭和電工系）と住友アルミニウム製錬（住友化学工業系）が、1987年に菱化軽金属工業（三菱化成系）と三井アルミニウム工業が製錬を停止し、水力発電を利用した日本軽金属蒲原工場だけが操業を続ける状況となり、日本におけるアルミニウム製錬業は実質的には壊滅した。最後の蒲原工場も2014年3月で製錬を停止した。

　本章では、アルミニウム製錬業に対する産業政策がアルミニウム製錬撤退までにどのような役割を果たしたかを解明することを目標とする。

　衰退期のアルミニウム産業を対象とした産業政策に関しては、『通商産業政策史』（第14巻）と『通商産業政策史　1980-2000』（第6巻）が

155

第 4 章　アルミニウム産業政策の評価

基本的な先行研究書である[1]。前書では、「構造的不況業種と産業構造政策」の章に「アルミニウム製錬業」（執筆者伊牟田敏充）が設けられ、産業構造審議会アルミニウム部会の答申、通商産業省が作成した政策文書を軸に、1981年の産業構造審議会答申までの政策的措置の内容が記述されている。後書では、「非鉄金属産業の構造改善」の章に「アルミニウム製錬事業の構造改善」（執筆者山崎志郎）が設けられ、産業構造審議会アルミニウム部会の1978年答申から製錬撤退にいたる時期のアルミニウム産業政策が述べられている。両書ともに政策措置の内容について詳細に記述しているが、それらの政策の効果を含めた歴史的評価にまでは筆を伸ばしていない。通商産業省が編集した『非鉄金属工業の概況』、『構造不況法の解説』、『基礎素材産業の展望と課題 』、『メタルインダストリー'88』など[2]は、アルミニウム製錬業の現状分析を踏まえながら政策内容を解説しているが、政策評価については触れていない。

　アルミニウム産業政策の評価を試みた研究としては、田中直毅「アルミ製錬業」がある。田中は、第 2 次オイルショック後の時点では、①新しい国際分業に委ねることを前提として産業転換を円滑化させるための積極的調整政策を選択するか、②市場メカニズムを通じた国際分業に委ねきれない問題があるから生産能力を維持するために付加的な費用を負担する政策を選択するかという二つの立場がありえたが、1981年の産業構造審議会アルミニウム部会は、後者を選択したことを指摘する。そして、その選択は失敗であり、政府は、「製錬能力維持のために政策介入として正当化を行うよりも、はっきりと撤収の条件づくりのための介入を行うのだという立場をとるべきではなかったか」と批判している[3]。

　この点に関しては、『通商産業政策史』（第 1 巻）で、隅谷三喜男は、通商産業省は産業の出生・育児ケアとターミナル・ケアの双方に力を注いだと述べた後に、「ターミナル・ケアは、石炭産業のようなケースを除けば、それほど長期にわたらず、財政的負担も多額とはならない。そうした社会的基盤を持たない場合には、それほど手厚い介護はない。アルミ製錬がその例である。（中略）企業自体で処理可能であったうえに

社会的影響が小さいということもあって大部分自己負担で処理させ、比較的短いターミナル・ケアで終末を迎えることとなった。」と書いている[4]。詳細に検討したうえでの結論ではないが、アルミニウム産業政策は実質的には積極的調整政策であったとの評価である。

積極的産業調整政策PAPは、1978年にOECD閣僚理事会で採択されたガイドライン[5]で、経済の構造的変化のなかで市場メカニズムでは十分な調整ができない資源配分問題が生じた場合の政府による政策介入を条件付きで認める考え方が基本になっている。隅谷三喜男は、産業調整を基本的には市場メカニズムに委ねながら政府による援助政策、社会的費用の支出を認めることは、「日本においては産業調整政策として、それ以前から実施されていたものであり、PAPと基本的に同一の方針のうえに立っていた」と書いている[6]。

『通商産業政策史　1980-2000』シリーズでは、「1980年代のヴィジョン」（1980年）がPAPの考え方と一致しており、1983年5月の特定産業構造改善臨時措置法は「積極的産業調整」を基本方針としたと書かれている[7]。『通商産業政策史　1980-2000』（第6巻）では、アルミニウム政策とPAPとの関連は明記されていないが、『メタルインダストリー'88』では、特定産業構造改善法に基づく「構造改善基本計画」（1983年6月）の説明のなかで、「縮小と活性化」の考え（積極的産業調整）に立つ措置等が追加されたと書かれている[8]。

つまり、アルミニウム産業政策に関しては、①国際分業に委ねて国内生産の縮小を円滑化させる積極的調整政策と②生産能力維持のために必要な措置をとって国内製錬を維持する政策というふたつの選択肢があった。田中は①を選ぶべきところで②が選択されたことを批判し、隅谷は実質的には①が選択されたと見ている[9]。

本章では、アルミニウム産業政策の展開過程を検討して、はじめは②の政策が選択され、第2次オイルショックを境に、政策基調が①に移行したことを指摘する。そして、①と②の政策がそれぞれの目的に対してどのような政策効果を上げたかを検討して、アルミニウム産業政策の役

第4章　アルミニウム産業政策の評価

割を評価することとしたい。

1　通商産業省通商産業政策史編纂委員会編『通商産業政策史』第14巻、通商産業調査会、1993年、通商産業政策史編纂委員会編、山崎志郎他著『通商産業政策史　1980-2000』第6巻、経済産業調査会、2011年。

2　『非鉄金属工業の概況』昭和51年版・54年版、小宮山印刷工業出版部、1976年・1979年、『構造不況法の解説』通商産業調査会、1978年、『基礎素材産業の展望と課題 』通商産業調査会、1982年、『メタルインダストリー'88』通産資料調査会、1988年。

3　田中直毅「アルミ製錬業」（小宮隆太郎・奥野正寛・鈴村興太郎『日本の産業政策』東京大学出版会、1984年）405-6頁。

4　通商産業省通商産業政策史編纂委員会編『通商産業政策史』第1巻、通商産業調査会、1994年、118頁。

5　OECD, *The Case for positive Adjustment Policies*, Paris, 1979。

6　『通商産業政策史』第1巻、1994年、112頁。しかし、渡辺純子が指摘するように、隅谷は産業調整政策の展開について詳述しているわけではなく、隅谷が編纂委員長を務めた『通商産業政策史』（第一期）シリーズでは、「産業調整（援助）政策」という用語は使用されていない（渡辺純子『産業発展・衰退の経済史』有斐閣、2010年、208頁）。

7　通商産業政策史編纂委員会編尾高煌之助著『通商産業政策史　1980-2000』第1巻総論、経済産業調査会、2013年、317頁。通商産業政策史編纂委員会編岡崎哲二編著『通商産業政策史　1980-2000』第3巻産業政策、経済産業調査会、2012年、5・47頁。

8　『メタルインダストリー'88』149頁。

9　田中美生は、積極的産業調整政策PAPの観点から、アルミニウム製錬・ダンボール原紙・平電炉についての政策評価を試みて、「構造不況に対する産業調整政策は理論的にも実証的にも成果は限られており、その有効性には大きな疑問があるという結論が導かれよう」と述べている。田中美生「構造不況と産業調整政策」『神戸学院経済学論集』第17巻第3号、1985年、166頁。マヘッシュ・ラジャンは、Shakeout理論（衰退産業においてはじめに撤退する企業は企業規模に対応する）を検証する視角からアルミニウム製錬業を分析しているが、通商産業省は最後まで生産能力維持政策を選択していたと見ている。「経営の構造的衰退：日本アルミニウム製錬産業における生産能力調整戦略の制度的影響」（伊田昌弘訳）『大阪産業大学論集　社会科学編』108号、1998年2月、325頁。

第1節　政府のアルミニウム産業政策

1．産業構造審議会第1次答申

　第2次大戦後のアルミニウム産業に対する政府の政策は、物価政策としての価格差補給金支給、原料輸入に際しての外貨割当、外国技術導入・外資導入の際の許認可、輸入関税の決定[10]など、一般的な産業政策の枠内で進められてきた。

　オイルショック前の1969年8月には、通商産業省鉱山石炭局が「昭和45年度のアルミ製錬工業に対する新政策」をまとめ、設備投資の促進、資本構成の改善、ボーキサイト資源開発の促進、製錬工場の海外進出の促進を掲げた[11]。高度経済成長が持続することを想定した生産力拡大政策であった。

　1973年の第1次オイルショックの後には、政府（通商産業省）は、産業構造審議会にアルミニウム部会を新設し、1975年8月に同部会から第1次中間答申「昭和50年代のアルミニウム工業及びその施策のあり方」を受けた（表4-1-1）。答申は、安定成長への移行でアルミニウムの需要は従来のようには伸びず、電力コスト上昇で国際競争力は低下したとの現状認識のうえで、安定供給確保のため一定の国内供給力を維持する措置が必要であると主張する。そのためには、新規立地は慎重に検討し、既存製錬所については輸入地金と競争しうる製錬設備の近代化、合理化を図る必要があると指摘しているが、過剰設備の削減措置にはふれていなかった。とくに、製錬部門と圧延部門について垂直統合を進めることが国際競争力強化の有力な方向とされていた。電力コスト削減措置に関しても言及はなく、製錬・圧延での省エネルギー推進が強調されるにとどまっていた。

　答申に基づいて、1976年1月から行政指導による生産制限が実施され、さらに、1976年7月に一次産品備蓄措置の一環として軽金属備蓄協会が設立されて、アルミニウム地金備蓄が実行された。1977年9月からは政府系金融機関の既往貸付金利の軽減措置も取られた。

第4章　アルミニウム産業政策の評価

表4-1-1　アルミニウム製錬に対する政策

答申	産業構造審アルミニウム部会第1次中間答申	産業構造審議会アルミニウム部会第2次中間答申	産業構造審議会アルミニウム部会答申	産業構造審議会アルミニウム部会答申	産業構造審議会非鉄金属部会構造改善基本計画答申
年月	1975年8月	1977年11月	1978年10月	1981年10月	1984年12月
表題	昭和50年代のアルミニウム工業及びその施策のあり方	今後の我が国アルミニウム産業及びその施策のあり方	今後のアルミ製錬業の在り方	今後の我が国アルミニウム製錬業及びその施策のあり方	今後のアルミニウム産業及びその施策のあり方
適正規模		125万トン	110万トン	70万トン	35万トン
状況判断	安定成長移行で需要も低成長。石油価格高騰で国際競争力は著しく低下。内外の生産コスト格差の大幅縮少は困難。製錬部門と圧延部門の垂直統合は国際競争力強化の有力な方向。	電力コストの国際的格差で国際競争力が構造的に失われた。景気循環的な側面ばかりでなく、構造的な問題をもかかえた。世界需給は中期的には逼迫し地金価格は上昇傾向をたどる。世界経済環境の動向次第では国際競争力回復の可能性も考えられる。	円相場は急激に上昇し、輸入地金に対し競争力を失ったと見られているアルミニウム製錬業も、生産コストが比較的低いものは、生産コストの高い設備の固定費等の負担を除き、かつ最大限のコスト低減努力を講ずることを前提とし、5年後には輸入地金に対する競争力を回復し得る。	アルミニウム製錬業の深刻な不況は新たな構造問題。国内製錬は地位を縮小し、開発輸入に譲渡していく必要がある。関税割当制度の活用で地金供給コストを引き下げ、自立基盤の回復に資することが可能。適切な対策が講じられることを前提にして、昭和60年度には自立基盤を回復出来る。	相当程度のコスト低減が図られたが、長期市況低迷・海外地金流入で高コスト製錬設備が過剰。昭和60年度の自立基盤の確立は極めて困難。適切な対策が講じられれば、縮小後の規模の製錬業の自立基盤の確立は十分達成可能である。
基本的考え方	アルミニウムの安定供給確保は重要課題　一定の国内供給力維持	国内製錬業の存在自体が有する対外拮抗的な意味あいを見逃してはならない　安定的な地金供給のため、抜本的な構造改善を進める	安定的供給確保のためにはアルミニウム製錬業の健全な発展が必要	国内製錬業の重要性：・安定供給機能・バーゲニング・パワーの確保・高品質地金の確保・技術基盤の維持・開発輸入の推進母体・地域経済における役割	アルミニウム産業の健全な発展が不可欠　国内製錬業の重要性：・地金安定供給機能・開発輸入の推進母体・高品質地金の確保・技術基盤の維持・地域経済における役割
目標	・海外立地の推進・製錬圧延両部門の協調体制の確立・適正な供給体制の確立	・国際競争力の回復・基盤の整備・摩擦の最小限化	構造改善による競争力の回復	適正な国内製錬力の保持	最小限度の国内製錬能力の保持

160

第 1 節　政府のアルミニウム産業政策

必要な措置	・製錬部門の体質改善・設備改善・公害対策整備・リサイクルシステムの確立　答申付帯意見　・滞貨対策の検討	・生産設備の適正化・合理化の促進・財務体質の改善　・業界の再編成（共同販売会社・垂直的な協調関係・業界団体の再編成）　・輸入の適正化（関税割当制度の導入・備蓄の拡充）　・雇用の安定	・合理化の推進　・電力コストの低減　・金融費用の低減　・基盤の整備（関連業界の協調体制の確立）　・適正な規模への収斂	・規模の削減　・電力コストの低減　・輸入体制の適正化（関税割当制度の活用）　・開発輸入の促進　・技術開発　・業界体制の整備　・関係者の支援・協力　・雇用の安定	・規模の削減　・電力コストの低減　・開発輸入の促進　・財務体質の改善　・技術開発　・雇用、地域経済への影響緩和
政策対応	・地金減産のガイドライン提示（1976年1月、同年6月まで）・輸入安定化備蓄制度創設（1976年7月）	・関税割当制度実施(1978年度から)・特定不況産業安定臨時措置法（1978年5月公布）によりアルミ製錬業を指定（1978年7月）・公正取引委員会、製錬6社にアルミ地金不況カルテル認可（1978年8月）・特定不況業種離職者臨時措置法（1977年制定）によりアルミ製錬・圧延業指定（1978年7月）	・関税割当制度継続　・特定不況産業安定措置法に基づく安定基本計画公示（1979年1月）	・関税免除制度実施（1982年度～84年度）・安定基本計画公示（1982年3月）・特定産業構造改善臨時措置法（1983年5月公布）による構造改善基本計画公示（1983年6月）・共同火力発電所の石炭転換に対する補助金交付・開銀融資・開発輸入への開銀融資・新製錬技術研究への補助金交付	・関税減税制度実施（1985年度）・構造改善基本計画公示（1985年2月）

出典：1975年答申：非鉄金属工業の概況編集委員会編（通産省基礎産業局金属課）『非鉄金属工業の概況』（昭和51年版）9-16頁。日本アルミニウム協会編『(社) 日本アルミニウム連盟の記録』289-291頁。通商産業政策史編纂委員会編、山崎志郎他著『通商産業政策史1980-2000』第 6 巻、296-299頁。牛島俊行・宮岡成次『黒ダイヤからの軽銀―三井アルミ20年の歩み』72頁。1977年答申：非鉄金属工業の概況編集委員会編（通産省基礎産業局金属課）『非鉄金属工業の概況』（昭和54年版）4-20頁、32頁。通産省基礎産業局非鉄金属課『メタルインダストリー'88』141-146頁。1978年答申：『非鉄金属工業の概況』（昭和54年版）、32-39頁。1981年答申：通商産業省編『基礎素材産業の展望と課題』147-165頁。『(社) 日本アルミニウム連盟の記録』、35、39頁。『黒ダイヤからの軽銀』、111頁。1984年答申：『(社) 日本アルミニウム連盟の記録』、43、46-52、66頁。

第4章　アルミニウム産業政策の評価

　この段階では、アルミニウム地金の供給過剰対策が主要な政策課題であり、構造的問題への政策対応は意識化されていなかったといえよう。

　答申後も新地金製錬能力は拡大し、1975年の年産145万トンから、後発の住友系2工場（住軽アルミニウム工業酒田工場・住友東予アルミニウム製錬東予工場）の新増設と三井アルミニウム工業三池工場の増設で1977年には164万トンと史上最高水準にまで拡大した。これは、前述したように、資本主義諸国ではアメリカに次いで第2位の規模であった。

2．削減第1段階　125万トン期

　アルミニウム不況が続くなかで、1977年11月に、産業構造審議会アルミニウム部会が第2次中間答申「今後の我が国アルミニウム産業及びその施策のあり方」を出し、はじめて適正規模を125万トンと想定して、現有設備164万トンのうち39万トンを凍結することを提案した（表4-1-1）。電力コストの国際的格差で国際競争力が構造的に失われ、業界は景気循環的側面ばかりでなく構造的問題もかかえているという現状認識からの対応であった。1976年度では、生産能力の約3分の1に相当する需給ギャップが存在するとの判断を前提に、適正規模は、①最小の国民経済的コストによる対応が図れる、②安定供給ソースとして必要かつ十分な水準、③国際競争力を回復する可能性が見通せる、という3つの基準によって125万トンと算定された。1985年度のアルミニウム需要を247〜273万トンと見込んだうえでの適正規模で、総需要のほぼ50%以上を国内で生産することが目標とされた。

　この設備凍結措置によって、効率的工場への生産集約化、旧設備から新設備への転換等で固定費負担の軽減が進めば、世界経済環境の動向次第では、国際競争力の回復の可能性もあると考えられていた。地金の世界需給は中期的には逼迫し地金価格は上昇傾向をたどるとの見通しのうえで、中長期的には海外新設製錬設備による生産コストが、我が国の既設製錬設備による生産コストを上回るものも出てくるという予測がその根拠とされていた。

162

第1節　政府のアルミニウム産業政策

　政府は、関税割当制度の新設をおこなって、設備削減をバックアップした。1978年5月には特定不況産業安定臨時措置法が公布・施行され、アルミニウム製錬業は7月に特定不況産業に指定された。そして、同年9月から7カ月間の不況カルテルが公正取引委員会の認可をうけて実施された。また、1978年7月には特定不況業種離職者臨時措置法（1977年12月公布施行）による指定もおこなわれた。

　これらの支援策については、当時の雑誌では、「業界側はこれらの対策を『二階から目薬』程度の効果しか期待できないとし、抜本策を要望した。（中略）中山一郎・日本アルミ連盟会長（日軽金相談役）は『救済の抜本策はエネルギー・コストを引き下げる以外にない。アルミ製錬が、わが国にとって必要不可欠であると判断するなら、アルミ製錬用の電力料金を割り引く政策料金を導入することは可能だと思う。現に、EC各国では、政策料金を導入している。』と訴えている」と書かれている[12]。

　この段階では、業界の要望は強かったものの、電力コストの引き下げについては特別な措置は講じられていない。構造的不況業種という認識であったが、他の特定不況産業と同様な生産制限と過剰設備削減で国際競争力の回復効果が得られると考えられていたと推測される。この時期には、1970年代から進められていた海外で製錬事業を興して地金を輸入する開発輸入に関して、インドネシアのアサハン・プロジェクトとブラジルのアマゾン・プロジェクトが具体化し、開発輸入による地金の安定確保策が進められた。

3．削減第2段階　110万トン期

　1977年秋頃から円高が急速に進み、輸入地金価格が低落したために、急遽、新たな政策対応が必要となった。1978年10月には、産業構造審議会アルミニウム部会の第3回目の答申「今後のアルミ製錬業の在り方」が出され、適正規模は110万トンに引き下げられた（表4-1-1）。将来の地金需要の見通しを1985年度239万トンと下方修正したうえで、国際

競争力の回復可能な設備量として110万トンという数値が選ばれたのである。

この答申は、円高で国内地金価格が下落し、アルミニウム製錬業各社は、膨大な累積赤字を抱えて財務状況が悪化したとの現状認識にたって、地金の安定的供給確保のためには、製錬業の健全な発展のための施策が必要であると主張している。そして、製錬設備のうちで生産コストが比較的低いものは、他の生産コストの高い設備の固定費等の負担を除き、最大限のコスト低減努力を講ずることを前提として、5年後には輸入地金に対する競争力を回復し得ると述べている。世界的な地金の供給能力の伸びが小さく、1980年から1982年頃には需給が逼迫する可能性があり、また海外の地金生産コストも既設・新設ともにかなり上昇するとの予測を根拠にした判断であるが、明確な論拠が示されているわけではない。

答申では、構造改善対策として、設備削減、合理化推進（低コスト設備への生産集約化、電力原単位の低減、労働生産性の向上、販売管理費の低減等）、圧延業を含めた協調体制の確立などのほかに、電力コストの低減も明記した。とはいえ、電力コスト低減の具体策としては、負荷調整の拡大、自家発電所及び共同発電所の定期検査の合理化が示されたにとどまり、電力料金制度への言及はなかった。

答申を受けて、通商産業省は、1979年1月に特定不況産業安定臨時措置法に基づく安定基本計画を告示し、53万トンの設備廃棄・凍結が進められ、関税割当制度は継続された。

4. 削減第3段階　70万トン期

1979年1月には第2次オイルショックが起こり、石油価格はふたたび急騰した。1977年10月を底に日本経済が回復に向かうなかで、アルミニウム地金に対する内需も拡大し、国際価格も上昇したので、一時的にアルミニウム製錬業の業績は回復を示した。しかし、1980年2月に景気は反転して長く続く後退局面に入った。製錬業の外部環境は、ここで大きく変化したのである。

第1節　政府のアルミニウム産業政策

　1981年10月の産業構造審議会アルミニウム部会第4回答申「今後の我
が国アルミニウム製錬業及びその施策のあり方」では、適正規模は70万
トンに引き下げられた（表4-1-1）。製錬業は大幅な設備過剰となり
新たな構造問題に直面しているとしながら、地金の安定供給確保のため
に国内製錬を保有し自立基盤を回復すべきであることが主張される。発
想を転換して海外開発輸入・長期契約輸入を含めて安定供給を図るのが
適当であり、国内製錬はその地位を縮小し、長期安定的輸入に次第に譲
渡していく必要があるとされる。そして、関税減免制度を活用した地金
供給コスト引き下げで、1985年度には自立基盤の回復が可能とされてい
る。これは、製錬業の供給する地金は国内市場において安定的輸入地金
とほぼ競争可能であるとの判断に基づくものであるが、明確な論拠は示
されていない。

　これまでの答申は、製錬業の国際競争力の回復は可能であると主張し
てきたのに対して、1981年答申は、開発輸入等を含めて自立基盤の回復
が可能という主張に変化している。国内製錬については、輸入に不安が
生じた場合の安定供給源、輸入地金価格上昇を抑止するバーゲニング・
パワー（価格交渉力）としての役割が強調され、これまでの答申が自給
率は50～45%と想定していたのに対して、この答申では、1985年度の地
金需要予想は216万トン、自給率は30%程度に引き下げられている。政
策目標は、国際競争力の回復から自立基盤の回復へ変化したのであり、
国内製錬は、存続の必要性は認められたが、供給の主力的地位から補助
的地位へと格下げされたといえる。

　答申では、電力コスト低減、関税割当制活用、開発輸入促進、技術開
発、業界体制整備、雇用促進などの政策が要請され、政府もこれに対応
して1982年3月に安定基本計画を一部改訂した第2次安定基本計画[13]を
公示した。

　電力に関しては、共同火力発電の石炭焚きへの転換を支援する助成金
交付と開銀融資が実施された。関税に関しては、割当制度を減免制度に
改めて、構造改善資金を充実させた。

第4章　アルミニウム産業政策の評価

　特定不況産業安定臨時措置法は、1983年5月に特定産業構造改善臨時措置法に改正され、アルミニウム製錬業はあらためて同法による指定産業となり、同法による構造改善基本計画（残存設備能力は70万トン）[14]が6月に策定された。構造改善基本計画は、第2次安定基本計画を基本的には継承しながら、事業提携の重要性を強調した。第2次安定基本計画では、設備処理と併せて行うべき措置のひとつとして、生産の受委託などが掲げられていたが、構造改善基本計画では、生産・経営規模又は生産方式の適正化に必要な事項として、高効率設備への生産集中のための生産の共同化、販売又は購入の共同化が明示された。

　前述のように、特定産業構造改善臨時措置法は積極的産業調整政策PAPを基本としていた。基礎素材産業について、経済性を喪失し改善の見込みのない事業を迅速円滑に縮小すること、事業の集約などを急ぐことが緊要という考え方であり[15]、アルミニウム製錬業の構造改善基本計画でも、共同化による事業の集約が強調されたのである。

　1981年答申で国内製錬業の位置づけが補助的地位に格下げされたうえで、構造改善基本計画で事業提携・事業集約が提起されたことは、アルミニウム産業政策の重点が、国際競争力強化による国内製錬業維持から、競争力が低下した製錬業の円滑な縮小へと転換したこと、前述の②から①へと政策基調が移行したことを示していると見ることができよう。

　1981年答申に基づくアルミニウム政策が実施される中で、1982年には、住友アルミニウム製錬の磯浦工場が製錬を停止したのを始めとして、住軽アルミニウム工業の酒田工場、昭和軽金属の大町工場、喜多方工場と製錬停止が続き、1983年の製錬能力は、約60万トンと答申を下まわる水準にまで低下した。

5．削減第4段階　35万トン期

　1984年12月には、産業構造審議会の非鉄金属部会（1984年4月にアルミニウム部会を改組して新設）が、「今後のアルミニウム産業及びその施策のあり方」を答申した。構造改善措置で相当程度のコスト低減が図

第1節　政府のアルミニウム産業政策

られたが、高コスト製錬設備は過剰であり、昭和60年度の自立基盤の確立は極めて困難であるとの現状認識のうえで、35万トンへの設備削減を提案した。そして、適切な対策が講じられれば、縮小後の規模の製錬業の自立基盤の確立は十分達成可能であるとの見通しを述べているが、その根拠は明示されていない。

　国内製錬業は、地金輸入障害が生じた際の確実な供給源であり、開発輸入の推進母体であるから、最小限度の規模維持が必要であるとされている。資源確保という経済安全保障のために製錬業存続が必要であるとの主張が前面に出されているが、国内製錬業維持のための政策としては、従来の施策を越えるような提案はなされてはいない（表4−1−1）。

　1985年1月の新春座談会で、糸井平蔵日本アルミニウム連盟副会長・住友アルミニウム製錬社長は、「製錬としては決意を新たにして何としてでも生き延びなきゃいかんし、また生きる決心をもってやっておるわけです」と発言し、連盟副会長の小林俊夫神戸製鋼所専務も、「われわれアルミ圧延のサイドからいって、製錬がなくなってしまうとものすごく不安ですね。とにかく、いてくれないと困る」と発言している[16]。製錬維持は、いわば、アルミニウム業界の悲願であったが、それが実現できるという確信は語られていない。

　政策当局は、1985年3月に「昭和六十三年度には国内製錬業の自立基盤が確立できるであろうと考えております。もちろん、その大前提といたしまして国際的な相場が常識的な線まで回復するであろうということが大事」と、国内製錬業維持について条件付きでその可能性を語っている[17]。製錬維持の確信があったわけではないことがうかがわれる。

　1985年9月のプラザ合意で、円高が急速に進行し、同年12月には日米交渉でアルミニウム地金関税を1％に引き下げる合意が成立して、国内製錬業の生き残りは困難となった。1985年6月にアルコアが「アルコア・アピール」のなかで、日本の製錬業が関税で保護されていると批判した。これに対して、通商産業省非鉄金属課は「日本のアルミニウム産業に対する政策について」を公表して、製錬政策は、輸入制限などで非効率な

167

第4章　アルミニウム産業政策の評価

製錬業を温存するのではなく、「国内製錬は地金安定供給の大宗の地位を縮小し、長期的安定的輸入にその役割を譲っていくという秩序ある産業調整政策」であり、OECDの積極的産業調整政策PAPの考えに一致していると反論した[18]。しかし、同じ年の12月には、政府は、日米貿易交渉で地金関税引き下げに同意した。この理由は、「我が国アルミニウム産業の厳しい業況にもかかわらず、日米関係全般への悪影響を避けるとの大局的観点から」合意したとしか説明されていない[19]。

1986年3月に、安倍晋太郎外務大臣は、関税引き下げの結果、「残れるのがどれだけあるかわかりませんけれども、しかし今の状況では大変難しい事態だろう。特に、これだけの円高になりますれば、さらに大きな影響が出てくることも事実であります」と答弁して、アルミニウム製錬衰退を想定している[20]。政府内でどのような検討がおこなわれたかは不明なので事実関係は判明しないが、状況証拠からすれば、1985年頃までに、アルミニウム国内製錬の維持政策は放棄されたと考えてよかろう。

そして、1986年に2工場、87年にも2工場が製錬を停止し、1工場、3万5,000トンが残るだけとなり、日本のアルミ産業は、製錬業からは、ほぼ撤退したのである。

10　貿易自由化の動きの中では、1961年6月からアルミニウム地金の輸入が自由化された。ただし、地金関税は、従来の基本税率従価10％から暫定的に従価15％に引き上げる措置が取られ、漸次引き下げられて、1971年4月からは9％となった。

11　日本アルミニウム協会『（社）日本アルミニウム連盟の記録』同会、2000年、265頁。

12　小邦宏治「生か死か－土壇場のアルミ製錬業」『エコノミスト』1978年7月18日、60頁。

13　昭和57年3月23日通商産業省告示第113号、官報第16542号、11頁。

14　昭和58年6月25日通商産業省告示第241号、官報第16917号、7-8頁。

15　通商産業政策史　1980-2000』第6巻、22頁。

16　「アルミニウム産業　1984年の回顧と1985年の展望」『アルミニウム』No.653、1985年1月、13・17頁。

17　通商産業省基礎産業局長野々内隆政府委員答弁。第102回国会衆議院予算委

第1節　政府のアルミニウム産業政策

員会第六分科会議事録2号（昭和60年3月8日）。

18　『メタルインダストリー'88』162・167頁。

19　通商産業省「日米アルミニウム協議の決着について」1986年11月、『メタルインダストリー'88』178頁。

20　第104回国会衆議院外務委員会議事録5号、1986年3月20日。

第4章　アルミニウム産業政策の評価

第2節　アルミニウム製錬政策の効果

1．国際競争力の回復

　1975年8月から1977年11月、1978年10月の3回の産業構造審議会アルミニウム部会答申は、国際競争力の回復を政策目標に掲げていた。政策措置としては、地金備蓄制度、生産制限勧告と不況カルテル、設備凍結・削減と関税割当制度による資金支援が実施された。それぞれの措置の効果を検討しよう。

（1）地金備蓄制度・生産制限勧告・不況カルテル

　1975年8月の答申に対応して、地金備蓄が行われた。備蓄制度は、銅・鉛・亜鉛・アルミニウム地金を対象としたもので、1976年度総額300億円の政府保証による融資（金利6.5%）と利子補給を組み入れた政府予算案が1975年12月31日の閣議で決定された[21]。アルミニウム地金に関しては、表4-2-1の通り、1976年8月の9,570トンの買上を最初に、1983年3月の第7回買上まで、延べ167,664トン、延べ金額616.8億円の買上備蓄が実施された。買入資金は、金属鉱業事業団（1963年設立）が政府保証を受けて市中銀行から借り入れた資金を軽金属備蓄協会に融資する方式で調達され、1976年度と78年度の買入に対しては、一般会計から約1億円の利子補給（第1回は市中金利8.96%で利子補給は2.46%、1977年6月の第2回は7.1%、1.05%で実質金利は6.5%）が行われた[22]。1982年度分については、関税割当制度による関税軽減分から、24.2億円が支出され、合計すると地金備蓄のためには25.3億円が投じられたことになる。この25.3億円は、実質的には、備蓄量に比例して各企業に配分されたことになる。

　企業別には1976・78年の買上備蓄総量のうち、住友系2社が27.5%、日本軽金属が22.5%、三菱軽金属工業が21.9%、昭和電工系が15.7%、三井アルミニウム工業が12.4%を備蓄した。備蓄制度では備蓄分を後に各企業が買い戻す仕組みになっていたので、備蓄時の価格（表中の買入単価）と買い戻し時の価格（同、売却単価）の差額は各企業の負担となっ

170

第 2 節　アルミニウム製錬政策の効果

表 4 - 2 - 1　地金備蓄制度の内容

日　　付	買入数量 (トン)	日本軽金属	昭和電工 昭和軽金属	住友化学工業 住友アルミニウム製錬	三菱軽金属工業	三井アルミニウム工業	買入単価 (円/トン)	売却数量 (トン)	売却単価 (円/トン)	備蓄量合計(トン)	買入又は売却金額 (万円)	利子補給 (万円)
1976年7月31日 契約分	9,570	3,016	1,910	2,086	1,899	659	313,300			9,570	299,828	7,649
		31.5%	20.0%	21.8%	19.8%	6.9%						
1978年5月30日 契約分	12,440	3,071	1,972	3,261	2,646	1,490	289,200			22,010	359,764	2,779
		24.7%	15.9%	26.2%	21.3%	12.0%						
1979年7月31日売却								22,010	340,000	0	748,340	
1981年2月27日買入	14,890	3,114	2,463	4,142	3,248	1,923	416,800			14,890	620,615	
		20.9%	16.5%	27.8%	21.8%	12.9%						
1981年3月29日買入	7,100	1,463	1,172	1,991	1,559	915	422,800			21,990	300,188	
		20.6%	16.5%	28.0%	22.0%	12.9%						
1982年3月30日買入	7,294	1,503	1,204	2,045	1,602	940	393,500			29,284	287,018	
		20.6%	16.5%	28.0%	22.0%	12.9%						
1982年11月30日買入	52,854	25,541	17,659	32,519	25,802	14,849	378,400			82,138	1,999,995	144,131
1983年3月25日買入	63,516						362,200			145,654	2,300,549	98,318
		21.9%	15.2%	27.9%	22.2%	12.8%						
1984年2月24日売却								14,890	509,322	130,764	758,379	
1984年3月29日売却								7,100	516,910	123,664	367,005	
1985年3月29日売却								7,294	477,713	116,370	348,443	
1985年11月29日売却								46,225	459,326	70,145	2,123,237	
1985年11月29日売却								55,296	430,843	14,849	2,382,391	
1986年4月30日売却								6,629	471,906	8,220	312,826	
1986年7月31日売却								2,000	449,752	6,220	89,950	
1986年11月28日売却								6,220	458,929	0	285,453	
合計（買入）	167,664	37,708	26,380	46,044	36,756	20,776					6,167,959	252,877
		22.5%	15.7%	27.5%	21.9%	12.4%						
合計（売却）								167,664			7,416,028	

注（1）備蓄全体数値は、『（社）日本アルミニウム連盟の記録』329頁。企業別数値は、同上書322-325頁。但し、1982年3月買入の内訳は不明の為、1981年3月買入の比率で推計。（2）1976・78年分の利子補給は、金属鉱業事業団が市中銀行から借り入れる時点で一般会計から交付される利子補給で、76年分は2.46％、78年分は1.05％。軽金属備蓄協会の実質利子負担は、76年分は6.5％、78年分は6.05％。利子補給額は実質支払利子額（同上書323頁）から推計。（3）1982・83年分の利子補給は、アルミニウム産業構造改善促進協会からの関税割当制による関税軽減分を原資とする利子補給。82年分は、借入金年利8.9％に対して利子補給2.4％で実質6.5％負担。83年分は、84年3月までは借入金年利8.4％、利子補給1.9％で実質6.5％負担、84年4月～85年11月は借入金年利7.9％、利子補給1.4％で実質6.5％負担。利子補給金額は同上書356頁による。

第4章　アルミニウム産業政策の評価

た。1976・78年の買上金額は66億円、買い戻し金額は74.8億円で企業が負担した差額は8.9億円であった。この差額は、軽金属備蓄協会の借入資金の利子相当分で、備蓄制度は、一般会計からの利子補給を受けた滞貨金融の役割を果たしたことになる。

1976・78年の場合には、備蓄時の買上単価は、平均約30万円であり、買い戻し時の単価は34万円で企業の利子負担分はトン当たり約4万円となった。とはいえ、1979年の国内地金単価は、表4-2-2に再掲したように36.9万円であったから、企業はこの間の地金価格上昇の恩恵を享受できたことになる。

この第1回の備蓄量は、表4-2-2に見るように、1976年3月末の地金在庫総量51万トン、生産者在庫36万トンに対して2％前後の量に過ぎず、1978年3月末の在庫、総量41.6万トン、生産者27.8万トンに対しても第2回分を含めた買上備蓄は4〜9％であった。

1976年1月からの行政指導による生産制限は、過剰在庫調整のために業界が自主的に行っていた30％減産に10％を上積みした40％の減産を6カ月間継続するという内容であった。1978年9月から7カ月間の不況カルテルへの参加企業は、全量自家消費の住軽アルミニウム工業を除く製錬6社で、期間中の総生産限度量を54万トン（平均操業率約60％）とする生産制限が行われた[23]。

備蓄・生産制限・不況カルテルが市況に及ぼした影響は測定が難しい。操業率は、1976年と1978年は前年に較べてかなり低下しており、生産者在庫は、1977年には前年比49％、1979年には51％減少している。地金国内価格は、1977年は前年比5.5％、1979年は30.4％上昇している。1979年は第2次オイルショックの年で、国際価格上昇、生産コスト上昇と値上がりを見越した仮需要が国内価格上昇の主因であるが、前年の備蓄拡大と不況カルテルの効果もある程度含まれている可能性はある。

生産制限と不況カルテルは、国内地金在庫調整には効果があった。しかし、反面では減産に伴う生産コストの上昇が企業収益にマイナスの影響を及ぼすことは避けられなかった。1976年頃で、国内アルミ製錬業の

減産率が40％の場合のコスト上昇率は29％という試算が示されている[24]。三井アルミニウム工業の場合は、「カルテルは成功し在庫は予定以上に減り、値上げも順次実現した」[25]と評価されている。しかし、第3章表3-2-5で推計したように、1978年度の労務費・管理費・借入金利などを含む地金1トン当たり粗製造コストは1977年度の29.7万円から38万円へ28％ほど上昇している。稼働率の低さは製錬企業経営のマイナス要因であり続けた。

（2）設備凍結・削減措置と関税割当制度による構造改善資金援助

　1978年4月に実施された第1次構造改善計画では、年産38.5万トン分の設備が凍結され、1979年1月の安定基本計画によって実施された第2次構造改善計画では48.5万トン分が廃棄あるいは凍結された（表4-2-3）。

　2次にわたる措置で廃棄・凍結処理された48.5万トンは、既存設備の29.5％に当たるが、企業別に見ると、第2次計画に参加しなかった住友東予アルミニウム製錬を別として、三井アルミニウム工業の11.9％から日本軽金属の41.9％まで処理率に開きがある。企業別処理量の決定過程は明らかでないが、建設年次が旧い電気炉を系列ライン単位で処理することが基本線であったために企業差が生じたと考えられる。企業内でも工場ごとに処理率は異なり、おおむね旧設備が処理されている。

　生産能力が削減された1979・80年には生産量は100万トンを上回る水準を維持し、操業率は90％を越えるまでに高まった（表4-2-2）。設備処理が生産性に及ぼした影響を見ると、表4-2-4のように、地金1トン当たりの消費電力は1978年に較べて1980年には電解用で2％、全体で3.2％ほど節減され、工数（マンアワー）は、直接部門で22％、間接部門でも21.5％と大幅に縮減されている。設備削減と生産効率が高い設備への集中措置は、生産性上昇、コスト節減効果をもたらしたと評価して良かろう。

　企業の業績は、表4-2-2に再掲したように、1979・80年度には、1974年度以来続いた赤字経営から抜け出して黒字経営を実現している。

第4章　アルミニウム産業政策の評価

表4-2-2　地金の生産・在庫・価格と製錬企業業績

年	生産能力（千トン）	生産量（千トン）	稼働率	各年3月末在庫（千トン）	生産者在庫（千トン）	安定化備蓄（千トン）	地金価格（1トン当たり） 日本（千円） 国内価格	日本（千円） 輸入価格	日本（千円） 輸入地金推定国内価格	アメリカ国内価格 ドル	アメリカ国内価格 円換算（千円）	地金生産原価（推定値）（1トン当たり千円）	地金世界需給率（生産量/消費量）	製錬企業の経常損益（億円）
1970	848	781	92.2%	61	23		207	184	216				1.03	
1971	953	915	96.1%	108	74		202	175	205				1.03	
1972	1,162	1,040	89.5%	201	170		189	151	177	465	141		0.99	
1973	1,238	1,082	87.4%	201	159		207	142	166	582	158		0.93	5
1974	1,416	1,116	78.8%	162	81		298	212	249	949	277		0.99	△61
1975	1,440	988	68.6%	475	382		261	234	274	768	228	293	1.12	△291
1976	1,588	970	61.1%	510	359		307	252	294	907	269	298	0.94	△311
1977	1,641	1,188	72.4%	335	175	10	324	269	314	1,053	283	294	0.99	△211
1978	1,642	1,023	62.3%	417	278	10	283	227	265	1,125	237	261	0.96	△231
1979	1,157	1,043	90.1%	323	142	22	369	271	317	1,558	341	346	0.95	256
1980	1,136	1,038	91.4%	209	75		490	371	434	1,678	380	434	1.09	303
1981	1,136	665	58.5%	555	245	22	361	350	410	1,318	291	456	1.12	△698
1982	743	295	39.8%	788	268	29	311	327	383	1,032	257	496	1.02	△1,018
1983	712	264	37.1%	731	131	146	410	316	370	1,396	331	428	0.99	△305
1984	712	278	39.0%	620	141	124	356	342	400	1,346	320	421	1.08	△322
1985	354	209	59.1%	562	123	116	294	275	321	1,076	257	403	1.04	△546
1986	293	113	38.5%	388	120	15	231	193	226	1,232	208	267	0.96	△318
1987	35	32	92.5%	214	48		262	198	225	1,594	231	262	0.96	140
1988	35	35	101.1%	187	9		349	265	288	2,427	311	237	0.98	140

注（1）生産能力は1972年度までは『日本軽金属五十年史』、344-345頁、1973年度以降は
MITI's Aluminium Data File, 1991、2頁。（2）生産量は『アルミニウム製錬工業統計年
報』、『軽金属工業統計年報』の年度数値で『日本アルミニウム連盟の記録』（402-403頁）
による。（3）稼働率は生産量を生産能力で割った比率（％）。（4）各年3月末在庫・備蓄は、
同上書409頁。（5）地金価格：日本国内価格は鉄鋼新聞の暦年平均価格で1971年2月まで
は99.5%地金価格、71年3月以降は99.7%地金価格。同上書423頁．日本輸入価格はアルミニ
ウムの塊（アルミニウムの合有量が99.0%以上99.9%に満たないもの）のCIF暦年平均価格。
日本関税協会「外国貿易概況」から算出。輸入地金推定国内価格は輸入価格（CIF）に関税
（9％、1987年4月以降は5％、1988年からは1％）と諸費用（8％と仮定）を加えた推計価
格。諸費用を8％と仮定したのは、住友化学工業『住友化学工業最近二十年史』、1997年、
72頁の記述による。1987年の関税を1-3月9％、4-12月5％とすると年間平均は6％。ア
メリカ国内価格（ドル）は99.7%地金のトン当たり暦年平均価格で『(社）日本アルミニウ
ム連盟の記録』421頁、アメリカ内価格（円換算）は対IMF報告の年平均相場（『近現代日
本経済史要覧（補訂版）』159頁）による換算値。（6）地金生産原価は、日本長期信用銀行
調査部試算（既存プラントで電力量16,300kWhの場合。田下雅昭「アルミニウム製錬業の
国際競争力と設備投資の動向」『日本長期信用銀行調査月報』146号、1976年1月、20頁）
を1975年原価として、アルミナ費・電力費・労務費をボーキサイト輸入価格・重油輸入価格・
製造業所定内給与額の変動に比例して変動させ、その他の原材料費・減価償却費・金利・
販売管理費は不変と仮定した場合の推計値。ボーキサイト輸入価格・重油輸入価格は日本
関税協会「外国貿易概況」、製造業所定内給与額は厚生労働省「賃金構造基本統計調査」に
よる。（7）世界需給率は各年生産量を消費量で除した値。『(社）日本アルミニウム連盟の
記録』、420頁。（8）製錬企業の経常損益は全社合計の年度数値。*MITI's Aluminium Data
File*、1991、2頁。

第2節　アルミニウム製錬政策の効果

表4-2-3　構造改善計画と資金交付実績

社名	工場	設備能力（1978年4月）	第1次構造改善計画（1978年4月凍結）				第2次構造改善計画（1979年1月安定基本計画）							第1次・第2次合計資金交付額（百万円）
			凍結年間能力	凍結設備簿価（百万円）	凍結能力トン当たり簿価（万円）	構造改善資金交付額（百万円）	工場別処理年間能力	処理率	処理方法別	処理年間能力	処理設備簿価（百万円）	処理設備トン当たり簿価（万円）	構造改善資金交付額（百万円）	
日本軽金属	蒲原	94,960	31,106	942	3.03		31,106	32.8%	廃棄	69,442	2,791	4.02		
	新潟	147,663	60,488	5,918	9.78		126,946	86.0%	凍結	88,610	13,171	14.86		
	苫小牧	134,413	0				0	0.0%						
	計	377,036	91,594	6,860	7.49	613	158,052	41.9%	計	158,052	15,962	10.10	1,103	1,716
住友アルミニウム製錬	菊本		13,599	299	2.20				廃棄	52,796	1,735	3.29		
	磯浦	78,980					0	0.0%	凍結	59,227	5,549	9.37		
	名古屋	52,796	25,865	497	1.92		52,796	100.0%						
	富山	177,681	49,266	2,806	5.70		59,227	33.3%						
	計	309,457	88,730	3,602	4.06	594	112,023	36.2%	計	112,023	7,284	6.50	502	1,095
住友東予アルミニウム製錬	東予	98,712	8,974	1,835	20.45	60	0	0.0%						60
昭和軽金属	千葉	170,290	42,782	4,996	11.68		42,782	25.1%	廃棄	19,088	1,090	5.71		
	喜多方	28,716					11,794	41.1%	凍結	60,360	5,404	8.95		
	大町	42,803	19,088	1,212	6.35		24,872	58.1%						
	計	241,809	61,870	6,208	10.03	414	79,448	32.9%	計	79,448	6,494	8.17	443	857
三菱軽金属工業	直江津	160,164					0	0.0%	廃棄	45,290	4,273	9.44		
	坂出	192,481	90,579	11,542	12.74		116,054	60.3%	凍結	70,764	9,589	13.55		
	計	352,645	90,579	11,542	12.74	606	116,054	32.9%	計	116,054	13,862	11.94	965	1,571
三井アルミニウム工業	三池	163,827	42,993	8,960	20.84	288	19,461	11.9%	廃棄	0				
									凍結	19,461	2,254	11.58		
									計	19,461	2,254	11.58	150	438
合計									廃棄	186,616	9,890	5.30		
									凍結	298,422	35,967	12.05		
		1,642,198	384,740	39,007	10.14	2,574	485,038	29.5%	計	485,038	45,857	9.45	3,162	5,737

注：（1）設備能力の合計には住軽アルミニウム工業の設備能力（98,712トン）を含む。（2）処理率は1978年4月の設備能力に対する第2次計画の処理能力。第1次計画の交付額は、凍結設備の簿価合計×6.6%×各社凍結分/全凍結分。第2次計画の交付額は1979年10月交付分は廃棄設備簿価の6.1%、凍結設備簿価の5.1%相当分の利子補給。1982年2・8月交付分は廃棄設備簿価の5.1%，凍結設備簿価の4.1%相当分の利子補給。
出典：『メタルインダストリー'88』288頁、『（社）日本アルミニウム連盟の記録』339・350・352・354頁。

第4章　アルミニウム産業政策の評価

黒字化要因は、第一に価格関係であった。国内価格は1978年平均トン当たり28.3万円から79年の36.9万円、80年の49万円と急騰した。地金生産原価（推定値：生産性変化分は含まれていない）も上昇したが、国内価格との差は1978年の2.2万円から80年には5.6万円に拡大した。国内価格上昇は、1978・79年の世界的な需給のタイト化（表4-2-2世界需給率）による国際的価格上昇を反映したもので、アメリカ国内価格（表4-2-2ドル建て価格）は、1978年に較べて80年には約49％上がった。この間、円為替相場が円安になったことも作用して、日本の国内価格は前掲数値のように約73％もの上昇率を示した。国内価格の上昇には、前述の地金備蓄と不況カルテルによる在庫縮小・凍結が影響している可能性もある。第二の要因としては、設備削減と需要拡大による操業率の上昇で固定費負担が軽減したことが上げられ、第三の要因は、設備削減にともなう生産性の向上であるが、ともにその効果がどの程度まで経営黒字化に貢献したかを確認することは難しい。そして、第四の要因は、構造改善資金の交付であった。

　1978・79年度に実施された関税割当制度による構造改善資金交付は、地金輸入者が輸入地金の一般税率９％と１次税率5.5％（1979年度からは4.5％）との差額（特恵関税適用輸入の場合は、特恵税率4.5％と１次税率2.75％（1979年度は2.25％）の差額）から手数料（0.25％分）を差し引い

表4-2-4　地金製錬の消費電力と工数

項　　目		1978年	1979年	1980年	1981年	1982年	1983年	1984年	1985年	1986年	1986年度
地金生産量（万トン）		105.8	101.0	109.2	77.1	35.1	25.6	28.7	22.7	14.0	11.3
消費電力量（トン当たりkWh）	電解用	14,151	14,100	13,879	13,676	13,657	14,146	13,986	13,959	13,844	16,335
	合計	15,520	15,387	15,030	15,053	15,540	16,176	15,891	15,805	16,088	18,796
トン当たり工数	直接部門	1.14	1.04	0.89	1.06	1.38	1.35	1.17	1.29	1.49	1.60
	間接部門	0.65	0.55	0.51	0.65	0.98	0.92	0.76	0.82	1.00	1.03
	合計	1.79	1.59	1.40	1.71	2.36	2.27	1.93	2.11	2.49	2.63

出所：『軽金属工業統計年報』昭和60年、日本アルミニウム連盟、昭和61年、74頁。『軽金属工業統計年報』平成３年、日本アルミニウム連盟、平成４年、86-87頁。

第2節　アルミニウム製錬政策の効果

た残額をアルミニウム産業構造改革促進協会（1978年3月設立）に協力
金として拠出し、同協会が製錬業者に構造改善資金を交付する仕組みで
ある。関税割当制による減税額は表4-2-5のように推計される。

　表4-2-3に見るように、1978年4月に実施された第1次構造改善計
画では、年産38.5万トン分の設備が凍結され、これに対して25.7億円の
構造改善資金が利子補給分として交付された。交付金は全凍結設備の簿
価総額の6.6%に相当する金額（25.7億円）を凍結設備量に応じて各企業
に按分比例する方式が採られた。たとえば、日本軽金属は9.1万トン、
全体の23.8%を凍結して、6.1億円の交付金を受け、三井アルミニウム工
業は4.3万トン、11.2%を凍結して、2.9億円を交付された。

　1979年1月の安定基本計画によって実施された第2次構造改善計画で
は、設備廃棄と設備凍結によって利子補給率を変え、設備の簿価に応じ

表4-2-5　関税割当制による関税軽減の内容

| | 1978年度 | | 1979年度 | | 合　　計 |
	特恵外	特恵	特恵外	特恵	
2次税率（%）	9.0%	4.5%	9.0%	4.5%	
1次税率（%）	5.5%	2.75%	4.5%	2.25%	
軽減率（%）	3.5%	1.75%	4.5%	2.25%	
割当実績（トン）上期	201,000		280,000		
下期	220,000		275,000		
合計	421,000		555,000		
協力金率（%）	3.25%	1.5%	4.25%	2.0%	
協力金（円）	2,699,915,797		5,381,415,000		8,081,330,797
関税軽減額（推計・円）	2,921,986,793		5,718,825,717		8,640,812,511

注：（1）税率・割当実績は、『メタルインダストリー'88』141・145頁、
協力金率・協力金は『（社）日本アルミニウム連盟の記録』336・341・361
頁による。（2）関税軽減額は、1979年度の割当が特恵分12%・特恵外分
88%（同上書348頁）であることから、1978年度も同様と仮定し、関税軽
減額から協力金として拠出される割合を、1978年度分92.4%・79年度分
94.1%と想定して、協力金から逆算した。

177

第 4 章　アルミニウム産業政策の評価

て改善資金が交付される方式に改められた[26]。1979年と1982年の2回に
分けて交付された金額合計は31.6億円であった。第1次と第2次の構造
改善計画を実行する中で、日本軽金属の17.2億円を最高に、最小の住友
東予アルミニウム製錬の6,000万円まで、合計57.4億円が各企業に配分さ
れた。

　処理設備の簿価総額は458.6億円であったから、その約12.5%相当額が
構造改善資金として補填されたことになる。構造改善資金の交付は、過
剰設備処理の企業負担をある程度軽減して、構造改善を促進させる効果
があった。

　1978年度の各社合計の経常収支は231億円の赤字であったから、構造
改善資金の交付がなかったと想定した場合の赤字246.9億円に対して経
常損失を6.4%ほど軽減させる効果があった。1979年度の各社合計の経常
収支は256億円の黒字になっているから、交付金は、経常収支の黒字を
かさ上げする効果があった。この2年度の各社合計経常収支は25億円の
黒字となるから、交付金合計37.6億円は経常収支を黒字にする効用が
あったと言って良かろう。予定された残りの構造改善資金は経営好転で
交付が延期されたから1980年度は、交付金なしでの黒字化が実現したの
である。

　製錬企業の経営黒字化は、「世界経済環境の動向次第では国際競争力
回復の可能性も考えられる」という1977年答申の見通しが的中したこと
になり、78年答申までの構造改善による競争力の回復という目標は一時
的にせよ実現されたと見ることができる。ここまでの時点では、生産能
力維持のために必要な措置をとって国内製錬を維持するという②の政策
は、ひとまず成功したと評価できよう。

2．積極的調整政策

　製錬企業経営の黒字化は2年間で終わり、1981年度からは巨額の赤字
経営が続くことになった。経営再赤字化の要因は、世界的不況のなかで
の国際的な需給緩和による地金価格の低落で、国内地金価格は1980年の

第 2 節　アルミニウム製錬政策の効果

トン当たり49万円から81年には36.1万円に下落し、推定地金生産原価よりも9.5万円も低い水準となった（表4-2-2）。その後1986年まで、国内価格は推定生産原価を下まわる状態が続いた。1977年答申が期待した「世界経済環境の動向」は、1986年まで好転することはなく、国際競争力回復の機会は訪れなかった。

　1981年の産業構造審議会アルミニウム部会答申からは、国際競争力の回復に代わって適正な国内製錬能力・自立基盤の回復保持が政策目標となり、1983年の特定産業構造改善臨時措置法を機に、政策基調は前述の②市場メカニズムを通じた国際分業に委ねきれない問題があるから生産能力を維持するために付加的な費用を負担する政策を選択するから①新しい国際分業に委ねることを前提として産業転換を円滑化させるための積極的調整政策を選択するの積極的調整へと移行した。そのために取られた措置は、関税減免制度、電力コスト削減、開発輸入促進、技術開発援助などであった。

（1）関税減免制度

　1982年度から実施された関税減免制度は、アルミニウム製錬業者が輸入する一定量（設備処理量）までの地金関税を減免し、関税軽減分はそのまま構造改善資金として当該会社の収入になる仕組みであった。1982年度から84年度までは従価関税9％の全額が免除され、85・86年度は9％を1％に減税、87年度は通常関税が5％に引き下げられたまま1％への減税が行われた。減免税総額は475.6億円と推計できる（表4-2-6）。

　通商産業省は、1978年答申（70万トン体制）を実施する際に、40万トンの設備処理に必要な資金を450億円と見積もり、コストダウン費を含めて750億円規模の関税軽減を計画したが、大蔵省との折衝で、3年間で300億円程度の軽減規模に縮小されたと伝えられている[27]。1981年答申ではさらに35万トンが削減されたから、この必要資金を40万トン処理と同率と仮定すると約390億円になる。合計75万トン削減の必要資金は840億円となり、この57％程度の資金が関税減免税制度によって補填さ

第4章　アルミニウム産業政策の評価

表4-2-6　関税減免制による免減税額の推計

	1982年度	1983年度	1984年度	1985年度	1986年度	1987年度	6年度合計
免減税対象輸入量（トン）	393,000	424,000	424,000	259,000	358,000	63,929	
輸入地金価格（トン当たり千円）	324.3	322.7	325.3	254.1	193.9	214.3	
免減税対象輸入額（100万円）	127,453	136,811	137,927	65,805	69,434	13,701	
免減税率	9%			8%		4%	
免減税総額（100万円）	11,471	12,313	12,413	5,264	5,555	548	47,564

注：（1）免減税対象輸入量は『（社）日本アルミニウム連盟の記録』39頁・牛島俊行・宮岡成次『黒ダイヤからの軽銀』149頁による。1985（昭和60）年度は当初35.8万トンを予定したが、住軽アルミニウム工業の設備処理が未定のため25.9万トンとなった。（2）輸入地金価格は財務省日本貿易統計の年次数値を年度数値に換算（＝当年次9ヵ月＋次年次3ヵ月）。（3）『住友化学工業最近二十年史』に57年度から3年間、製錬各社は累計約393億円の免除を受けたと書かれている（186頁）ので本表の推計3年度合計362億円はやや過小かもしれない。

れたと推定される。1978・79年の48.5万トン処理時よりも補填された割合は大きいことが注目される。

　製錬企業の経常損益との関係で見ると、1982年度は関税免除推定額114.7億円と関税割当制度による19.8億円と合わせると構造改善資金は134.5億円となり、各社合計の経常収支は1,018億円と史上最高の赤字であったから、関税軽減額は、経営赤字を12%程度改善する効果があったことになる。1983年度は関税免除額123.1億円、各社経常損失305億円で改善効果は28.8%、同様に84年度は改善効果27.8%、85年度は8.8%、86年度は14.9%となる。5年間を合計すると、製錬各社の赤字縮小効果は16.5%と推定できる。

　個別企業について判明するところでは、1982年度から86年度の5年間で住友アルミニウム製錬が約120億円、三井アルミニウム工業が約53億

円の関税軽減を受けている[28]。両社のこの5年間の経常収支はそれぞれ697.4億円と550.1億円の赤字であるから、住友アルミニウム製錬は14.7%、三井アルミニウム工業は8.8%の赤字縮小効果を得たことになる。

このように、構造改善措置にたいしての政府の資金面からの支援は、設備削減を実行する企業経営が蒙る損失を多少なりとも軽減させる効果を持ち、国際競争力を失った産業の縮小を円滑にする政策としての役割を果たしたといえよう。

（2）火力発電石炭焚き転換支援措置

電力コストの削減策としては、1978年から火力発電設備の定期点検期間延長措置[29]が講じられていたが、新たに火力発電所の燃料の重油から石炭への転換工事支援措置が設けられた。燃料転換工事費用の15%を補助する制度で、1982・83年度に43億円が準備され、日本開発銀行からの融資枠も設けられた[30]。この新制度で住友系2社が燃料転換を実施した。

住軽アルミニウム工業は、東北電力と共同で運営する酒田共同火力発電所の石炭焚き転換を1981年3月に決定した[31]。1号機（出力35万キロワット）は1982年3月に着工し、運転開始を1984年6月、2号機（同）は1983年2月着工、1985年5月運転開始という計画を立てて、予定通り1号機の工事に着手した。しかし、1982年4月には、住軽アルミニウム工業は、1982年5月で酒田工場の操業を停止し会社を解散することを明らかにした。酒田共同火力発電の熱源石炭化工事完成後、新会社による製錬事業の再開を検討すると公表していたが、製錬事業が再開されることはなかった。

住友アルミニウム製錬は、1982年から富山共同火力発電の石炭焚き転換に着手して、1984年11月に1号機、同年12月に2号機の改装を完成させた。石炭焚きへの転換で、発電単価はkWh当たり1980年度18.07円、1983年度15.71円から、1985年度には10.80円に引き下げることができた[32]。1984年12月には、東予製造所での製錬を停止し、電力コストが低い富山製造所1工場のみの生産体制を採った。しかし、1986年7月には、石炭転換を完了している富山製造所をもってしても国際競争力の回復は望め

ないと判断し、製錬工場を停止し、国内製錬から撤退して事業を再構築することを決定した。

住友アルミニウム製錬が富山共同火力石炭焚き転換で実現した電力単価引き下げを、表4-2-4の製錬用電力消費量で地金トン当たり電力費に換算すると、1980年の25万円から85年の15万円へと約10万円の電力費引き下げになる。表4-2-2の1985年の地金国内価格は29.4万円で推定地金生産原価との開きは約11万円であるから、10万円のコストダウンはかなり大きいものの、原価割れを解消するにはいたらないレベルということになる。

1984年度のアルミニウム製錬業の電力消費量は約24%が買電、76%が自家あるいは共同発電となっている[33]。消費量の4分の3に相当する基礎電力に関して、石炭焚き転換によるコスト削減効果に限界があったとすれば、あとは買電部分について、特別料金の適用を期待するしか道はなかったが、これは結局実現しなかった。電力コスト削減の政策措置は、一部の企業にある程度のコスト引き下げ効果はもたらしたが、製錬継続を可能にするほどの効果ではなかったのである。

（3）開発輸入の促進

開発輸入は、1975年の産業構造審議会アルミニウム部会答申以来、地金の安定供給確保の手段として重視されてきた。開発輸入の詳細については、第5章で検討するので、ここでは概略を述べることとしよう。アルミニウム産業では、1950年代末にボーキサイトの開発輸入が開始され、製錬企業では昭和電工と住友化学工業が1969年にニュージーランド・アルミニウム・スメルターズ（NZAS　エンザス）に資本参加したのが最初で、1978年に操業を開始したベネズエラのベナルムには昭和軽金属・住友アルミニウム製錬・三菱軽金属が資本参加した。

開発輸入に政策的支援（海外協力基金の出資・日本輸出入銀行の協調融資）が行われたのは、1982年からアルミニウム地金の生産を開始したインドネシアのアサハン・プロジェクトと1985年に操業を開始したアマゾン・プロジェクトであった。アサハン・プロジェクトに対しては、

第2節　アルミニウム製錬政策の効果

1975年7月に政府支援プロジェクトとして閣議で了解され、アマゾン・プロジェクトは1976年に両国首脳の共同声明で協力が約束され、1981年7月に実行予算が閣議了解された。ともに第2次オイルショックの前に決定されたナショナルプロジェクトであり、海外協力基金の出資額は2計画合計で最終的には757億5,300万円となった（表4-2-7）。その後、後掲表5-2-1のように、オーストラリアのボイン・スメルターズ、ポートランド・スメルターズ、アメリカのアルマックス、カナダのアロエッテ、モザンビークのモザールなどへの資本参加が行われたが、すべて民間ベースの開発輸入であった。

　2000年頃までのアルミニウム製錬関係の海外事業としては、表5-2-5のように10事業が稼働していた。投資に見合う分だけの地金を引取る権利を持っているから、10事業合計で約107万トンが日本企業の買取り分になる。この数量は、1978年の産業構造審議会答申が国内製錬の適正規模とした110万トンに匹敵する大きさである。

　日本の地金輸入のうちで開発輸入が占める量は、1987年度には輸入の29.1％、1992年度で35.8％、1997年度で36.9％、2001年度で50.3％と開発輸入の割合が拡大している。開発輸入によって、量的には、製錬衰退後も安定的な輸入確保が実現したと見て良かろう。

（4）技術開発の援助・地金備蓄

　電力コストを大幅に削減するためには新しい製錬技術（溶鉱炉法）の開発が必要であった。1960年代からメジャー各社が新技術開発成果を発表しはじめ、日本でも製錬6社の共同研究が進められた。第3章第2節5でも述べたように、三井グループが独自の方法を開発して基本特許を取得し、小型溶鉱炉による実験をおこない、1982年からは製錬各社が共同で設立した日本アルミニウム新製錬技術研究センターが実験施設を建設して実用化研究を続けた。

　政府は、研究開発を促進するため補助金を交付することとし、1982年度から予算計上した。国の補助金を受けてアルミニウム新製錬技術研究組合（1983年設立）が1984年度からベンチスケールによる開発実験に入っ

た。当初の計画では1986年度にパイロットプラントを建設し、1987年度に商業生産設備の設計まで行う予定であった。しかし、製錬各社が製錬から撤退する状況となり、技術面では2,000℃の高温に耐える炉材確保が難しく、研究組合は1986年度で研究開発を終了し、1987年5月に解散した。新製錬技術開発のために4年間に交付された補助金は11億円であったが（表4-2-7）、成果が稔ることはなかった。

1980年後半からの景気後退のなかで地金在庫が拡大

表4-2-7　政府支援の内容

（単位：100万円）

備蓄利子補給	104
関税割当制による関税軽減	8,641
関税減免制度による関税軽減	47,564
共同火力発電所の石炭転換工事補助金	4,300
開発費補助	1,100
アサハン・アマゾン政府出資	75,753
合　　　計	137,463

注（1）備蓄利子補給は表4-2-1地金備蓄制度の内容、関税軽減は表4-2-5関税制度による関税軽減の内容・表4-2-6関税減免制度による免減税額の推計の数値。（2）共同火力石炭転換補助金は『（社）日本アルミニウム連盟の記録』35・39頁。（3）開発費補助は、溶鉱炉法新製錬技術とアルミニウム粉末冶金技術に対するもの。同上書36・39頁、牛島俊行・宮岡成次『黒ダイヤからの軽銀』160頁。（4）アサハン・アマゾン出資は、『海外経済協力基金史』（http://www.jica.go.jp/publication/archives/jbic/history/pdf/k11_part3chap4.pdf）361頁の出資累計額。

した（表4-2-2）。政府は、政府保証資金融資による安定化備蓄を再開し、1981年2月から83年3月の間に5回、総量14万5,654トンを軽金属備蓄協会が買い入れた。生産者在庫は1982年3月の26.8万トンから83年3月には13.1万トンに減少した。1983年初めからアメリカの景気が上昇し、日本でも輸出の伸びに主導されて景気は回復に転じた。地金需要も拡大し、国内価格は国際価格の上昇を背景に1982年平均のトン当たり31.1万円から83年には41万円に急上昇した。安定化備蓄による在庫凍結が、価格上昇に及ぼした影響は確定できないが、生産者在庫減少が製錬企業の出荷価格引き上げを容易にしたことは確かである。

1981年からの備蓄に際しては、一般会計からの利子補給は行われず、関税割当制度によってアルミニウム産業構造改善促進協会が受け入れた

協力金から、総額24.2億円が利子補給分として支出された。前回と同様に、政策措置による財源から滞貨金融が行われたことになる。備蓄時の買上価格は平均地金1トン当たり37.8万円で、買い戻し時の平均単価は45.8万円であった。しかし、第1回備蓄の場合とは異なって、買い戻し時の国内市価（表4-2-2）は買い戻し単価（表4-2-1）をはるかに下まわる水準に低迷していたから、製錬各社はかなりの損失を蒙ることとなった。三井アルミニウム工業は、手元在庫と買い戻して販売することによる損失とを考慮し、買い戻しを1年延期して軽金属備蓄協会に資金を融資して民間在庫として保管する方法を選んだほどであった[34]。

（5）実現しなかった業界再編成

　アルミニウム産業の国際競争力強化のためには、製錬部門と圧延部門の垂直統合が有効であるとの1975年産業構造審議会アルミニウム部会答申いらい、全ての答申で業界再編成の必要性が唱えられ、特に、特定産業構造改善臨時措置法制定後の構造改善基本計画では生産・販売・購入の共同化が強調されていた。

　製錬と圧延の統合案は、世界アルミニウムメジャーが一貫経営体制をとっているのを参照した発想である。しかし、住友軽金属工業が一貫生産を意図して住軽アルミニウム工業を設立して製錬に参入したが、結局は失敗した経験を反省して、「一貫というものが鉄とアルミでは全然違うということが分からなかった」と関係者が語っている[35]。アルミニウム産業の場合には、一貫生産による経営の効率性上昇効果は、鉄鋼業の場合のように高くはないようで、この方向での業界再編成は進められなかった。

　あるいは、製錬と圧延の利害対立が協調体制の成立を阻んだとも考えられている[36]。産業構造審議会答申は、製錬業と同時に圧延業の不況対策も提起しており、1977年には板部門の不況カルテルが承認され、その後も押出部門でのグループ化などが提案されている。しかし、電力消費が少なく、材料を輸入地金に切り替えられる圧延業は、製錬業に較べると経営悪化の度合いは軽かった。住友系アルミニウム企業の統合案が取

りざたされた時、圧延メーカーの住友軽金属からは、製錬の住友アルミニウム製錬との「合併などは絶対考えられない。垂直統合というやり方も、国際競争力のある時代ならプラスだが、今ではマイナスになっている」との拒絶反応が示された[37]。経営を維持できる圧延側からすると、損失を累積している製錬との統合は選択肢に入らなかったといえよう。

　共同化・事業提携などで協調体制をとる方向については、1978年答申頃には、業界内に1社への統合、あるいは国有化も辞さないという主張があり[38]、1985年答申頃の論調にも、「各社の出資によって2社程度に再編成し、高能率工場に生産を集約し、生産規模の経済性を高めることが必要であろう」[39]という観測があった。しかし、このような統合は実現しなかった。

　すでに一貫生産体制を取り、アルキャンを筆頭株主とする日本軽金属が「他の五社が大合同しても当社は参加できない」と統合に反対したことが再編成を妨げたとの見方がある[40]。昭和電工グループが、1982年にオーストラリアのコマルコと資本提携して、圧延の昭和アルミニウム、スカイアルミニウムを製錬の昭和軽金属の傘下に置く企業再編を実行したことも、業界再編成とは異なった方向への動きといえよう。日本軽金属と昭和電工系以外は、住友・三菱・三井グループの企業であったから、資本グループを越えての提携には問題が多かったと思われる。1964年に大阪商船と三井船舶が合併した例はあるが、海運集約化が政策として強力に推し進められた中での事例であり、アルミニウム産業政策ではそれほどの方向付けが政策当局によってなされることはなかった。

　共同販売体制に対しては商社の機能を制限するとの反論が強く、特に三井物産が一手販売を行う三井では共販に否定的だったとの指摘もある[41]。

　特定産業構造改善臨時措置法についての1983年5月の座談会で、通商産業省産業組織政策室長は、合併や業務提携を積極的に進めるのが立法の趣旨であると説明し、アルミニウムについては市況の回復に言及しながら「こういう回復が続けばある程度の規模の産業が経済合理性を持っ

第2節　アルミニウム製錬政策の効果

ていけるのではないか」と発言している[42]。しかし、製錬業については、アルミナ部門は別として製錬部門の大規模化による効率性上昇効果は小さいと言われている[43]。1985年には製錬能力は84年答申が設定した35万トン水準に縮減し、1社1工場体制になった。千葉（昭和軽金属）、蒲原（日本軽金属）、富山（住友）、坂出（三菱）、三池（三井）と分散して立地する工場を、合併や共同化・事業提携によって再編したとしても、どの程度の構造改善効果が得られるかには疑問も残る。

　結局、業界再編成は行われないままに、アルミニウム企業は製錬からほぼ全面的に撤退してしまったのである。

3．アルミニウム政策の評価

　アルミニウム製錬に対する政策は、まず国際競争力回復と資源安定供給を目的にとする産業政策として開始されたが、第2次オイルショックを経て、実質的には製錬縮小を円滑に進めることを目的とした積極的産業調整政策（「ターミナル・ケア」を含む）に移行したと見ることができる。

　ここで生産能力削減措置の実施過程を総括すると、表4-2-8の通りである。このような構造改善を軸としたアルミニウム製錬政策をどのように評価することができるであろうか。

　国際競争力は、世界的なアルミニウム需給関係が変動するなかで、1979・80年頃には一時的に回復した。この頃までは、国際競争力回復を目的としたアルミニウム政策は、有効性を持っていたといえる。しかし、基礎的な競争力が脆弱な国内製錬業はその後の地金価格下落に耐えることはできなかった。競争力回復の鍵は電力コスト削減であり、原単位切り下げや火力発電所の石炭焚き転換などが試みられたが、大きな効果は得られなかった。業界が強く要望した電力料金の特別割引については、通商産業省内で検討されはしたが実現せず[44]、公営水力発電からの低価格供給も検討されたがこれも電力業界の強い反対で実現しなかった[45]。結局、国際競争力回復を目的としたアルミニウム政策は、有効な政策手

187

表4-2-8　アルミニウム製錬業の構造改善実施状況

社名	工場	製錬能力(トン)〔1978年3月現在〕	凍結炉数	凍結年間能力	残存能力〔第1次計画 1978年4月時点〕	廃棄凍結炉数	廃棄・凍結年間能力	1978年と1979年処理の差分	残存能力〔第2次計画 1979年4月時点〕	廃棄・凍結年間能力	1979年凍結と1982年処理の差分	残存能力〔第3次計画 1982年4月時点〕	廃棄・凍結年間能力	1982年凍結と1985年処理の差分	残存能力〔第4次計画 1986年4月時点〕	残存能力〔1988年4月の状態〕	製錬工場操業停止年月
日本軽金属	蒲原	94,960	236	31,106	63,854		31,106	0	63,854	31,106	0	63,854	31,106	0	63,854	34,691	2014年3月
	新潟	147,663	240	60,488	87,175		126,946	66,458	20,717	147,663	20,717						1980年12月
	苫小牧	134,413			134,413		0		134,413	62,048	62,048	72,365	134,413	72,365			1985年4月
	計	377,036	476	91,594	285,442	692	158,052	66,458	218,984	240,817	82,765	136,219	313,182	72,365	63,854	34,691	
住友アルミニウム製錬・住友東予アルミニウム製錬	菊本		52	13,599													
	磯浦	78,980			78,980		0	0	78,980	78,980	78,980						1982年3月
	名古屋	52,796	97	25,865	26,931		52,796	26,931									1979年3月
	富山	177,681	183	49,266	128,415		59,227	9,961	118,454	94,764	35,537	82,917	94,764	0	82,917		1986年10月
	住友アルミ計	309,457	332	88,730	220,727	418	112,023	23,293	197,434	309,457	197,434						
	東予	98,712	20	8,974	89,738		0	△8,974	98,712			98,712	98,712	98,712			1984年12月
	計	408,169	352	97,704	310,465	418	112,023	14,319	296,146	226,540	114,517	181,629	325,252	98,712	82,917		
昭和軽金属	千葉	170,290	162	42,782	127,508		42,782	0	127,508	112,345	69,563	57,945	138,600	26,255	31,690		1986年3月
	喜多方	28,716			28,716		11,794	11,794	16,922	11,794		16,922	28,716	16,922			1982年9月
	大町	42,803	132	19,088	23,715		24,872	5,784	17,931	42,803	17,931						1982年6月
	計	241,809	294	61,870	179,939	380	79,448	17,578	162,361	166,942	87,494	74,867	210,119	43,177	31,690		
三菱軽金属工業	直江津	160,164			160,164		0		160,164	160,164	160,164						1981年10月
	坂出	192,481	256	90,579	101,902		116,054	25,475	76,427	116,054		76,427	141,529	25,475	50,952		1987年2月
	計	352,645	256	90,579	262,066	328	116,054	25,475	236,591	276,218	160,164	76,427	301,693	25,475	50,952		
三井アルミニウム工業	三池	163,827	128	42,993	120,834	60	19,461	△23,532	144,366	19,461	0	144,366	38,921	19,460	124,906		1987年2月
住軽アルミニウム工業	酒田	98,712			98,712		0		98,712	0		98,712	98,712	98,712			1982年5月
合計		1,642,198	1,506	384,740	1,257,458	1,878	485,038	100,298	1,157,160	929,978	444,940	712,220	1,287,879	357,901	354,319	34,691	
注(出典)		(1)	(2)		①	(3)		②	(1)	③	④	(1)	⑤	⑥	(1)	(1)	(4)

注：①推計：1978年3月現在製錬能力－1978年4月時点凍結年間能力②推計：1978年4月時点凍結年間能力－1979年4月時点廃棄・凍結年間能力③推計：1978年3月現在製錬能力－1982年4月時点残存能力 ④推計：1979年4月時点廃棄・凍結年間能力－1982年4月時点廃棄・凍結年間能力⑤推計：1978年3月現在製錬能力－1986年4月時点残存能力⑥推計：1982年4月時点廃棄・凍結年間能力－1986年4月時点廃棄・凍結年間能力

出典：（1）『メタルインダストリー'88』288頁。（2）『(社)日本アルミニウム連盟の記録』339頁。（3）『(社)日本アルミニウム連盟の記録』351頁。（4）『住友化学工業最近二十年史』177頁。

第2節　アルミニウム製錬政策の効果

段を取ることができず、国際環境が厳しくなる中で、成功する可能性を失った。

　資源安定供給という目的は、積極的調整政策の時期にも継承されていた。安定供給面では、製錬撤退後今日に至るまで国際的なアルミニウム危機は発生することはなく、国内アルミニウム圧延加工業は、輸入地金によって生産を拡大し続けている。国際価格も他の非鉄金属と比較して安定している。銅地金の国際価格は2012年には1980年の3.6倍、ニッケルは2.7倍、亜鉛は2.6倍、鉛は2.3倍に上昇しているのに、アルミニウムは1.1倍にしかなっていない[46]。この事実からすれば、地金安定供給のために国内製錬を維持する必要があるという産業構造審議会答申の主張は根拠が薄かったとも言えよう。ともあれ、国内製錬の最小限度の維持という目標は、3.5万トン規模の1工場が残ったとはいえ、達成されたと評価することはできない。

　2002年の経済産業省鉱物資源課の報告書に「アルミニウム地金の対日プレミアム価格は、昭和62年に国内製錬業が消滅した直後に急騰し、現在も銅地金以上の水準にある」と書かれている[47]。地金の輸入価格は、ロンドン金属取引所LMEの相場を基準価格として、世界各地の需給関係等を反映したプレミアムを加えたかたちで決まる。国内製錬衰退は、日本プレミアムを上昇させて地金輸入価格を引き上げる作用をもたらした可能性があるから、国内製錬維持という政策目的には、価格形成面からの妥当性があったかもしれない。この点については慎重な実証的検討が必要であり今後の課題としたい。

　製錬業の自立基盤回復は実現できなかったが、地金の安定供給という政策目標からすれば、開発輸入の促進が有効な政策手段として機能したと評価することができる。

　第2次オイルショック後の特定産業構造改善臨時措置法を踏まえた積極的産業調整政策はどう評価できるであろう。政策の受け手の側からの発言を拾ってみよう。三井アルミニウム工業の宮岡成次は、隅谷三喜男の「ターミナル・ケア」という評価を引用しながら、第二次オイルショッ

189

第 4 章 アルミニウム産業政策の評価

ク後「産構審は病状の重篤化を認める診断と処方を行ったが、政府も（電気料金など）、業界も（共販会社など）、処方に沿った対応を十分には取らず、病状は悪化して終末ケアへと移行した」と見ている。そして、終末ケアへの移行の時期については、昭和56年10月から昭和58年 6 月まで在籍した高木俊毅（非鉄金属課長）は「アルミ製錬は撤退していく産業」と分類し、その後任の高橋璋は関税免除制度を「生命蘇生装置」と書いているので、遅くとも昭和56年度には移行していた、あるいは110万トン体制の第 3 次答申段階で終末ケアが開始したとも考えられると述べている[48]。1993年の座談会で、日本軽金属の松永義正は、「現在までのところ、先ほど話の出たなぜ製錬を止めたんだと非難されるような状況ではなく、逆によく止めてくれたと言ってもらえると思いますよ」と語り、さらに、「あの時アルミ製錬を残酷にも始末しなければならなくなったわけですが、いま持っていたらどうなったか考えるとゾーッとしますね」とさえ発言している。松永発言を受けて、昭和電工の林健彦も「東信電気のやっていた水力発電所を東北電力に吸収され、それを返してくれと一生懸命陳情したことがありますが、もしそれが帰ってきていてアルミ製錬をいまもやっていたとしたらどういうことになったか、考えただけでゾッとしますね」と同調している[49]。受け手側は、「ターミナル・ケア」をプラスに評価しているといえる。

　特定産業構造改善臨時措置法の検討過程では、産業構造審議会総合部会の特別委員会が、基礎素材産業は、対応如何によっては中長期的に新たな発展を遂げる可能性があるとの見方に立ちながら、「経済性を喪失し、将来とも回復改善の見込のない部分をできるだけ迅速かつ円滑に縮小」するという方針をまとめていた[50]。製錬が宮岡が推定するような早い時期から「撤退していく」産業と判定されていたとは考え難いが、日米関税交渉がおこなわれた1985年には「回復改善の見込みのない」産業と判定されていたといえる。

　撤退産業を円滑に縮小する政策という観点から、製錬業に対する政策措置を振り返ってみると、特定不況産業安定臨時措置法によるアルミニ

第2節　アルミニウム製錬政策の効果

ウム製錬業指定（1978年7月）以来、約10年をかけて年産164万トンの設備能力を年産3.5万トンに縮小させたことになる。従業員数は1978年の8,286人から88年の483人に減少した。この間に投入された政府資金は、表4-2-7の通り、1,374億6,300万円と推定される。

　衰退産業の代表格である石炭産業の場合は、1959年の石炭鉱業審議会答申以来、「ポスト第8次」政策（1992～2001年度）まで約40年にわたって構造調整政策が進められ、1960年の956事業所、従業者32万人、生産量5,107万トンから、2000年には15事業所、従業者2,700人、生産量313万トンへ規模が削減された。政府の支援は、補助金・交付金・海外炭助成合計で、1960～2000年度に総額9,215億4,270万円に達し、これに鉱害復旧事業費・保安事業費・危害防止工事費を加えると総額は2兆5,220億円になる[51]。

　規模・期間や方法が異なるから比較は難しいが、政府資金投入総額ではアルミニウム製錬はかなり小さい。とはいえ、石炭産業政策が撤退支援の性格を強めた第4次石炭政策（1969～72年度）から第7次石炭政策（1982～86年度）までの18年間を見ると、鉱害・保安関係を除いた石炭産業への資金投入額は6,763億7,900万円で年間平均額は375億7,661万円であり、アルミニウム製錬業への資金投入額10年間平均137億4,630万円は、石炭産業の37％ほどの額である。また、生産額合計に対する資金投入総額の割合も、アルミニウム製錬（1978～87年）で7.6％、石炭産業（1969～86年、鉱害・保安関係を除く）で18％と推計される[52]。同じ期間中の平均従業員数で資金投入額を割った1人当たり資金投入額では、資本集約型のアルミニウム製錬業が2,931万円で、労働集約型の石炭産業の2,178万円を越える大きさになっている[53]。アルミニウム製錬への政府資金投入額は、隅谷三喜男が「手厚い介護はない」と表現したほどに小さいものではなかったのである。

　積極的調整政策で重視される雇用への影響については、産業構造審議会答申が1977年以来常に必要な措置のなかに雇用の安定を掲げてきた。特定不況業種離職者臨時措置法によってアルミニウム製錬・圧延業を指

191

第4章　アルミニウム産業政策の評価

定（1978年7月）するなど政策的支援もおこなわれたが、石炭産業の場合のような離職金・退職支援金などの助成はおこなわれていない。従業者数が小さく、親会社・系列アルミニウム企業や資本グループのなかでの再雇用機会が多かったので、離職者問題の処理は円滑に進んだのである。

　アルミニウム製錬を対象とした積極的産業調整政策は、「経済性を喪失し、将来とも回復改善の見込のない部分をできるだけ迅速かつ円滑に縮小」させた点では有効な政策であったと評価することができよう。

21　『（社）日本アルミニウム連盟の記録』296頁。
22　『通商産業政策史　1980-2000』第6巻、296-297頁。
23　通商産業省基礎産業局非鉄金属課監修『メタルインダストリー'88』通産資料調査会、1988年、143頁。
24　田下雅昭「アルミニウム製錬業の国際競争力と設備投資の動向」『日本長期信用銀行調査月報』146号、1976年1月、18頁。
25　牛島俊行・宮岡成次『黒ダイヤからの軽銀—三井アルミ20年の歩み』カロス出版、2006年、98頁。
26　1979年度は各企業の廃棄設備簿価の6.1%・凍結設備簿価の5.1%、1980年度は同じく5.1%・4.1%相当額が交付された。『メタルインダストリー'88』、141-146頁。
27　「アルミ地金の関税免除」日本経済新聞、1981年12月22日、朝刊7頁。
28　『住友化学工業最近二十年史』186・252頁。牛島・宮岡『黒ダイヤからの軽銀』113・149頁。1985・86年度は、判明する輸入数量から減税額を推定した。
29　1978年4月、電気事業法に定める火力発電設備の定期点検期間が弾力的に延長され、定期点検の回数の減少で、経費が節減された。『住友化学工業最近二十年史』78頁。
30　『（社）日本アルミニウム連盟の記録』35・39頁。
31　『住友軽金属年表』305頁。
32　『住友化学工業最近二十年史』189頁。
33　『（社）日本アルミニウム連盟の記録』58頁。
34　牛島・宮岡前掲書149-150頁。
35　住友軽金属工業の小川義男元会長の発言。1993年3月4日座談会記録。グループ38『アルミニウム製錬史の断片』189-191頁。
36　清水『アルミニウム外史（下巻）』446-448頁。

第2節　アルミニウム製錬政策の効果

37　住友軽金属工業小川義男会長の発言。「住友軽金属、住軽アルミ解散でアルミ精錬から撤退」日経産業新聞　1982年4月21日、3頁。

38　「住友アルミの長谷川周重会長のように『アルミ製錬はなんとしても残す必要がある。そのためには、一社に統合することもいとわないし、場合によれば国有化も覚悟する』という声が強まりつつある。」小邦宏治「生か死か―土壇場のアルミ製錬業」『エコノミスト』1978年7月18日、60-61頁。

39　池田徹「'85年を迎えるアルミ業界の課題」「あるとぴあ時評」『アルトピア』1985年1月、38頁。「企業数も、既存各社の共同出資によって、2、3社程度に統合してよいのではなかろうか」（藤井清隆「立ち直れるかアルミ産業」『金属』1984年2月号、3頁）。

40　小邦「生か死か―土壇場のアルミ製錬業」60-61頁。

41　宮岡『三井のアルミ製錬と電力事業』202頁。

42　藤島安之産業組織政策室長の発言。『日本経済研究センター会報』443号、1983年7月1日、58頁。

43　安西正夫『アルミニウム工業論』ダイヤモンド社、1971年、116-7頁。

44　特別料金を検討したが適用を望む業種が殺到したので実現できなかったと伝えられている。小松勇五郎神戸製鋼会長（元通産次官）の回想。1993年11月24日座談会記録。グループ38前掲書　321-322頁。

45　「通産省、不況業種へ公営水力から安い電力供給へ――アルミなど救済、電力業界反発も」日本経済新聞　1982年7月10日　朝刊1頁。

46　IMFのPrimary Commodity Pricesによる。

47　児嶋秀平（経済産業省鉱物資源課）「鉱物資源安定供給論」平成14年7月12日、（http://www.rieti.go.jp/jp/projects/koubutsu/pp01r001-r0712.pdf、2013年6月26日閲覧）。対日プレミアムの数値変化は示されていない。

48　宮岡前掲書　199-201頁。

49　平成5年5月21日座談会記録。グループ38前掲書　211、309-310頁。

50　『通商産業政策史　1980-2000』第3巻、47頁。

51　石炭政策史編纂委員会編『石炭政策史』（資料編）石炭エネルギーセンター、2002年、95-99頁。

52　石炭生産額は経済産業省大臣官房調査統計グループ構造統計室「本邦鉱業のすう勢調査」による。地金生産額は、第2表の生産量に国内価格を乗じた推計値。

53　アルミニウム製錬従業員数はMITI's Aluminium Data File、1991、2頁。石炭産業常用従業員は「本邦鉱業のすう勢調査」による。

第4章 アルミニウム産業政策の評価

第3節 アルミニウム製錬撤退の影響

1．一般的な影響

　日本のアルミニウム製錬業の衰退が、どのような影響をもたらしたのかを検討してみよう。まず、アルミニウム地金の需給関係は、表4-3-1に見るように、国内製錬が最盛期を迎えていた1970年代初期には新地金国内生産比率は80％前後の高い水準であった。しかし、1980年代に入るとその比率は急落して後半期には1％台にまで低下した。この間、地金需要はほぼ一貫して拡大し、1988年には年間300万トンを越えた。この1988年には、供給量の67.3％が輸入で、32％が国内で生産された再生地金（2次地金）で賄われ、国内新地金生産は1.7％に過ぎない状態となった。

　このように国内製錬が衰退したことが及ぼす一般的影響を整理すると、表4-3-2のようになるであろう。

　まず、産業連関表の投入・産出の面からは、電力供給者である電力企業の売上減少が考えられる。しかし、製錬企業は、自家発電所や共同火力発電所を備えている場合が多く、電力会社からの買電量は、電力使用量の20％程度で、この買電量は、最盛期でも電力会社の販売量の1％強程度であるから、製錬業衰退の影響は、大きいものではなかった[54]。

　労働力は、1971年頃で製錬従業者1万3,000人、1980年末で約7,100人であった。衰退産業の代表格、石炭産業では、1960年で約32万人、1970年で約6万9,000人であったから、相対的には離職者発生数は小さいと言える。ちなみに、日米関税交渉で問題となったなめし革・同製品・毛皮製造業の従業員数は、1970年でアルミニウム製錬業より7倍近くも多い約8万6,000人であった[55]。

　産出側では地金の需要者はアルミニウム圧延業で、これへの影響は後に検討する。

　日本の国民経済への影響では、1977年～1981年平均の総生産額で、全製造業中のアルミニウム割合は0.2％、非鉄金属中のアルミニウム割合は

194

第3節　アルミニウム製錬撤退の影響

6.1%であるから、それほど大きくはない。国内製錬が無くなった場合の貿易収支への影響を、1977年から1981年までの5年間をサンプルとして推計すると、アルミニウム関係の輸入額は年間2,637億円ほど増加する計算になる。この間の貿易収支は、オイルショックの影響で黒字幅が小さくなって年間8,000億円程度の黒字にとどまっていたから、製錬業衰退によって、貿易収支には、かなり大きな影響が出たと想定される。

2．製錬撤退がアルミニウム産業に及ぼした影響

（1）製錬撤退は、地金供給の安定性に影響を与えたか？

　産業構造審議会答申で国内の製錬維持を必要とする大きな論拠になっていた地金供給の安定性は損なわれたのであろうか。

　石油危機のような供給危機は、アルミニウム地金については現れなかった。業界団体である軽金属製錬会は、日本経済研究センターに委託して、『石油危機後におけるわが国アルミニウム製錬業』と題する調査報告（通称「並木レポート」）を1977年2月に受け取った[56]。「並木レポート」は「当分の間アルミのような基礎生産財の供給力の拡大は国際的にみてさして充分なものではあり得ない」と予測していたが、表4-2-2で見るとおり、地金世界需給率は、1980年代の前半ではむしろ供給超過を示している。1980年代の後半期には供給不足で地金価格が高騰したが、アルミニウム不足が生じることはなかった。

　1987年に三菱アルミニウムの吉川浩一社長は、「確かにこれまで自給していた地金がなくなったのだから大変な変動ですね。製錬というのはひとつの資源確保のメディアになっていたわけですよ。（中略）ただ、地金がコモディティになってしまったということがあって、量的な確保という面で言えば金さえ出せば買えるということですね、理屈から言えば」と発言している[57]。1991年の三菱銀行調査報告でも「需要が急増した場合、それに見合うだけの地金を充分に確保できるかどうかを懸念する向きもある」[58]と書かれているが、この懸念は杞憂に終わった。

　後に取り上げる開発輸入の効果も作用して、地金供給の安定性は損な

第4章　アルミニウム産業政策の評価

表4-3-1　アルミニウム地金の需給　　　　　　　　　　　　（単位：1,000トン）

年度	需要								供給				
	地金需要合計	輸出	国内需要						新地金			再生地金	地金供給合計
			内需合計	輸送	土木建築	金属製品	食料品	その他	国内生産	輸入	国内生産比率	国内生産	
1961	281	12	269	51	12	51	5	150	158	33	82.9%	69	260
1962	294	22	272	48	15	56	5	148	174	15	92.2%	75	263
1963	383	31	352	67	26	69	6	184	243	26	90.3%	100	369
1964	430	42	389	79	37	81	8	184	268	36	88.2%	108	412
1965	451	63	388	92	48	73	2	173	301	36	89.2%	127	464
1966	580	44	537	113	81	96	4	243	345	98	77.8%	149	592
1967	672	23	650	144	106	91	4	304	399	125	76.2%	191	716
1968	880	41	839	191	179	122	7	340	503	182	73.4%	239	924
1969	1,108	48	1,060	234	264	149	13	400	591	294	66.8%	295	1,180
1970	1,219	58	1,161	260	302	163	18	418	781	198	79.8%	325	1,304
1971	1,329	68	1,260	281	374	188	25	393	915	225	80.3%	360	1,500
1972	1,613	44	1,569	320	503	221	41	485	1,040	315	76.7%	443	1,799
1973	2,024	30	1,994	349	688	285	58	614	1,082	473	69.6%	553	2,108
1974	1,520	84	1,435	312	459	217	51	396	1,116	349	76.2%	467	1,932
1975	1,745	152	1,593	327	567	224	59	416	988	348	74.0%	454	1,789
1976	2,075	139	1,936	384	688	253	81	529	970	426	69.5%	542	1,938
1977	2,084	225	1,859	428	604	247	90	490	1,188	472	71.6%	589	2,249
1978	2,267	156	2,111	468	709	277	118	539	1,023	757	57.5%	659	2,439
1979	2,468	100	2,368	530	818	324	131	566	1,043	678	60.6%	775	2,495
1980	2,284	84	2,200	590	658	309	98	545	1,038	862	54.7%	779	2,679
1981	2,326	116	2,210	625	628	318	107	533	665	1,062	38.5%	816	2,543
1982	2,392	168	2,224	596	690	308	132	497	295	1,346	18.0%	753	2,394
1983	2,607	226	2,382	654	715	349	144	520	264	1,379	16.1%	820	2,464
1984	2,679	246	2,433	701	675	368	144	545	278	1,285	17.8%	825	2,387
1985	2,756	229	2,527	780	700	367	153	526	209	1,351	13.4%	868	2,428
1986	2,820	218	2,603	790	755	368	173	517	113	1,187	86.7%	868	2,168
1987	3,160	175	2,985	860	849	426	239	610	32	1,907	1.7%	912	2,851
1988	3,388	115	3,273	953	895	469	274	681	35	2,069	1.7%	969	3,073
1989	3,556	140	3,416	1,058	909	474	271	703	34	2,237	1.5%	997	3,269

第3節　アルミニウム製錬撤退の影響

年度	需要								供給				
	地金需要合計	輸出	国内需要						新地金			再生地金	地金供給合計
			内需合計	輸送	土木建築	金属製品	食料品	その他	国内生産	輸入	国内生産比率	国内生産	
1990	3,829	158	3,671	1,154	948	487	333	749	34	2,427	1.4%	1,045	3,506
1991	3,806	131	3,675	1,155	915	503	350	752	29	2,427	1.2%	1,013	3,468
1992	3,672	128	3,545	1,153	900	450	356	686	19	2,308	0.8%	962	3,289
1993	3,577	156	3,420	1,064	904	437	353	663	18	2,141	81.8%	902	3,061
1994	3,913	193	3,720	1,145	959	470	408	739	18	2,406	0.7%	955	3,379
1995	3,947	219	3,727	1,145	921	492	418	752	17	2,400	71.7%	906	3,324
1996	4,134	214	3,921	1,226	996	496	428	774	17	2,473	0.7%	941	3,431
1997	4,115	257	3,858	1,241	888	500	429	800	17	2,672	0.6%	937	3,626
1998	3,759	289	3,471	1,138	788	450	421	673	15	1,969	0.8%	839	2,823

注：地金国内生産分には、高純度アルミニウム地金は含まない。需要合計と供給合計の差は、在庫の増減、再生地金輸入、高純度アルミニウムの需給差が主要成分である。
出典：『(社) 日本アルミニウム連盟の記録』、400・406・411頁より作成。

われなかったと判断して良いであろう。

（2）製錬撤退は、地金価格に影響を与えたか？

　表4-2-2で見られるように、1987年から88年にかけて地金相場が急騰した。これについて『住友化学工業最近二十年史』に、「製錬業なき日本の旺盛な需要がこれをもたらしたとの見方もあった」という記述がある[59]。日本の製錬撤退、つまり供給力の縮小が世界の地金価格に影響を与えた可能性はあるが、これは、短期的な影響であろう。

　地金の輸入価格は、ロンドン金属取引所LMEの相場を基準価格として、世界各地の需給関係等を反映したプレミアムを加えたかたちで決まる。前に引用したように2002年の経済産業省鉱物資源課の報告書に「アルミニウム地金の対日プレミアム価格は、昭和62年に国内製錬業が消滅した直後に急騰し、現在も銅地金以上の水準にある。」と書かれている。たしかに、2013年の価格を見ると、アルミニウム地金のLME基準価格はトン当たり1,861ドルで日本プレミアムは121-122ドル、つまり基準価格の6.5-6.6%であるのに対して、銅地金はLME基準価格7,434ドル、日

第4章　アルミニウム産業政策の評価

表4-3-2　アルミニウム製錬業衰退の一般的影響

影響の領域	影響の分野		主たる影響可能性	影響の実態
企業経営への影響	財務		損失の発生	株主・関連企業の負担で処理
	設備		設備の遊休化	1977年頃で1兆円の製錬設備（既存設備残高3,001億円の再建設費7,500億円に関連電源及びアルミナ工場を加えたもの）（1） 設備の売却・輸出
	従業員		離職者の発生	配置転換・再就職斡旋
	企業活動		企業活動の転進・新分野への展開	高純度アルミの製造へ
産業関連表的影響	投入面	電力	電力需要の減少	電力会社の売電量減少分は販売額の1％前後（2）
		原材料	原材料需要の減少	輸入分が大きく、国内産業への影響は小さい
		労働力	労働力の放出	1971年頃で製錬従業者1万3,000人（3）　1980年末で約5,900人（4）
		金融	融資の不良債権化	1977年頃で長短債務6,530億円（1） 株主・関連企業の負担で処理
	産出面	アルミ圧延	素材供給の安定性・素材価格への影響＝低廉性・ヴォラテリティ	日本プレミアムの上昇
国民経済への影響	財政負担		国内製錬維持コストの節減	最大1,500億円（5）
	国内総生産		国内生産額の減少	1977年～1981年平均で、全製造業中のアルミ割合0.2％、非鉄金属中のアルミ割合6.1％（6）
	貿易収支		原料輸入から素材輸入への転換による輸入額の増大	1977年～1981年平均で、アルミ関連は年間2,637億円の輸入増。この期間の貿易収支黒字額は年間8,045億円。（7）
	労働力配置		離職者の発生	1971年製錬従業者1万3,000人。全製造業従業者の0.16％、非鉄金属従業者の6.95％。（3）
	資金配分		投入資金の回収不能・損失の発生	株主・関連企業の負担で処理
	技術力		技術開発力の喪失 開発輸入へのマイナス効果	メーカー主導の新しい海外プロジェクトは計画されない
	経済安全保障		アルミ需給の安定性低下の可能性・「アルミ断」の可能性価格の上昇・ヴォラティリティ上昇	懸念された事態はまだ発生していない
地域経済への影響	雇用		雇用事情の悪化	アルミ製錬工場の出荷額が工場所在市町の出荷額に占める割合は3～10％程度（8）
	関連産業		下請・関連企業へのマイナス影響	
	波及的経済効果		地域のGDPの縮小	
	地方税		税源の喪失	

第3節　アルミニウム製錬撤退の影響

注：（1）（社）日本経済研究センター「石油危機後におけるわが国アルミニウム製錬業」（並木レポート）の数値。『（社）日本アルミニウム連盟の記録』295頁。（2）1984年度のアルミニウム製錬業の買電量は12.66億kWhで、全電力消費量の24.4%（『（社）日本アルミニウム連盟の記録』58頁）であった。これは、同年度の電力業の電力用電力供給量3,970億kWh（総務省統計局「日本の長期統計系列」）の0.32%に当たる。地金製錬量が最高値を示した1977年度の製錬用電力消費量は171億kWh（金原幹夫・望月文男「アルミニウム産業の資源とエネルギー問題」『軽金属』Vol.30、No.1（1980）、60頁の表1より推計）で、この24.4%が買電と仮定すると、買電量は同年度の電力用電力供給量3,267億kWhの1.28%に当たる。（3）産業構造審議会アルミニウム部会1975年8月答申の参考資料による。『非鉄金属工業の概況』1976年、16頁。（4）『軽金属工業統計年報』1985年、80頁。（5）関税減免500億円、石炭転換補助50億円、開発輸入政府出資600億円、備蓄買入への利子補給を含めても最大1,500億円。宮岡成次『三井のアルミ製錬と電力事業』2010年、199頁。（6）アルミニウム地金生産価額は、生産量に国内価格を乗じて算定（『（社）日本アルミニウム連盟の記録』403・423頁）。製造業・非鉄金属業の生産価額は、総務省統計局「日本の長期統計系列」の数値。（7）アルミニウム国内製錬が全面停止となった場合、ボーキサイト輸入はゼロとなり地金は全量が輸入されると仮定する。1977年〜1981年のボーキサイト輸入額は年平均266億円（日本関税協会「外国貿易概況」）、同期間の国内地金生産額に地金輸入単価（日本関税協会「外国貿易概況」）を乗じた推定輸入価額は年平均2,903億円で、差引2,637億円分輸入が増える。（8）木村栄宏「アルミ製錬業の撤収と今後の課題」『日本長期信用銀行調査月報』202号、1983年3月、24-7頁。

本プレミアム93ドル、つまり基準価格の1.25%であるから、アルミニウム地金の日本プレミアムは高い[60]。製錬衰退は、地金の輸入価格を引き上げる作用をもたらした可能性がある。

　また、地金の国内市場価格は、国内製錬企業の供給価格と輸入価格のふたつの要因で形成されていた。国内産地金は生産コストベース、輸入地金は市場価格ベースであるので、国内価格と国際価格では、変動の仕方にズレが生じる可能性があった。表4-3-3を見ると、貿易統計の地金の年平均輸入価格と国内価格の動き方には、1988年までと89年からでは変化が現れている。輸入価格に関税と荷揚費用や販売経費を加えた額が輸入地金の国内価格の基準であるから、1988年に関税が9％から1％に引き下げられた影響が出ている。そこで、輸入価格に関税と経費（8％と仮定）を加えた想定価格を算定して、それと国内価格の差額を計算したのが、表4-3-3の価格差である。

　1988年までは差額の変動が大きく89年以降は小さくなっており、この

199

第 4 章　アルミニウム産業政策の評価

表 4 - 3 - 3　地金（99.7％以上）の輸入価格と国内価格

（単位：1,000円／ 1 kg）

暦年	国内価格（1）	輸入価格（2）	輸入地金推定国内価格（3）	価格差（4）	暦年	国内価格（1）	輸入価格（2）	輸入地金推定国内価格（3）	価格差（4）
1970	207	184.5	215.8	△8.8	1984	356	342.2	400.4	△44.4
1971	202	175.2	205.0	△3.0	1985	294	274.5	321.2	△27.2
1972	189	151.2	176.9	12.1	1986	231	192.7	225.5	5.5
1973	207	142.3	166.5	40.5	1987	262	197.6	225.2	36.8
1974	298	212.4	248.5	49.5	1988	349	264.5	288.3	60.7
1975	261	234.3	274.1	△13.1	1989	294	275.0	299.8	△5.8
1976	307	251.7	294.4	12.6	1990	262	245.1	267.2	△5.2
1977	324	268.6	314.2	9.8	1991	199	204.9	223.3	△24.3
1978	283	226.8	265.3	17.7	1992	181	167.2	182.3	△1.3
1979	369	271.1	317.2	51.8	1993	144	139.5	152.1	△8.1
1980	490	370.5	433.5	56.5	1994	170	141.4	154.1	15.9
1981	361	350.3	409.9	△48.9	1995	191	170.6	186.0	5.0
1982	311	327.0	382.6	△71.6	1996	182	171.2	186.6	△4.6
1983	410	316.1	369.9	40.1	1997	218	195.0	212.6	5.4

注：（ 1 ）鉄鋼新聞の数値。『（社）日本アルミニウム連盟の記録』423頁。（ 2 ）アル
ミニウムの塊（アルミニウムの合有量が99.0％以上99.9％に満たないもの）のCIF価格。
日本関税協会「外国貿易概況」から算出。（ 3 ）輸入価格（CIF）に関税（ 9 ％、1987
年 4 月以降は 5 ％、1988年からは 1 ％）と諸費用（ 8 ％と仮定）を加えた想定価格。
1987年の関税を 1 - 3 月 9 ％、 4 -12月 5 ％とすると年間平均は 6 ％。『住友化学工業最
近二十年史』72頁で、諸費用は 8 ％と書かれている。（ 4 ）輸入地金推定国内価格と
輸入価格の差額。

変化は、国内製錬の撤退によって生じたと推定できる。つまり、国内製
錬企業は、国内価格形成にある程度の影響力を持っていたのであり、国
内製錬の衰退は、地金の国内価格決定システムを変化させたと言ってよ
い。

第3節　アルミニウム製錬撤退の影響

（3）地金開発輸入は、地金供給の安定性に効果を持ったか？

　製錬業は、製錬コスト上昇への対応策として海外展開を試み、政府も
それを援助した。地金開発輸入の効果を検討してみよう。

　2002年頃までのアルミニウム製錬関係の海外事業は、第5章で述べる
ように、10事業が稼働していた。投資に見合う分だけの地金を引取る権
利を持っているから、10事業合計で約107万トンが日本企業の買取り分
になる。この数量は、1978年の産業構造審議会答申が国内製錬の適正規
模とした110万トンに匹敵する大きさである。

　前に引用したように、昭和電工の役員は、1989年に「アサハン、ブラ
ジルを含めて10万トン近い開発地金を持っているということが、国内製
錬の撤収の1つの踏切台になった。かりにそれがなかったとしたら、もっ
と撤収を躊躇したかも知れませんね。」[61]と話している。開発輸入の存在
が、ある程度まで国内製錬を代替する機能を果たして、地金供給の安定
性を保証することが、製錬から撤退するという経営的決断を早めたとい
えよう。

　日本の地金輸入のうちで開発輸入が占める量は、1987年度には輸入の
29.1%、1992年度で35.8%、1997年度で36.9%、2001年度で50.3%と開発輸
入の割合が拡大している。世界メジャーとの長期契約分も拡大し、スポッ
ト輸入は縮小傾向にある。開発輸入で、量的には、安定的な輸入が確保
されていると見て良かろう。

　では、開発輸入は、輸入地金の価格面での安定性も保証したであろう
か。開発輸入地金の引取価格は、はじめはアルコアあるいはアルキャン
の建値ベースであったが、ロンドン金属取引所LMEでアルミニウム地
金取引がはじまると、次第にLME価格ベースになった。1982年10月に、
アサハンからの第1船が日本に着いたが、この地金については、三井ア
ルミニウムの関係者は、「価格は実勢から遊離して名目化したアルキャ
ン建値ベースなので市価を大幅に上回り出血引き取りとなった。」と書
いている[62]。開発輸入プロジェクトは、生産コストベースでの引取価格
を想定して、価格の安定性にも効果があると期待されていた。しかし、

201

第4章　アルミニウム産業政策の評価

地金がLMEで取引されるコモディティとなって、投機的な変動を示す
ようになると、アサハン第1船のような不利益も発生することになる。
1985年に操業を開始したブラジルのアルブラスの場合は、引取価格は
LME価格を基準に「日本着で競争力ある価格」という原則であったが、
価格交渉は難航したと伝えられている[63]。

　開発輸入が、地金の引取価格の安定性を高めたとは言えないのである。
長期契約の際に、開発輸入の存在は、価格交渉力を強めたのかなど、検
討すべき点は残されている。

54　木村栄宏「アルミ製錬業の撤収と今後の課題」『日本長期信用銀行調査月報』
　　202号、1983年3月、24頁。
55　従業員数は総務省統計局「日本の長期統計」（ウエッブサイト）による。
56　『（社）日本アルミニウム連盟の記録』294-6頁。
57　対談「これからの日本のアルミ産業」『アルトピア』1987年5月、50頁。
58　「新たな局面を迎えるアルミ産業」『三菱銀行調査』429号、1991年1月、35-
　　6頁。
59　『住友化学工業最近二十年史』258頁。
60　Metal Research Bureauの記事などによる。
　　http://mrb.ne.jp/newscolumn/7039.html
61　「トップに聞く　撤収から再構成へのシナリオ」『アルトピア』1989年2月、
　　22-3頁。
62　牛島・宮岡『黒ダイヤからの軽銀』124頁。
63　同上書　157-8頁。

小 括 アルミニウム産業政策の限界

　国内のアルミニウム製錬が衰退する過程を振り返ると、いくつかの特徴点が浮かびあがる。ひとつは、業界と政府の関係、もうひとつは、アルミニウム業界内での製錬業と圧延加工業の関係に関わる点である。

　政府（通商産業省）は、1974年10月に設置された産業構造審議会アルミニウム部会の答申を基礎に各種の政策措置を講じてきた。このアルミニウム部会を構成する委員の顔ぶれを見ると、例えば1975年の第1回答申を審議した委員は表4-小の通りであった。

　政府審議会としては通常の関係業界出身委員と学識経験者で構成され

表4-小　産業構造審議会アルミニウム部会委員名簿（1975年）

アルミニウム部会			アルミニウム部会基本問題小委員会		
部会長	中山一郎	軽金属製錬会会長	委員長	向坂正男	
委員	網野郡雄	日本アルミニウム合金協会副会長	委員	伊沢　勉	日本長期信用銀行取締役
	飯島貞一	日本工業立地センター常務理事		石井秀平	神戸製鋼所専務取締役
	越後和典	滋賀大学教授		今泉嘉正	昭和電工取締役
	酒井　守	日本長期信用銀行常務取締役		越後和典	
	向坂正男	総合研究開発機構理事長		大岸　博	住友軽金属工業常務取締役
	佐野友二	日本サッシ協会理事長		黒田正孝	日本軽金属管理本部副部長
	鈴木治雄	軽金属製錬会副会長		古賀　肇	古河アルミニウム工業常務取締役
	鈴木幸夫	日本経済新聞論説委員		鈴木幸夫	
	高橋淑郎	日本輸出入銀行理事		瀬尾哲次郎	住友化学工業取締役
	田口連三	日本機械工業連合会会長		谷内研太郎	東北大学教授
	田島敏弘	日本興業銀行常務取締役		辻野　坦	三菱化成工業軽金属事業部長
	田中季雄	軽金属圧延工業会会長		津村善重	日本アルミニウム合金協会技術顧問
	村田　恒	三井物産副社長		村田昭男	日本輸出入銀行審査部審議役
				依田　直	東京電力企画室調査課長

出典：非鉄金属工業の概況編集委員会編（通産省基礎産業局金属課）『非鉄金属工業の概況』（昭和51年版）15-16頁。

第 4 章　アルミニウム産業政策の評価

ているが、実質的な答申を作成した基本問題小委員会には、委員15名中でアルミニウム製錬企業関係者が5名、つまり三井アルミニウム工業を除く製錬5社からの委員が参加している。答申に製錬側の意向が強く盛り込まれるような委員構成だといえよう。製錬側は、国内でのアルミニウム製錬事業の存続を目標とする立場から政府に適切な措置を講じるよう働きかけるのは当然である。生産能力削減措置を決定する際に、国際競争力の回復が可能な規模、あるいは、地金の安定供給を可能にする最小規模を想定しているが、それがどのような根拠から導き出された残置規模であるのかは答申のなかでは明示されていないことは前に指摘したとおりである。これは、削減措置に関しては、客観的に妥当な規模が示されたと言うよりも、業界側の主観的な期待値が示されていたことを推測させるものである[64]。

　答申を受ける政府側は、業界の意向は判明したとはいえ、それが実現可能なものであるのか、あるいは、それが日本の経済と産業にとって最善の選択であるのかを判定する必要があった。このような点に関して、政府（通商産業省）がどのような検討をおこなったのかは、『通商産業政策史』などの記述からは判明しない。

　危機に直面した製錬業が強く要請した電力コストの引き下げは、業界と政府の駆け引きが一番激しかった事柄であった。

　アルミニウム部会答申では、1978年10月答申から構造改善対策の中に電力コストの引き下げが掲げられているが、この答申では製錬側の企業努力が強調されているのみであった。1981年10月答申では、「可能な限りの関係者の電力コスト軽減のための協力が期待される」[65]と電力会社への協力要請が間接的な表現で盛り込まれ、政府に対しては共同火力発電所の石炭焚き転換への財政的支援が要請されている。

　電力業界側は、需要家間の公平の原則や原価主義に固執して、特別料金の導入には強く反対しており、1981年答申のような間接的な表現になったものと思われる。なお、表4-小では基本問題小委員会に東京電力の委員が参加しているが、1977年答申以降は電力会社からの委員参加

小　括　アルミニウム産業政策の限界

は行われていない。アルミニウム部会の内部に、製錬側と電力会社側の対立を持ち込むことを避けるための委員構成変更であろう。

1982年6月には、日本アルミニウム連盟が、「アルミニウム製錬業に関する産業政策について」と題した要望書を通商産業省に提出した。その中で、電力価格について、①競争力喪失の主原因である電力価格を、製錬業が国際競争力を回復する価格で供給する方途を講ずること、②現存共同火力発電所の関係電力会社による買上げを実施すること、③過渡的措置として製錬用重油価格を引下げることの3点を要望した。通商産業省基礎産業局長は、一旦はこの要望書を受理したが、その後、局長の交代人事がおこなわれると、当局の意向によって新任局長には要望書の提出を見送らざるを得なくなった。そのために、アルミニウム連盟は、政官財首脳を訪問して製錬業の窮状を訴え救済策を要望する際に、この要望書を提示することは出来ず、口頭による陳情に切り替えた[66]。つまり、要望書の受取を拒むことによって、このような内容の措置を実行する可能性が極めて乏しいことを、通産当局が示したのであった。

その後、前述したように、通商産業省は公営水力発電から特別価格による製錬業への電力供給を検討したが、電力会社の反対で実現しなかった。電力会社の固い姿勢に対して、製錬側は、なお電力料金の低減措置に救いを求めた。日本アルミニウム連盟は、1982年10月から12月に18名4グループの調査団を欧米に派遣して「海外アルミニウム産業の動向調査」を実施した。この調査の中で、電力コストに関しては、欧米各国が過去二度にわたる石油ショックを経る中で国内の電力料金の上昇を低く抑えてきたのは国内産業の国際競争力を維持するためで、特に電力多消費産業向け電力については"政策料金"の導入による支援策を実施してきたとの調査結果が示された[67]。イタリア、イギリス、ドイツについては次のように例示されている。①イタリアでは、アルミニウム製錬会社が所有する石油火力の自家発電所について、全発電量をいったんコストベースで国営電力会社に買いとらせ、これを他の欧州諸国のアルミニウム製錬に対抗できるだけの割引料金で売り戻す方式をとっている。割引

205

第4章　アルミニウム産業政策の評価

率はこの間の電力値上げのたびに拡大し、現在、60%を超す割引料金の
適用を受けている。②イギリスでは大口の電力需要家であるアルミニウ
ム製錬については「高圧電力のためロスが少なく、単位当たり配電コス
トも安くつく」との理由から料金割引を受けている。③西独のアルミニ
ウム製錬会社は1960年代後半に電力会社と20年もの長期契約を結び低コ
ストの電力を確保した。

　このような調査結果をもとに、製錬業は電力料金の特別割引を求めた
が、電力会社と政府は結局これには応じなかった。アルミニウム政策に
関する最後の答申になる1984年12月の産業構造審議会非鉄金属部会構造
改善基本計画答申では、電力コストの低減が掲げられているが、そのた
めの料金特別割引措置には触れていない。特別割引制度を設けることに
対しての政府の反対姿勢が固いことから、答申に盛り込むことは避けら
れたと考えられる。

　政府（通商産業省）は、アルミニウム製錬業界の要請と電力業界の反
対とを勘案して、結局は電気料金の特別割引制度の新設は見送ったので
ある。電力業界の政治力の強さが示された事例であるが、アルミニウム
製錬業を国内に残すことの積極的な意義を政府等に納得させる論理を製
錬側も持っていなかったことの結果ともいえよう。

　これは、アルミニウム産業内での製錬業と圧延加工業の利害関係の対
立にも関わりがあった。アルコアやアルキャンがヴァーティカル・イン
テグレーション型の企業であるのに対して、日本のアルミニウム産業で
は、昭和電工と日本軽金属の他は、製錬会社と圧延加工会社が別会社に
なっているところに弱点があることは、既述したように産業構造審議会
アルミニウム部会でも問題として指摘されていた。日本では製錬業と圧
延加工業の利害関係の対立が発生しやすい産業構造であった。

　たとえば、1980年6月頃に地金国際市況が急落した際、圧延加工側は、
地金価格の引き下げを求めたが、製錬側は在庫が適正水準を割り込んで
おり現時点での価格引き下げは出来ないとの姿勢を取った[68]。地金価格、
地金取引をめぐっては、住軽アルミニウム工業の参入が端的に示すよう

206

小 括 アルミニウム産業政策の限界

に製錬側と圧延加工側に利害対立が存在した。

1985年の朝日新聞は製錬と圧延の対立に関して、次のような記事を載せている。「表面とりつくろってきた団結にひびが入ったのは、今年6月25日。市場開放行動計画の第1弾として、アルミ圧延品の関税が11.5%から9.2%に引き下げられた。一方、圧延品をつくる原料の地金の関税は9％のまま据え置かれることが決まった日だ。圧延品と地金の格差が0.2%に縮まった。（中略）圧延側の吉川浩一・同連盟副会長（三菱アルミニウム社長）は、「格差を維持するよう要望してきたが、ほぼ同じになったことは問題」と言い切った。（中略）「米国だって、地金関税と圧延品関税の格差は3％あるのに、これじゃ国際競争力が弱まるばかりだ」「もはや精錬の犠牲になる必要はない」と圧延側。7月17日、圧延最大手の住友軽金属工業の大柏英雄社長は記者会見で言い切った。「地金の関税率も引き下げ、格差を維持すべきだ」精錬ほど業績が悪くない圧延側だが、これまで、「首つりの足は引っ張れない」（小川正巳・同連盟専務理事）とタブー視されてきた地金関税の引き下げを公然と要求したのだ。」[69]

このように製錬と圧延加工の利害関係が対立している状況、あるいは、圧延加工側は、国内製錬業からの安定的な地金供給を期待する一方で、地金コストの引き下げのためには海外地金輸入を望むという相反する選択肢が存在した状況は、アルミニウム産業政策の決定を複雑化する要因となっていた。

1985年12月に日米交渉でアルミニウム地金関税を1％に引き下げる合意が成立して、国内製錬業には止めの一撃が加えられた。政府（通商産業省）がこの関税引き下げに同意した経緯は明らかにされてはいないが、電力業界の圧力で電力コスト削減策の実行が不可能であり、圧延加工業界からは低価格地金の供給を求める声が高まるなかで、通商産業省が国内製錬を維持することの限界を認めたと考えて良かろう。

エネルギー価格の上昇と円高で国際競争力を失った製錬業を存続させるとすれば、かなりの規模の財政支援が必要となる。製錬撤退後の状況

第4章　アルミニウム産業政策の評価

からすれば、巨額のコストを投入して製錬を存続させる政策的措置を選択しなかったことは、適切な判断であったと言えよう。

64　日本軽金属の松永義正社長は「結局のところ精錬側の理屈で何万トンの国産地金が必要とは言えない」と語っている。「追いつめられた素材産業（1）存亡の危機——政策の支援にも限界」日本経済新聞1982年6月15日、朝刊7頁。

65　通商産業省編『基礎素材産業の展望と課題』通商産業調査会、1982年、162頁。

66　平岡大介「要望されるアルミ製錬の救済策」『アルトピア』1982年7月、28-9頁。

67　「大胆な政策料金で競争力——アルミ連盟、欧米の電力事情調査、国内支援策を要望へ」日本経済新聞1983年2月23日、朝刊10頁。

68　平岡大介「アルミ地金の減産と値下げ問題」『アルトピア』1980年11月、59頁。

69　「ひん死のアルミ製錬」朝日新聞1985年8月26日、朝刊9頁。

第5章　海外製錬の展開　―国際分業体制―

本章の課題

　日本の国内アルミニウム製錬が衰退した後も、アルミニウム圧延加工業は発展し続けた。

　地金供給は、再生地金（2次地金）と若干の国産新地金の他は、すべてを新地金の輸入に頼ることとなった。安定した地金輸入を支えたのが開発輸入であった。

　輸入には、①海外市場で直接に買い付ける方式（長期契約によるものとスポット買い付け）のほかに、②海外生産企業に資金融資をおこなう見返りとして一定期間・一定量の生産物の供給を受ける融資方式と③海外生産企業に投資して見返りに一定の生産物の供給を受ける資本参加方式があり、②③の投融資による供給確保が広義の開発輸入と呼ばれている。

　日本の金属工業は、第2次大戦後は、原材料を海外からの輸入に依存しながら発展してきた。そのなかで、開発輸入が取り入れられるようになった。鉄鋼業では、1950年代初期から、精銅業では50年代中頃から、アルミニウム製錬業では50年代末期から開発輸入が開始された。

　アルミニウム製錬業については、化学工業から発生したため化学工業的傾向が濃厚であり、資源開発という面での意識が少なく原料は他から買うものであるという考え方が支配的であったことが原料対策に立ち遅れた原因であったとの指摘がある[1]。アルミニウム製錬業が、ドルショック（1971年）とオイルショック（1973年）以前に、どのような原材料対策を取り、それが他の金属工業にくらべてやや立ち遅れた原因を解明することが本章の第1の課題である。

　最初はボーキサイトを対象とした開発輸入がおこなわれたが1960年代末にはニュージーランドの製錬業への資本参加がおこなわれ、70年代初

209

第5章　海外製錬の展開

期には実現には至らなかったがオーストラリアのアルミナ製造への参加
も計画された。開発輸入の対象がボーキサイトからアルミナやアルミニ
ウム地金に移っていった要因を分析することが本章の第2の課題であ
る。

　ドルショックとオイルショックの後、1970年代にはベネズエラ、カナ
ダ、インドネシア、ブラジル、オーストラリア、80年代にはアメリカ、オー
ストラリアの製錬業・アルミナ製造業への資本参加が相次いだ。出資企
業は、アルミニウム製錬企業・加工企業と商社であり、それぞれの開発
輸入プロジェクトごとに、どのような目的・意図に基づいて出資が行わ
れたかを検討することが本章の第3の課題である。

　また、1970年代のアサハン・プロジェクトとアマゾン・プロジェクト
は、関係企業が共同で開発主体である日本アサハンアルミニウムと日本
アマゾンアルミニウムを構成し、海外協力基金からの出資もおこなわれ
たナショナルプロジェクトとして展開された。そこでは、発展途上国へ
の経済支援という経済外交上の配慮も加わっていた。両計画については、
ナショナルプロジェクトとしての成否を評価することが本章の第4の課
題である。

　1990年代以降は、アルミニウム開発輸入は、商社による3件（カナダ、
モザンビーク、マレーシア）しか実現していない。2006年には最初にア
メリカに投資した三井物産が、投資事業から撤退した。1990年代以降、
開発輸入が低調になった事情を解明することが、本章の第5の課題であ
る。

　1975年8月の「産業構造審議会アルミニウム部会第1次中間答申」で
は、低廉地金の長期安定確保の観点から、海外立地による開発輸入を促
進する必要があることが指摘された。また、1981年10月の産業構造審議
会アルミニウム部会答申でも、「開発輸入は国産地金に次いで量的に安
定しており、言わば準国産として位置づけられるものであり、我が国へ
の地金の長期的安定供給を確保するために不可欠である」と記されてい
る。開発輸入は、地金の安定供給のために必要な手段として、アルミニ

ウム政策の一環として推進された。第 4 章で概観したが、開発輸入は、アルミニウム地金の安定供給に有効な役割を果たしたと評価することができるであろうかを検討することが、本章の第 6 の課題である。安定供給とは、数量面で安定した供給と価格面で安定した供給を意味しているから、数量と価格の両面からの評価が必要である。

また、1981年の産業構造審議会アルミニウム部会答申では、「製錬業が国産地金と低廉な開発輸入地金を混合して販売することにより、製錬業の経営改善に役立ち国産製錬能力の保持に資する」との効果が期待されていた。実態としては、国産製錬能力は1987年 2 月の三井アルミニウムの三池工場操業停止以降は、日本軽金属蒲原工場のみという状態に陥り、実質的に日本のアルミニウム製錬業は崩壊した。アルミニウム製錬企業にとって、開発輸入に参加したことは、どのような経営面でのメリットあるいはデメリットをもたらしたのかを検討することが本章の第 7 の課題である。

国内製錬が崩壊した後、日本のアルミニウム加工業は、海外地金輸入と再生地金によって原材料を確保しながら、拡大を続けるアルミニウム国内需要にたいする自給体制を維持してきた。アルミニウム加工業にとって、原材料対策として開発輸入がどのような役割を果たしているかを評価することが本章の第 8 、最後の課題である。

1 西岡滋編著『海外アルミ資源の開発』アジア経済研究所、1969年、74頁。

第5章　海外製錬の展開

第1節　資源の開発輸入

　資源の多くを輸入に依存している日本では、安定した資源確保のために開発輸入方式が取り入れられている。金属原材料・石油・天然ガス・木材・パルプ・食材などの天然資源はもちろん、衣料品、雑貨などさまざまな商品が開発輸入の対象となっている。アルミニウムの開発輸入と対比するために、鉄鉱石と銅精鉱の場合を概観しておこう。

1．鉄鉱石

　日本の鉄鋼業は、第2次大戦後、鉄鉱石はほぼ100%を輸入に依存してきた。1950年代前半から融資買鉱方式、50年代後半から資本参加方式による開発輸入が進められた。初期に融資買鉱方式が取られたのは、アジア諸国に日本の資本進出に対する警戒感が存在したことと、現地情報不足に伴うリスクを回避したいとの日本側の意向が働いたためと説明されている[2]。開発輸入の進展を年表として整理すると、表5-1-1の通りである。

　戦前は中国からの鉄鉱石輸入が多かった鉄鋼業は、戦後、中国貿易が禁止されてからはアメリカ、カナダからの鉄鉱石輸入に依存する度合いが高まった[3]が、輸送距離が長く運賃コストが高くなるので、アジアからの輸入を拡大する方針をとった。最初の開発輸入は、ポルトガル領ゴアのシリガオ鉱山の開発で、1951年にチョグリー商会Chowgule & Co., Ltd.と鋼管鉱業が着手した事業であった。日本輸出入銀行と市中銀行3行が、鋼管鉱業経由で150万ドルを融資し、チョグリー商会は年間50万トンの鉄鉱石を日本に供給するかたちで融資を返済する方式がとられた。契約は3カ年間で、輸入鉄鉱石は八幡、富士、日本鋼管3社が引取を保証した[4]。

　1952年には、鉄鋼各社によって海外製鉄原料委員会が設けられ、鉄鉱石と原料炭の海外からの調達を促進する体制が作られた。そして、フィリピン、香港からの融資買鉱が進められ、1956年度からの第2次鉄鋼合

第1節 資源の開発輸入

理化計画の下では、インド、マレーシアからの開発輸入が拡大した。戦前日本企業が経営していたマレーシアのタマンガン鉱山が最初の資本参加方式の開発で、1955年に鋼管鉱業がイギリス系の2社と提携して合弁会社オリエンタル・マイニングを設立、鉄鋼3社の保証で年間35万トンの鉄鉱石を5年間供給する契約が結ばれた[5]。タマンガン鉱山開発は、日本輸出入銀行が延べ11億円を超える融資を承認した大型開発であった。こうして、1958年度には、鉄鉱石の輸入量のうち開発輸入が占める割合は22%に達した[6]。

1960年代の前半は東南アジア、インドからの開発輸入が盛んであったが、後半には、資源政策を転換して鉄鉱石の輸出を解禁して鉱山開発が急速に進んだオーストラリアでのプロジェクトが開始された。そして、1970年代に入ると、オーストラリアに加えてブラジルでの開発輸入が進められた。

1950年代には、鉄鋼企業系の鉱業会社と鉄鋼専門商社による開発輸入が多く、投融資の規模も、日本輸出入銀行の融資承諾額から見ると比較的小さい。このような場合、鉄鋼会社は鉄鉱石の引取を共同保証するが、投融資の主体にはなっていない。例外的なのは1958年のゴア・キリブル鉱山への融資買鉱で、神戸製鋼所・日立製作所・日商が融資主体となり、日本輸出入銀行の融資承諾額は追加分も含めて10億円を超えた。

1950年代末から60年代前半には、大型開発輸入が始まり、総合商社が投融資の主体として活躍し始めた。1959年のチリ・アタカマ鉱山への投融資では、三菱商事と三菱鉱業が主体となり、日本輸出入銀行の融資承諾額も20億円を超えた[7]。1960年代後半からのオーストラリアからの資本参加型開発輸入では、三菱商事、住友商事、三井物産、伊藤忠商事が主体となり、日本輸出入銀行の融資承諾額もサベージリバー鉱山には33.4億円、マウントニューマン鉱山には46.9億円、ローブリバー鉱山には196億円と巨大な規模になった。マウントニューマン開発では、16年間、1億トンの長期契約が結ばれた。

1970年代からの開発輸入はオーストラリアとブラジルにしぼられ、資

第5章　海外製錬の展開

表5-1-1　鉄鉱石の開発輸入

投融資年月	国	鉱山	投融資方式	投融資会社	投融資額	持株比率	日本輸出入銀行融資承諾額
1951年10月	インド・ゴア	ゴア（シリガオ コスティ）	融資買鉱	鋼管鉱業	162万米ドル		4.28億円（5.8億円）
1952年5月	フィリピン	ララップ	融資買鉱	木下商店	100万米ドル		
1952年10月	香港	馬鞍山	融資買鉱	日鉄鉱業	20億900万円		1.34億円（5.4億円）
1955年2月	フィリピン	ララップ	融資買鉱	木下商店	180万米ドル		5.18億円
1955年7月	マラヤ連邦	タマンガン	資本参加	鋼管鉱業	58.6万マレーシアドル	39%	11.49億円
1956年10月	インド・ゴア	ゴア（シリガオ コスティ）	融資買鉱	鋼管鉱業	144万米ドル		6.44億円
1956年12月	マラヤ連邦	エンダウ	資本参加	日本鉱業・江商	14.7万マレーシアドル	49%	1.05億円
1958年3月	インド・ゴア	キリブル	融資買鉱	神戸製鋼所・日立製作所・日商	800万米ドル		10.48億円
1958年11月	フィリピン	シブゲイ	融資買鉱	南洋物産	30万米ドル		
1959年2月	チリ	アタカマ	資本参加	三菱鉱業・三菱商事	250百万ペソ	100%	20.24億円
1960年1月	マラヤ連邦	イポー	資本参加	丸紅飯田	29.4万マレーシアドル	49%	
1960年1月	マラヤ連邦	ポンティアン	資本参加	日本鉱業・岩井産業	75万マレーシアドル	49%	1.93億円
1960年2月	インド・ゴア	ゴア（シャンカン）	融資買鉱	江商・山本商店・田村駒	46億円		2.21億円
1960年3月	インド・ゴア	バイラディラ	融資買鉱	Central Supply Agency	2,100万米ドル		20.98億円
1960年11月	フィリピン	ララップ	融資買鉱	木下商店	40万米ドル		
1961年10月	インド・ゴア	ゴア（シリガオ コスティ）	融資買鉱	鋼管鉱業	287万米ドル		
1963年10月	カナダ	ゼバロス	融資買鉱	木下産商	157万米ドル		
1963年12月	南ローデシア	ビーコン・トール	資本参加	神戸製鋼所・日商	24.8万スイスフラン	80%	
1964年4月	マレーシア	パンガヤンガ	資本参加	鋼管鉱業・東通	11.7万マレーシアドル	39%	
1965年	インドネシア	プリムコ	資本参加	丸紅	na	8%	

214

第1節　資源の開発輸入

投融資年月	国	鉱山	投融資方式	投融資会社	投融資額	持株比率	日本輸出入銀行融資承諾額
1965年11月	オーストラリア	サベージリバー	資本参加	三菱商事・住友商事	116万米ドル	50%	33.39億円（48億円）
1967年4月	オーストラリア	マウントニューマン	資本参加	三井物産・伊藤忠商事	na	10%	46.93億円（75億円）
1970年5月	オーストラリア	ロープリバー	資本参加	新日本製鐵・住友金属工業・三井物産	na	47%	196.04億円（327億円）
1971年	コートジボワール	マン	資本参加	三菱商事・住友商事	80万米ドル	40%	
1971年	リベリア	ウォロギシ	資本参加	川崎製鉄・日商岩井・伊藤忠商事・丸紅・トーメン	na	24.6%	
1971年2月	ブラジル	アグアスクララス	資本参加	高炉6社・三井物産・伊藤忠商事・住友商事・丸紅・三菱商事、MBRの持株会社であるEBM社に資本参加	163.1万米ドル	20%	（208億円）
1973年5月	オーストラリア	ハマスレー	資本参加	高炉6社・丸紅・三菱商事	na	6.2%	（216億円）
1974年	ブラジル	ニブラスコ	資本参加	高炉6社・日商岩井	1,715万米ドル	49%	ブラジル3件合計承諾額538億円
1976年	ブラジル	カパネマMSG		川崎製鉄・三菱マテリアル・川鉄商事・野村貿易・日商岩井・伊藤忠商事・トーメン	na	49%	
1985年	ブラジル	カラジャス	融資買鉱	鉄鋼7社・日商岩井			（4億7,700万ドル）
1990年	オーストラリア	ヤンディ	資本参加	三井物産・伊藤忠商事	na		オーストラリア3件合計承諾額275億円
1990年	オーストラリア	ゴールズワージー	資本参加	三井物産・伊藤忠商事	na		
2004年	オーストラリア	ビーズリーリバー	資本参加	新日本製鐵・住友金属工業・三井物産	na	47%	
2005年7月	オーストラリア	ヤンディ（ウェスタン4）	資本参加	JFE・伊藤忠・三井物産	na	32%	
2009年	ブラジル	NAMISA	資本参加	高炉5社・伊藤忠	na	33.5%	

注：日本輸出入銀行融資承諾額は、追加投資分も含む数値である。（　）内の数値は融資対象投融資額。

出典：田中彰『戦後日本の資源ビジネス』名古屋大学出版会、2012年、43-44、68、94、278頁、日本輸出入銀行『30年の歩み』55-6、118、228-9、366頁より作成。

第5章　海外製錬の展開

本参加方式が取られて鉄鋼会社が参加する場合が多くなった。両国の鉄
鉱石鉱山は規模が大きく、日本への輸入量も表5-1-2に見られるよう
に、1970年以降、急速に拡大し、1980年には両国からの輸入が60％を超
え、2010年には約89％と大部分を占めるに至った。新規の開発輸入は、
1960年代までは件数が多かったが、オーストラリアとブラジルの大型開
発輸入が進んでからは、件数は少なくなっている。海外製鉄原料委員会
が、2003年に解散したことは、鉄鋼原料の安定供給が開発輸入を軸とし
て当面は達成されたことを示している。

表5-1-2　鉄鉱石の輸入相手国・地域　　　　　　　　　　（単位：湿量千トン、％）

年	東アジア	東南アジア	インド	北米	ブラジル	その他南米	アフリカ	オーストラリア	その他	計
1950	225	1,087	96						17	1,425
1960	371	6,556	4,439	1,909	355	916	295	0	20	14,861
1970	1,212	6,777	16,449	5,558	6,779	15,739	11,026	36,577	1,880	101,997
1980	0	4,074	16,507	3,429	28,523	9,620	8,337	60,047	3,184	133,721
1990	138	4,916	20,753	1,923	30,198	6,612	5,024	53,853	1,874	125,291
2000	60	4,435	16,610	808	26,958	5,594	4,994	70,975	1,297	131,731
2010	24	4	5,332	963	39,814	1,944	6,349	79,558	329	134,317
1950	15.8%	76.3%	6.7%						1.2%	100.0%
1960	2.5%	44.1%	29.9%	12.8%	2.4%	6.2%	2.0%	0.0%	0.1%	100.0%
1970	1.2%	6.6%	16.1%	5.4%	6.6%	15.4%	10.8%	35.9%	1.8%	100.0%
1980	0.0%	3.0%	12.3%	2.6%	21.3%	7.2%	6.2%	44.9%	2.4%	100.0%
1990	0.1%	3.9%	16.6%	1.5%	24.1%	5.3%	4.0%	43.0%	1.5%	100.0%
2000	0.0%	3.4%	12.6%	0.6%	20.5%	4.2%	3.8%	53.9%	1.0%	100.0%
2010	0.0%	0.0%	4.0%	0.7%	29.6%	1.4%	4.7%	59.2%	0.2%	100.0%

注：1990年以降はマンガン鉄鉱を含む。「インド」にはゴアを含む。
出典：『鉄鋼統計要覧』各年版より作成。

2．銅精鉱

　日本の製銅業は、伝統的に国内産銅鉱石を使用して発展してきたが、第2次大戦後は1950年代中頃から海外の銅鉱輸入が急速に拡大し、国内銅鉱山の廃業が進んだ。銅の自給率は、1949年の100％から1960年には35.5％に低下した。そして、代表的な銅鉱山であった足尾鉱山は1973年2月に、別子鉱山も同年3月に閉山した。このような情勢の中で、製銅企業は、銅精鉱の安定確保を目指して、表5－1－3のように開発輸入を開始した。

　1955年に操業を開始したフィリピンのトレド鉱山には、1953年から三菱金属鉱業による開発融資がおこなわれ、これが銅鉱開発輸入の嚆矢であった。このプロジェクトの初期の融資対象投融資額は38億円で後に72億円が追加された。その後、1950年代には三井金属鉱業によるフィリピンのバガカイ鉱山、シパライ鉱山への開発融資による融資買鉱がおこなわれた。1960年代には、資本参加方式として最初の、住友金属鉱山によるカナダのベツレヘム鉱山への投資がおこなわれ、カナダへの投融資が続いた。

　高度経済成長の中で、非鉄金属に対する需要も急拡大し、銅鉱石輸入は、1965年の18万トン（銅量）から1974年には78.8万トンへと急増した。1971年にはチリのリオ・ブランコ鉱山、1972年にはパプア・ニューギニアのブーゲンビル鉱山、インドネシアのエルツベルグ鉱山、カナダのローネックス鉱山などの共同開発の大型鉱山が生産を開始、1972年には、初のナショナルプロジェクトとして開発から操業までを日本側が担当する開発鉱山であるザイールのムソシ鉱山が操業を開始した。ムソシ鉱山開発は、1868年に設立されたコンゴ鉱山開発会社（1972年ザイール鉱山開発会社に改称）を軸に進められ、同社には日本鉱業（現JX日鉱日石金属）を中心に、産銅6社が参加し、融資対象投融資額は302億円、日本輸出入銀行の融資承諾額は137億円の大型開発であった。1975年には同じくナショナルプロジェクトであるマレーシアのマムート鉱山が生産を開始した。

第5章　海外製錬の展開

表5-1-3　銅鉱石の開発輸入

操業 開始年	国	鉱山	方式	投融資会社	日本輸出入銀行 融資承諾額
1955年	フィリピン	トレド鉱山	融資買鉱	三菱金属鉱業	（39億円＋72億円）
1956年	フィリピン	バガカイ鉱山	融資買鉱	三井金属鉱業	11億円
1957年	フィリピン	シパライ鉱山	融資買鉱	三井金属鉱業	
1962年	カナダ	ベツレヘム鉱山	資本参加	住友金属鉱山	1.86億円（3億円）
1963年	ボリビア	チャカリア鉱山	資本参加	同和鉱業	11.11億円（16億円）
1966年	カナダ	グラナイル鉱山	融資買鉱	住友金属鉱山・ 三菱金属鉱業	17.67億円（25億円）
1967年	カナダ	ホワイト・ホース鉱山	資本参加	住友金属鉱山	
1969年	フィリピン	ケノン鉱山	融資買鉱	日本鉱業	
1969年	ペルー	チャピー鉱山・ コンデスタブレ鉱山	資本参加	日本鉱業	4.04億円（6億円）
1969- 72年	ザンビア	ヌチャンガ	融資買鉱	日本鉱業ほか	37.65億円（113億円）
1970年	カナダ	ブレンダ鉱山	融資買鉱	日本鉱業	（25億円）
1970年	カナダ	フォックスレーク鉱山	融資買鉱	三菱金属鉱業	41.13億円（59億円）
1970年	フィリピン	イサオピリ鉱山	融資買鉱	三井金属鉱業	5.46億円
1970年	フィリピン	イサオピリ鉱山	融資買鉱	三井金属鉱業	5.46億円
1970年	チリ	サガスカ鉱山	融資買鉱	同和・三井・三菱	
1971年	オーストラリア	ガンパウダー鉱山	資本参加	三菱金属鉱業	
1971年	チリ	リオ・ブランコ鉱山	融資買鉱	住友・日鉱・三井	71.05億円（当初54億円）
1971年	ペルー	マドリガル鉱山	融資買鉱	東邦	
1972年	ザイール	ムソシ鉱山	開発操業	日鉱ほか共同	136.81億円（302億円）
1972年	パプア・ ニューギニア	ブーゲンビル鉱山	融資買鉱	共同	111.00億円（180億円）
1972年	インドネシア	エルツベルグ鉱山	融資買鉱	共同	（86億円）
1972年	カナダ	ローネックス鉱山	融資買鉱	住友ほか共同	（95億円）
1972年	チリ	グラン・ブレタニア鉱山	資本参加	東邦	
1973年	カナダ	ルタンレーク鉱山	融資買鉱	三菱金属鉱業	
1973年	ペルー	カタンガ鉱山	開発操業	三井金属鉱業	（13億円）
1975年	ペルー	セロベルデ鉱山	融資買鉱	日本鉱業	
1975年	マレーシア	マムート鉱山	開発操業	三菱ほか共同	（174億円）

第1節　資源の開発輸入

操業開始年	国	鉱山	方式	投融資会社	日本輸出入銀行融資承諾額
1975年	イラン	カレザリー鉱山	開発操業	日鉄鉱業	
1977年	フィリピン	バトン・ブハイ鉱山	融資買鉱	伊藤忠	
1980年	オーストラリア	テナントクリーク鉱山	融資買鉱	住友金属鉱山	
1981年	アメリカ	チノ鉱山	資本参加	三菱商事	（188億円）
1981年	フィリピン	プリブエノ鉱山	融資買鉱	兼松	
1986年	アメリカ	モレンシ鉱山	資本参加	住友金属鉱山	
1991年	コロンビア	エル・ロブレ鉱山	開発操業	日本鉱業	
1991年	カナダ	ゴールドストリーム鉱山	融資買鉱	日本鉱業	
1994年	チリ	エスコンディダ鉱山	資本参加	日本鉱業・三菱金属鉱業	
1995年	チリ	ラ・カンデラリ鉱山	資本参加	住友金属鉱山	
1995年	オーストラリア	ノースパーク鉱山	資本参加	住友金属鉱山	
1997年	カナダ	マウント・ポリー鉱山	資本参加	住友商事	
1997年	カナダ	ハックルベリー鉱山	資本参加	三菱・同和・古河	
1997年	アメリカ	シルバー・ベル鉱山	資本参加	三井物産	
1999年	チリ	コジャワシ鉱山	資本参加	日鉱・三井	
1999年	インドネシア	バツー・ヒジャウ鉱山	資本参加	住友・三菱	
2000年	チリ	ロス・ペランブレス鉱山	資本参加	日鉱・三菱	
2001年	チリ	エル・ブロンセ鉱山	開発操業	日鉄鉱業	
2001年	ペルー	アンタミナ鉱山	資本参加	三菱商事	
2002年	オーストラリア	リッジウエイ鉱山	融資買鉱	日本鉱業	

注：日本輸出入銀行融資承諾額は、追加投資分も含む数値である。（　）内の数値は融資対象投融資額。

出典：独立行政法人石油天然ガス・金属鉱物資源機構、金属資源開発調査企画グループ『銅ビジネスの歴史』http://mric.jogmec.go.jp/public/report/2006-08/chapter 4 .pdf　第4章表4 - 6。日本輸出入銀行『20年の歩み』264頁、同『30年の歩み』119、230、368頁

第5章　海外製錬の展開

　銅鉱輸入量に占める開発輸入（資本参加・融資買鉱）の割合は、図5-1-1のように1970年代中頃には60％前後にまで拡大した。

　第一次オイルショック後、国際非鉄金属市況は1974年4月をピークに暴落し、70年代を通じて長期低迷を続け、日本企業の開発輸入への意欲は低下した。1983年には、ザイールのムソシ鉱山から、銅市況低迷、為替差損などで大きな損失を蒙った日本側コンソーシアムが撤退し、経営権が現地政府に譲渡された。1970年代前半に契約した大型融資買鉱鉱山では、融資の完済時期をむかえたので、図5-1-1に見るように銅鉱の開発輸入の割合は40％前後の水準に低下し、単純買鉱による輸入が主流となった。とはいえ、融資買鉱が終了した後にも、単純買鉱に切り替えた形の安定的な輸入が続く場合が多かったから、開発輸入の役割は大きかったといえる。

　1990年代に入ると製銅企業が単独でおこなう開発輸入が再び活発になり、2000年には開発輸入の割合は70％を超える水準に達した。

図5-1-1　輸入量に占める開発輸入の割合

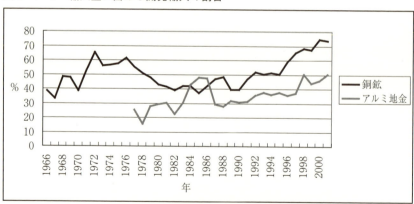

出典：銅鉱は、独立行政法人 石油天然ガス・金属鉱物資源機構　金属資源開発調査企画グループ　『銅ビジネスの歴史』http://mric.jogmec.go.jp/public/report/2006-08/chapter4.pdf　第4章表4-5による。アルミ地金は年度数値で、1984年度までは日本アルミニウム連盟調べ、『メタルインダストリー'88』180頁。1985年度以降は日本アルミニウム協会資料の「丸紅レポート」。

第1節 資源の開発輸入

2　日本輸出入銀行『20年の歩み』同行、1971年、229頁。

3　アメリカとカナダからの鉄鉱石輸入量は次のとおりであった。

付表5－1　鉄鉱石の輸入に占める割合（単位：湿量千トン）

年次	アメリカ・カナダからの輸入量	輸入合計	割合（%）
1950		1,425	0.0%
1951	904	3,089	29.3%
1952	1,922	4,768	40.3%
1953	1,373	4,290	32.0%
1954	979	5,005	19.6%
1955	717	5,459	13.1%
1956	1,285	7,766	16.5%
1957	1,416	9,381	15.1%

出典：日本鉄鋼連盟戦後鉄鋼史編集委員会『戦後鉄鋼史』日本鉄鋼連盟、1959年、264頁。

4　日本鉄鋼連盟戦後鉄鋼史編集委員会『戦後鉄鋼史』日本鉄鋼連盟、1959年、272頁。この融資は、鉱山開発用機械を延払輸出し、鉄鉱石の輸入価格を値引きする形で延払の決済をおこなうという方式がとられた。これはゴア方式と呼ばれて、その後の開発輸入でも採用された。日本輸出入銀行前掲書229頁。

5　日本鉄鋼連盟戦後鉄鋼史編集委員会前掲書　273-4頁。

6　日本輸出入銀行前掲書　260頁。

7　チリからの鉄鉱石の長距離輸送に伴う運賃上昇を抑えるために、鉱山開発と同時に大型鉱石専用船の建造がプロジェクトに組み込まれた。日本輸出入銀行『30年の歩み』同行、1983年、118頁。

第5章　海外製錬の展開

第2節　アルミニウム地金の開発輸入

本節では、アルミニウムの開発輸入を概観した上で、プロジェクトごとに検討するが、アサハンとアマゾンの2つのナショナルプロジェクトは第3節で記述する。

1. アルミニウム開発輸入の概観

アルミニウム産業の開発輸入は、表5−2−1に見るように、ボーキサイトを対象として1958年から始まった。日本のアルミニウム産業については、原料資源対策への対応が鈍かったという指摘があるが、たしかに、鉄鉱石や銅鉱にくらべると出足は遅い。

この理由については、「わが国のアルミニウム業界は、今まで原料のボーキサイトが比較的安定した価格で必要なだけ入手できたこと、地金や加工品が高い関税障壁によって保護され、海外製品に対するコスト高の弱点があまり痛感されなかったことなどから、ボーキサイト資源の確保、低廉な電力の利用といった面への努力が不十分であった。」と指摘されている[1]。

第2章で見たように、第2次大戦後、1948年から戦時中に古河鉱業が採掘したビンタン島のボーキサイトの輸入が許可されて以来、表5−2−2に見るように、1950年代には、東南アジアからのボーキサイト輸入が中心であった。ビンタンのボーキサイトは1951年にはトン当たり20.5ドル（c.i.f.）の高値を付けたことはあったが、その後は13ドル台の輸入価格となり[2]、量的にも安定して入手できた。アルミニウム需要が拡大するとともに、ボーキサイトの必要輸入量も増大するので、既存鉱山の再開発や新規鉱山の開発が進められるが、日本企業は1950年代にはまだボーキサイト確保の緊急性を意識していなかった可能性は高い。1958年に、初めて、製錬3社によるサラワクのセマタン鉱山への資本参加が開始された。

アルミニウム産業で開発輸入への取り組みが遅かった理由は、次のよ

うにも説明されている。「従来このようなプロジェクトに対して、精錬
各社が立ち遅れていた理由は本節のはじめにあげたことのほかに、アル
ミニウム精錬業の発生および体質が一般の鉱山業における精錬部門と異
なり、化学工業的傾向が濃厚であったことに起因する。現に昭和電工、
住友化学、三菱化成はいずれもわが国化学工業の代表企業であり、鉱山
業としての経験がなく、また国内にボーキサイト資源を全く持たなかっ
たために、資源開発という面での意識が少なく原料は他から買うもので
あるという考え方が支配的であったためと思われる。

　これに反してわが国の鉱山業は国内資源の開発からはじまり、国内鉱
山に付属して精錬所が興り、需要が増し、国内鉱山が枯渇するにつれて
原料鉱石を海外に求めていった。ところがこのときすでに海外の有力鉱
山は全く世界の非鉄金属巨大資本に押えられ、中小鉱山からスポット買
いを余儀なくされた。しかも特に銅などは現地での精錬度が高いため、
鉱石の形での流通は僅少で、大部分はひもつきの地金の形で流通する傾
向が強い。また銅、鉛、亜鉛など戦略物資的、稀少物資的性格が強くい
わゆる国際商品として取引価格の変動が激しい。このような環境のなか
でなおかつ鉱石を求めなければならなかった日本の非鉄鉱業と、鉱石市
場が買手市場であったアルミニウム工業との間には、鉱石手当について
の心構えに差のあったことは当然といえるかも知れない。」[3]化学工業兼
業ではない日本軽金属が、1953年にアルミニウム・リミテッド（アルキャ
ン）の50%出資を受け入れた理由のひとつは、ボーキサイトの低価格で
の安定輸入であったこと、1960年にはシーバ鉱山への資本参加[4]をおこ
なっていることなどを考えると、このような見方にも説得力がある。

　1960年代に入ると、オーストラリアからのボーキサイト輸入が始まる。
1960年代合計ではまだ27.8%の割合であるが、1970年代合計ではウエイ
パとゴーブで63.6%を占め、日本への輸入の主力になる。1965年には日
本軽金属と昭和電工・住友化学グループがそれぞれにウエイパ・ボーキ
サイトの開発輸入に乗り出した。

　日本軽金属は、アルキャンが鉱区を取得するためにつくったアル

223

第5章　海外製錬の展開

表5-2-1　ボーキサイト・アルミナ・アルミニウム地金の開発輸入

年	国	鉱山・プロジェクト名	対象：開発方式	日本側関係会社	日本輸出入銀行融資承諾額
1958	マレーシア	サラワク	ボ：セマタン・ボーキサイトに資本参加。1965年閉山。	日本軽金属・昭和電工・住友化学工業	
1960	マレーシア	シーバボーキサイト鉱山	ボ：資本参加	日本軽金属	
1965	オーストラリア	ウエイパ鉱区	ボ：アルクィーンに資本参加	日本軽金属	
1965	オーストラリア	ウエイパ鉱区	ボ：コマルコ・ボーキサイト（ホンコン）に資本参加	昭和電工・住友化学工業	
1968	フィジー	バヌアレブ島ボーキサイト資源	ボ：ボーキサイト・フィジー資本参加。1973年計画中止。	日本軽金属・昭和電工・住友化学工業	
1968	インドネシア	ビンタン島低品位ボーキサイト鉱石	ボ：インドネシア政府との間でボーキサイトの採鉱契約調印。1974年契約失効。	日本軽金属・昭和電工・住友化学工業	
1969	ニュージーランド	エンザス（NZAS）	地：ニュージーランド・アルミニウム・スメルターズ（NZAS、1969年2月設立）に資本参加。1971年操業開始。	昭和電工・住友化学工業	90.69億円（182億円）
1971	オーストラリア	キンバレー地区	ア：アメリカアマックスとアルミナ製造事業設立覚書締結。1973年計画延長、その後凍結。	住友化学・昭和電工	
1971	ソロモン諸島	レンネル島ボーキサイト資源	ア：長府アルミナ設立。1974年同社解散。	三井金属鉱業・日本軽金属・昭和電工・住友化学工業・三菱化成・三井アルミニウム・三井アルミナ	
1972	ガーナ	キビ地区ボーキサイト資源	ボ：カイザー・レイノルズとの合弁事業決定。1975年日本側脱退。	アルミニウム資源開発	
1973	ベネズエラ	ベナルム（VENALUM）	地：Industria Venezolana De Aluminio C.A.（ベナルム）に資本参加。1978年操業開始。	当初：昭和電工・神戸製鋼所・丸紅。1974年12月再編成後：昭和軽金属・神戸製鋼所・住友アルミニウム製錬・菱化軽金属工業・三菱金属・丸紅	（82億円）
1973	アメリカ	アルマックス（ALUMAX）	地：アマックス傘下のAmax Aluminum Groupのアルミニウム施設の2分の1を買収、同グループはアルマックスAlumaxと改称。1986年合弁解消。	三井物産・新日本製鐵	
1974	アメリカ	オレゴン計画	地：アルマックスが製錬計画、結局中止。	三井物産	
1974	カナダ	アルパック（ALPAC）	地：アルパック社に資本参加。アルミナの加工委託。	日本軽金属	

224

第2節　アルミニウム地金の開発輸入

年	国	鉱山・プロジェクト名	対象：開発方式	日本側関係会社	日本輸出入銀行融資承諾額
1976	インドネシア	アサハン（INALUM）	地：P.T. Indonesia Asahan Aluminium（INALUM）に資本参加。1982年操業開始。	日本アサハン（アルミ製錬5社・商社7社参加）。日本アサハンには海外経済協力基金50%出資。	
1978	ブラジル	アルブラス（ALBRAS）	地：Aluminio Brasileiro S.A.（ALBRAS）に資本参加。1985年操業開始。	日本アマゾンアルミNAAC（製錬5社、商社11社、ユーザー15社参加）。NACCには海外経済協力基金44.92%出資。	
1978	ブラジル	アルノルテ（ALUNORTE）	ア：Alumina do Norte do Brasil S.A.（ALUNORTE）に資本参加。1995年生産開始。	NAAC	
1979	オーストラリア	ボイン・スメルターズ（Boyne Smelters）	地：Gladstone Aluminium Limitedに資本参加。1982年、Boyne Smeltersに社名変更。	住友アルミ・住友軽金属・神戸製鋼所・吉田工業・三菱商事	
1980	アメリカ	アルマックス（ALUMAX）	地：アルマックス子会社ASCOに資本参加	三井物産（子会社ALSAS経由）	（329億円）
1980	オーストラリア	アルファール（ALFARL）	地：ALFARL（豪州NSW石炭火力製錬計画）計画決定。1982年、解散決定。	三井物産・昭和軽金属・古河電工・トヨタ自動車・三井アルミ	
1984	オーストラリア	ワースレー	ア：ワースレー・アルミナに資本参加。1984年操業開始。	神戸製鋼所・日商岩井・伊藤忠	
1986	オーストラリア	ポートランド・スメルターズ	地：Portland Smeltersに資本参加。1987年、生産開始。	丸紅	
1988	アメリカ	アルコア	アルコアのインタルコ工場とイースタルコ工場の設備持分25%（1995年には39%）を買収、2006年撤退。	三井物産・吉田工業・トステム	
1992	カナダ	アロエッテ	地：アロエッテに資本参加。1992年生産開始。	丸紅	
2000	モザンビーク	モザール	地：モザールに資本参加。2000年生産開始。	三菱商事	
2010	マレーシア	サラワク	地：プレスメタル・サラワク（Press Metal Sarawak Sdn. Bhd.）に資本参加	住友商事	

注：表中のボはボーキサイト、アはアルミナ、地はアルミニウム地金を示す略号。日本輸出入銀行融資承諾額欄の（　）内の数値は融資対象投融資額。

出典：『日本軽金属三十年史』、『日本軽金属五十年史』、『昭和電工アルミニウム五十年史』、西岡滋編著『海外アルミ資源の開発』、『住友化学工業株式会社史』、『住友化学工業最近二十年史』、日本輸出入銀行『20年の歩み』265頁、同『30年の歩み』232、369頁、牛島俊行・宮岡成次『黒ダイヤからの軽銀』、通商産業政策史編纂委員会『通商産業政策史』第6巻、経済産業省非鉄金属課「アルミニウム産業の現状と課題」、住友商事プレスレリース等より作成。

第5章　海外製錬の展開

表5-2-2　ボーキサイトの輸入相手国・鉱山　　　　　　　（単位：万トン、％）

年度	インドネシア	マレーシア			オーストラリア		インド	合計
	ビンタン	ラムニア	シーバ	セマタン	ウエイパ	ゴーブ		
1950年代	170	121	34	22	0	0	1	349
1960年代	559	166	270	100	440	0	48	1,586
1970年代	1,001	111	430	0	1,835	857	0	4,235
1980年代	893	0	295	0	1,012	624	0	2,824
1950年代	48.7%	34.7%	9.9%	6.2%	0.0%	0.0%	0.4%	100.0%
1960年代	35.3%	10.5%	17.0%	6.3%	27.8%	0.0%	3.0%	100.0%
1970年代	23.6%	2.6%	10.2%	0.0%	43.3%	20.2%	0.0%	100.0%
1980年代	31.6%	0.0%	10.4%	0.0%	35.8%	22.1%	0.0%	100.0%

注：輸入ボーキサイトを水分3％物に換算した10年度間の合計数値とその構成比。
出典：『アルミニウム製錬工業統計年報』『軽金属工業統計年報』、『(社) 日本アルミニウム連盟の記録』422頁による。

クィーンと共同出資（日本軽金属48％）して設立したオーストラリアン・ボーキサイト・Pty・リミッテツドから、1967年から1976年までの10年間、コマルコ鉱区内の鉱石[5]を購入することとなった。

　昭和電工と住友化学はコマルコComalco Industries Pty. Ltd.（1970年からComalco Ltd.）との共同出資（コマルコ52％、昭和電工、住友化学各24％）でコマルコ・ボーキサイト・ホンコン・リミテッドを設立した。この合弁会社が、コマルコから年間259万トンのボーキサイトを引取る10年契約を結び、日本向けに年間60〜70万トンを出荷することとなったのである。

　ボーキサイトの開発輸入にかなり後れて、1969年に昭和電工と住友化学製錬2社による地金の開発輸入が始まる。個別の地金開発輸入については次項以降で詳述するとして、開発輸入が地金輸入に占める割合を見ると、図5-1-1のように、1970年代に急速に伸びて、1985年前後には43〜48％と、銅鉱よりも高い水準に達している。その後は、一時30％台

226

第2節　アルミニウム地金の開発輸入

に低下したが、次第に上昇して1998年には50%台にまで高まった。地金輸入をやや詳しく見ると、表5-2-3の通りである。

　1977年度頃には12万トン程度であった開発輸入は、5年後の1982年度には30万トンに増え、1985年度には65万トン、1990年度には74万トン、1995年度には90万トンに達し、1999年度に100万トンを超えた。地金安定供給のもうひとつの柱である長期契約輸入も、1980年代末から順調に拡大して1990年代後半には100万トンを超えている。1980年代にはコマルコ、アルコア、アルキャンが主たる輸入先であり、90年代にはこれにトマゴ、デュバルが加わる。この結果、地金のスポット買い付けは、1990年代初めに100万トンを超える規模であったが、その後急

表5-2-3　地金輸入の内訳　　　　　（単位：万トン）

年度	輸入合計	開発輸入	長期契約	スポット	構成比（%）		
					開発輸入	長期契約	スポット
1977	47	12	11	24	25.5%	23.4%	51.1%
1978	76	12	25	39	15.8%	32.9%	51.3%
1979	68	19	18	31	27.9%	26.5%	45.6%
1980	86	25	21	40	29.1%	24.4%	46.5%
1981	106	32	25	49	30.2%	23.6%	46.2%
1982	135	30	39	66	22.2%	28.9%	48.9%
1983	142	43	48	51	30.3%	33.8%	35.9%
1984	128	55	39	34	43.0%	30.5%	26.6%
1985	135	65	33	38	47.7%	24.4%	27.8%
1986	119	56	41	22	47.4%	34.1%	18.4%
1987	191	56	52	83	29.1%	27.3%	43.6%
1988	207	58	63	86	28.0%	30.4%	41.7%
1989	225	71	58	95	31.8%	26.0%	42.2%
1990	243	74	62	106	30.7%	25.5%	43.9%
1991	243	76	62	105	31.1%	25.7%	43.2%
1992	231	83	67	82	35.8%	28.8%	35.4%
1993	214	80	88	46	37.5%	41.0%	21.5%
1994	241	87	91	63	36.0%	37.7%	26.2%
1995	240	90	95	55	37.5%	39.5%	23.0%
1996	247	87	107	53	35.4%	43.1%	21.5%
1997	267	99	116	52	36.9%	43.6%	19.5%
1998	197	99	123	△ 25	50.2%	62.5%	△12.6%
1999	231	101	119	11	43.8%	51.4%	4.8%
2000	233	107	118	8	46.0%	50.6%	3.4%
2001	208	105	108	△ 5	50.3%	52.1%	△ 2.5%

注：△はマイナス（在庫の売り戻し）を表す。表4-3-1アルミニウム地金の需給の輸入数値とは一部に不一致があるが原因は不明。
出典：1984年までは日本アルミニウム連盟調べ、『メタルインダストリー'88』180頁。1985年以降は日本アルミニウム協会資料の「丸紅レポート」。

第5章　海外製錬の展開

表5-2-4　開発輸入プロジェクト別推移 　　　　　　　　　　（単位：千トン）

年度	開発輸入合計	プロジェクト									
		NZAS	VENALUM	ALPAC	ALUMAX	ASAHAN	BOYNE	AMAZON	ALOUETTE	PORTLAND	MOZAL
1985	645	100	170	45	45	175	110				
1986	563	50	160	45	45	130	100	33			
1987	555	50	160	45	0	120	100	80			
1988	579	50	170	45	10	120	102	82			
1989	713	50	192	45	110	118	116	82			
1990	744	50	200	45	110	116	117	106			
1991	756	50	208	45	110	97	119	127			
1992	826	50	206	45	110	113	116	166	12	8	
1993	802	53	105	45	110	129	116	169	43	32	
1994	867	55	177	41	85	135	132	170	43	29	
1995	901	55	125	41	174	137	128	169	43	29	
1996	874	60	101	37	170	137	128	169	43	29	
1997	986	64	155	39	174	149	162	170	43	30	
1998	988	65	130	42	172	88	224	166	47	54	
1999	1,011	65	130	45	171	75	224	175	48	78	
2000	1,071	66	130	45	163	96	231	179	48	78	35
2001	1,046	66	130	35	110	115	235	166	48	78	63

出典：日本アルミニウム協会資料の「丸紅レポート」。

減し2000年には10万トンを割り込むほどになった。

　開発輸入のプロジェクト別内訳を見ると表5-2-4の通りである。
1985年度ではアサハンとベナルムが17万トン台で、ボイン・スメルターズとエンザスが10万トン台であり、1990年度には、ベナルムが20万トンとなり、10万トン台にボイン、アサハン、アルマックス、アマゾンが続く。1995年度はアルマックスが最大でアマゾン、アサハン、ボイン、ベナルムと続くが、いずれも12～17万トン台である。開発輸入が100万トンを超えた1999年度には、ボインが22万トン台、アマゾンとアルマック

第2節　アルミニウム地金の開発輸入

図5-2-1　地金輸入相手国別構成比

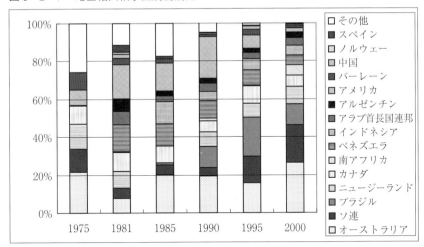

出典：1985年までは『日本軽金属五十年史』358-9頁。1990年以降は、「財務省貿易統計」品別国別表による。

スが17万トン台、ベナルムが13万トン台となり、アサハンの出荷量が減っている。

　地金輸入の相手国別構成を見ると図5-2-1のように変化している。1975年には、構成比が大きいのはオーストラリア、ニュージーランド、ソ連、カナダ、バーレーン、アメリカの順であり、10年後の1985年には、オーストラリア、アメリカ、インドネシア、ベネズエラ、カナダ、ソ連の順に変わり、さらに10年後の1995年にはブラジル、オーストラリア、ソ連、カナダ、ベネズエラ、ニュージーランドの順となった。オーストラリアが大きな割合を占めることには変わりないが、ブラジル、ソ連が比重を増し、アメリカ、カナダの比重は軽くなっている。中国は最大のアルミニウム生産国になるが、輸出量は少ない。

2．メーカー系の開発輸入

　開発輸入プロジェクトは表5-2-5の通りである。

第5章　海外製錬の展開

表5-2-5　アルミニウム製錬関連開発輸入プロジェクト

プロジェクト名	所在国	年産能力(千トン/年)	日本の取得量(千トン又は%)	電源	生産開始時期	出資者 日本側	出資者 外国側
エンザス	ニュージーランド	152 337	75 70	水力	1971年	昭和軽金属25% 住友アルミ25% / 住友化学20.64%	オーストラリア・コマルコ50% / リオ・ティント・アルキャン78.36%
アルパック	カナダ	90	45	水力	1977年	日本軽金属50%	カナダ・アルキャン50%
ベナルム	ベネズエラ	280 450	160 90	水力	1978年	昭和軽金属7% 住友アルミ4% 神戸製鋼所4% 三菱軽金属2% 三菱金属2% 丸紅1% / 昭和電工7% 住友化学4% 三菱アルミ1% 神戸製鋼所4% 三菱マテリアル3% 丸紅1%	ベネズエラCVG25% FIV55% / ベネズエラCVG80%
アルマックス	アメリカ	180	45	石炭火力	1980年	三井物産25% 2006年撤退	アメリカ・アルマックス75%
アサハン	インドネシア	225	59.1% 133	水力	1982年	日本アサハン75%（製錬5社 商社7社 海外経済協力基金）/ 日本アサハン59%（製錬5社 商社7社 国際協力銀行）	インドネシア政府25% / インドネシア政府41%
ボイン・スメルターズ	オーストラリア	206 545	103 222	石炭火力	1982年	住友アルミ4.5% 住友軽金属8.5% 神戸製鋼所9.5% 吉田工業9.5% 三菱商事9.5% 丸紅4.3% 住友商事4.3% / 住友軽金属1% YKK9.5% 三菱商事14.25% 住友商事8% 丸紅8%	オーストラリア・コマルコ30% カイザー20% / リオ・ティント・アルキャン59.25%
アルブラス	ブラジル	320 445	160 218	水力	1985年	日本アマゾンアルミ49%（製錬5社 商社11社 ユーザー15社 海外経済協力基金）/ 日本アマゾンアルミ49%（製錬3社 商社・銀行9社 ユーザー4社 国際協力銀行）	ブラジル（リオ・ドセ）51% / ハイドロ51%
ポートランド・スメルターズ	オーストラリア	345	22.6%	石炭火力	1986年	丸紅22.5%	アルコア55% CITIC（中国企業）22.5%
アロエッテ	カナダ	243 550	20% 73	水力	1992年	神戸製鋼所13.33% 丸紅6.67% / 丸紅13.33%	西ドイツVAW20% オーストリア・メタル20% オランダのホーゴベンス20% ケベック州政府投資会社SGF社20% / リオ・ティント・アルキャン40%、オーストリア・メタル20%、ハイドロ・アルミニウム20%、SGF6.67%
モザール	モザンビーク	506	127	水力	2000年	三菱商事25%	BHPビリトン47.1%、他27.9%
サラワク	マレーシア	120 440	20%	石炭火力	2010年 2013年	住友商事20%	プレスメタル80%

注：生産能力・日本取得量・出資者の上段は当初、下段は2012年現在。サラワクの生産能力下段は2013年拡張予定。
出典：『通商産業政策史　1980-2000』第6巻、311頁。経済産業省非鉄金属課「アルミニウム産業の現状と課題」(http://www.meti.go.jp/policy/nonferrous_metal/strategy/aluminium02.pdf　2013年6月26日閲覧)。『アルトピア』2013年9月。各社ウエッブサイト。

第2節　アルミニウム地金の開発輸入

（1）エンザス（ニュージーランド）

　最初の地金開発輸入は、ニュージーランド・アルミニウムスメルターズNew Zealand Aluminium Smelters Limited（略称エンザスNZAS）への昭和電工と住友化学工業の投資であった[6]。オーストラリアのコマルコは、1967年にコマルコ・ボーキサイト・ホンコン・リミテッドを通じてボーキサイトを供給していた昭和電工に対して、ニュージーランドで製錬工場を合弁事業として建設することを提案した。昭和電工はボーキサイトの開発輸入を共同でおこなっていた住友化学にも共同進出を勧め、共同調査を行った。

　コマルコの提案は、当時ニュージーランド政府が建設中であったマナプーリ湖の水力発電所からの電力を利用して、コマルコのアルミナを使用してアルミニウムの製錬を行なおうとするものであった。マナプーリ湖は、水力発電事業の立地条件としては世界でも最高と目されていた。昭和電工の見込みでは、1967年当時の国内の電力料金は1kWh3〜3.5円であったのに対し、ニュージーランドでは70〜80銭程度であり、アルミニウムトン当りで3万円以上の差が出ると考えられた。この事業には、国内製錬への参入計画を進めていた三井グループからの参加希望が示されたが、昭和電工は、国内同様国外での製錬事業参入にも反対するとの立場を取り[7]、日本側2社による参加が決定された。

　1969年にコマルコはニュージーランド・アルミニウムスメルターズ（エンザス）を設立し、日本政府が外国投資を認可した後に2社の出資がおこなわれた。ニュージーランド・アルミニウムスメルターズは、資本金87万5,000ニュージーランドドル（約32億5,000万円）で出資率はコマルコ50%、昭和電工25%、住友化学25%であった。新工場の生産規模は、第1期が7万5,000トンで、最終的には22万5,000トン設備とすることになった。所要資金は、9,340万ドル（336億円）と見込まれ、1969年から1973年の5年間に日本2社が負担する金額は4,670万ドル（168億1,000万円）で、そのうち1,550万ドル（56億円）は設備の延払い輸出で充当することとなった。このような巨額の対外投資に対して、日本政府は慎重

231

第5章　海外製錬の展開

な態度をとったが、結局、1969年6月に申請が認可された。日本輸出入銀行からは、融資対象投融資額182億円にたいして投資分65.9億円、輸出金融分24.8億円の融資承諾が受けられた[8]。

この間、ニュージーランド政府と法人課税についての話し合いが進められた。ニュージーランドでは、通常の内国法人の場合は所得税と社会福祉税を合わせて55%の税率であったが、政府がインベストメントカンパニーと認定した場合は、50%もしくは母国税率に社会福祉税7.5%を加えた率のいずれか低い方を適用することになっていた。エンザスは、インベストメントカンパニーの認定を受け、所得税率は42.5%とすることとなった。

第1期工事の一部は1971年7月から操業を開始し、11月にはプリベーク式15万アンペア、204炉7万5,000トン設備が完成した。アルミナはクィーンズランド・アルミナのグラッドストーン工場から供給された。その後、1972年に第2期3万8,000トン、1976年に第3期3万8,000トン、1982年には第4期8万7,000トンの設備が稼働開始した。同時に、電解炉を15万5,000アンペアとする改良も行われ、1982年末で年産能力は24.4万トンの大型工場となった。この間に、資本金は3,150万ニュージーランドドルに増資され、日本2社の出資分はそれぞれ20.64%となった。

1986年には、昭和電工が、エンザスの持分をコマルコに譲渡した[9]。これは、合弁事業であった昭和軽金属からコマルコが引き上げる際に、コマルコ持分を昭和電工が譲り受ける見返りとしておこなわれた措置であった。これで、エンザスはコマルコ（79.36%）と住友化学（20.64%）の合弁事業となった。

エンザスは、電力の長期安定的確保のためにニュージーランド電力公社との電力供給長期契約を更新しながら、成長した。1994年までに、設備改良などで生産能力を26万7,000トンに増加し、同年10月からは、年産能力を31万3,000トンとする設備増強工事に着手し、増強設備は1996年7月に稼働を開始した。その後も設備増強が進められて、1系列208炉のP69電解炉を3系列（624炉）と1系列のCD200電解炉48炉を備え

232

た工場となり、2011年には、年産35.4万トンの地金を生産した。

　コマルコは、リオ・ティントの出資子会社であったが、2000年には完全子会社となり、2006年にはリオ・ティント・アルミニウムRio Tinto Aluminiumに社名を変更した。さらに2007年のリオ・ティントとアルキャンの合併によって、リオ・ティント・アルキャン・ニュージーランドRio Tinto Alcan New Zealandに社名が変更された。そして、2011年には、エンザスの旧コマルコ持株（79.36%）は、リオ・ティント・アルキャンの事業体であるパシフィック・アルミニウムPacific Aluminiumの所有に移された。

　エンザスの生産するアルミニウム地金は、出資比率に応じて、ニュージーランドドルによるコストベースで日本側が引き取る契約であり、住友化学は、1996年増設後は、年間6万4,600トンの地金引取枠を持つこととなり、2013年では、生産能力33.6万トンに対して6万9,000トンの引取枠となった[10]。

（2）ベナルム（ベネズエラ）

　南米のベネズエラは水力資源が豊富で、1967年にはアメリカのレイノルズがオリノコ河とカロニー河合流点ガイアナ地区で年産2万5,000トンの工場を稼働させた。電源開発が進められるなかで、カロニー河電源開発公団（エデルカ）はグリ発電所600万キロワットとマカグア発電所400万キロワットの計画をたてていた。

　1969年に南米を訪問した安西昭和電工社長は、グリ発電所を視察し、ガイアナ地区での製錬計画の有望性に着目し、ベネズエラ政府側窓口であるガイアナ開発公団CVGと条件折衝を行って進出を決定し、1972年に現地法人・昭和電工ベネズエラCA（資本金2万ボリバルBS、約140万円）を設立した。そして、アルミニウム製錬への進出を発表した神戸製鋼所に共同投資を呼びかけ1973年8月にはガイアナ開発公団CVGと日本企業の合弁会社インダストリア・ベネソラーナ・デ・アルミニオC.A Industria Venezolana De Aluminio C.A（通称ベナルム）が設立された。新会社の出資比率は、日本側80%（昭和電工35%、神戸製鋼所35%、丸

第5章　海外製錬の展開

紅10％）、ガイアナ開発公団20％で、資本金は3,400万BS（約21億円）であった。この計画は、第1期年産7万5,000トンで、最終的には15万トンを予定し、昭和電工が工場・製錬設備建設と製錬技術の指導を担当することとなって、1973年末に着工した。

　一方、レイノルズは、三菱グループと住友化学にガイアナ地区での共同製錬計画への参加を呼びかけ、1973年には、レイノルズの現地子会社アルカサAluminio Del Caroni S.A.が両社と個別に覚書を締結した。1974年5月には、2つの覚書をまとめて、年産28万トンの製錬工場建設を進めることになり、新会社（資本金1億ドル、レイノルズ、アルカサ、住友化学、三菱金属鉱業各25％出資）を設立することになった。

　ところが、1974年の大統領選挙で、カルロス・アンドレス・ペレスCarlos Andrés Pérezが新大統領に就任すると、石油国有化法を制定し、鉄やアルミニウムなど重要産業の国有化方針を発表したので、日本5社とレイノルズのアルミニウム製錬計画も見直されることになった。1974年12月に新たな契約が調印され、ベナルムを改組増資して資本金を10億BS（500億円）とし、出資はベネズエラ側80％（ベネズエラ投資基金61.2％、ガイアナ開発公団18.8％）、日本側20％（昭和電工7％、住友化学・神戸製鋼所各4％、三菱化成工業・三菱金属鉱業各2％、丸紅1％）として、年産28万トンの工場を、レイノルズが担当して建設を進めることになった。建設費は約4億4,000万ドル（約1,320億円）と見込まれ、日本輸出入銀行は、ベナルム・プロジェクトに1973年度に82億円の融資対象投融資額を認めた。

　ベナルムの工場は1978年2月に一部が完成して操業を開始し、12月から日本への出荷が開始された。日本側の引取量は年間16万トン（生産量の57％）で、丸紅を除く5社が出資比率に基づいて引き取ることになり、引取価格はアルキャン国際建値ベース（建値マイナス6％）が採用され、アルキャンの地金の国際建値撤廃後、1985年からはLME相場をベースとする新しい算式に代わった。アルキャン建値ベースの価格は市況価格を上回っていたので、日本側は1984年には11万トンしか引き取らなかっ

234

たが、新算式の適用で、1985年には前年の積み残しを含めて18.5万トンが日本に出荷された[11]。

アルミニウム市況が低迷する中で、通貨ボリバルの対ドルレート切り下げによってベナルムの業績は好転し、年間100%配当を実施するほどになった[12]。そして、1986年には生産能力を14万トン増強して42万トンとする計画が立てられ、新規増設11万トンに電流量増加による改良3万トンの工事が進められた[13]。

その後、引取価格と数量をめぐってベナルムと日本側が対立する局面も起こり、2002年には一時日本向け出荷が中断されたが、新たな合意が形成されて、年間9万トンの出荷が行われることとなった[14]。

価格をめぐる対立は2008年にも生じて対日輸出が停止する状況になり、2009年には日本側は、合弁事業の解消を決めて、株式のベネズエラ側への売却を提案した[15]。その後、株式売却は進められなかったが、日本の引取量は大幅に減少した[16]。

(3) アルパック (カナダ)

アルパックは、アルミニウム地金を現地委託加工方式によって調達する合弁企業である。1974年7月に、日本軽金属とアルキャンは、カナダのモントリオール市にカナダ連邦法人アルパック・アルミニウムAlpac Aluminiumを設立した。アルパックは、アルキャンのキチマット工場へアルミナを供給してアルミニウム製錬加工を委託し、1977年から25年間、年間9万トンの地金を引き取る権利を保有することとなった。日本軽金属とアルキャンは、必要なアルミナを均等に持ち込み、地金も均等で引取る契約である。アルパックは、この権利の対価として9,000万カナダドルをアルキャンへ融資することにした。

日本軽金属は、電力コストなど加工料が有利なのに加え、カントリーリスクが低いことと、太平洋岸のため海上運賃が割安なことなどを勘案して、アルパック計画を推進した。

1991年に刊行された『日本軽金属五十年史』には、「当社にとってのアルパックは、アルミニウム地金市況の低迷、円高の進展による金利負

235

担の増加、為替差損の発生などによる厳しい時期もあったが、現在は当社の大きな力となっている」と記述されている[17]。表5−2−4に見るように、アルパックからは、年間4.5万トン程度の地金が輸入されている。

（4）ボイン・スメルターズ（オーストラリア）

1978年に、コマルコのD・ヒバード会長らが来日して、日本側企業6社に対して、カイザーとの合弁事業として計画中のオーストラリアでのアルミニウム製錬事業グラッドストーン計画への資本参加を正式に要請した。資本参加を求められた神戸製鋼所、吉田工業、トヨタ自動車工業、住友アルミニウム製錬、住友軽金属工業、三菱グループの6社であった[18]。日本側は、製品価格についての交渉を行った上で、コマルコの計画への参加を決定した。

この計画は、クインズランド州グラッドストーンのボイン島Boyne Islandに、石炭火力発電による年産能力20万6,800トン（10万3,400トン、2系列）の製錬工場を建設するというもので、第一期1系列は56年12月に操業開始を予定していた。総建設費は6億1,841万豪ドル（約1,546億円）と見込まれ、コマルコ30%、カイザー20%、日本側50%の出資となっていた。

工場の建設予定地はコマルコの関係会社のアルミナ工場に隣接し、アルミナをベルトコンベアーで搬入できるという立地条件にあった。この計画では各参加者が所要のアルミナをコマルコを通じて調達して、新製錬会社に支給し、コストベースで地金への加工を委託する方式をとることになっていた。製錬技術は、コマルコが住友アルミニウム製錬のプリベーク式製錬法（住友東予アルミニウム製錬タイプ）を選定していた。

1979年3月に、グラッドストーン・アルミニウム・リミテッドGladstone Aluminium Limitedが設立され、日本側50%出資分は、住友軽金属工業17%、神戸製鋼所、吉田工業、三菱商事各9.5%、住友アルミニウム製錬4.5%であった。コストベース方式なので、製錬会社には課税対象利益が発生しないため、計画参加各社はオーストラリアに支店または子会社を設置して納税することが必要であった。住友軽金属工業の持

分には、住友商事と丸紅が各1/4（4.25%）参加し、地金引取分17%は全量を住友軽金属工業が購入することになっていた[19]。住友アルミニウム製錬は、当時の財務状況からこの計画への参加には極めて消極的であったが、技術を供与することでもあるので参加を決定したといわれる。

製錬工場の建設は1980年8月に着工され、住友アルミニウム製錬の技術指導のもとで順調に進み、1982年2月に通電、1984年夏にほぼフル操業に入った。この間、1982年1月には、製錬会社は社名をボイン・スメルターズ・リミテッドBoyne Smelters Limitedに変更した。

日本向け出荷は1983年から開始されたが、この輸送には、ジャパンラインが日本最初のアルミニウム・インゴット専用船（1万7,000重量トン型）を導入した[20]。地金の引取価格はコストベースであったが、電力源が石炭火力であるため、水力発電によるエンザス地金よりは高価であった。

ボイン・スメルターズは、1993年に設備増設を計画した。この計画にはすでに必要量の安定調達の目途がついたとして、神戸製鋼所は出資しなかった[21]。神戸製鋼所以外の日本側6社（住友軽金属・三菱マテリアル・吉田工業・住友商事・丸紅・三菱商事）はこの増設に応じて、総投資額1,300億円の40.75%を分担した。生産能力は年産47.5万トンに拡大する予定であった[22]。1997年から第3系列の電解炉が増設されて生産能力は54万トンに拡張し、オーストラリア最大の製錬企業に成長した。2012年には1系列の建直し工事と2系列の更新工事を実施した[23]。

2002年には神戸製鋼所がボイン・スメルターズの持分（第1・第2系列分、9.5%）をコマルコに売却して合弁事業から撤退した[24]。

2011年には、ボイン・スメルターズの旧コマルコ持株（59.25%）は、リオ・ティント・アルキャンの事業体であるパシフィック・アルミニウムPacific Aluminiumの所有に移された。日本側持分は、三菱商事14.25%、YKK9.5%、住友商事、丸紅各8%、住友軽金属1%となった[25]。

3．商社系の開発輸入

（1）アルマックス（アメリカ）

　商社が開発輸入の主体となったプロジェクトを見よう。三井物産は、非鉄金属のなかではアルミニウムの取扱量が少なかったが、1974年度前期の有価証券報告書から金属部門の主な取扱商品にアルミニウムを加え、「当社最大の海外投資案件」としてアルマックスの名を挙げている[26]。三井物産は、1973年度からアマックスAmerican Metal Climax, Inc.の株式250株（1億2,480万ドル、約375億円）を取得し、この内25株を新日本製鐵に譲渡し、1975年度からこれがアルマックス株式に転換された。三井物産の持分約363.4億円は、当時の同社海外投資では最大の規模であった[27]。

　アマックスはアメリカの大手非鉄金属企業で、1962年からアルミニウム製錬企業を買収してアルミニウム事業に参入した[28]。1965年にはアルミニウム関係会社を傘下に置くアマックス・アルミナム・グループAMAX Aluminum Groupを設立した。アマックスは、5億ドルに達した長期負債の軽減策として、1973年には三井物産・新日本製鐵にアマックス・アルミナム・グループの2分の1を売却し、同グループは名称をアルマックスAlumaxに変更した。三井物産はアルマックスの45%、新日本製鐵は5%を保有することになった。これは日米間ではこれまでに最大の合弁事業であった。翌1974年にはアマックスは自社名をAMAX Inc.に変更した。アルマックスは1970年代末にはアメリカで最も成長力が高いアルミニウム会社となった。1980年には、アルマックスの子会社であるアルマックス・サウスカロライナASCOに三井物産が子会社経由で25%出資をおこなった[29]。アメリカ税制改正で合算課税の対象が50%子会社から100%子会社に変更されることになったので、1986年には、アマックスから日本側が所有するアルマックス持分の買い戻しが提案され、三井物産と新日本製鐵はこれに応じた[30]。

　1988年には、アルマックスが持つインタルコ工場（ワシントン州、年産27万トン）およびイースタルコ工場（メリーランド州、同17万トン）

の不可分資産（生産設備）の25％を、三井物産（米国子会社ミタルコMitalco、11％）、トーヨーサッシ（トステム７％）、吉田工業（YKK、子会社アルメリカAlumerica、７％）が取得した。これによって、３社は、両工場で生産する地金の25％を原価で引き取る権利を得た[31]。さらに、1995年には、三井物産とトステムが両工場の資産の追加買収をおこない、持分は三井物産23％、トステム９％、YKK７％、合計39％となった[32]。

インタルコ工場は、アマックスとペシネーPechineyおよびホーメットHowmetによって1966年に設立されたインタルコ・アルミナムIntalco Aluminum Corp.のアルミニウム製錬工場であった。ワシントン州のフェルンダールFerndale, Washingtonに立地し、アルコアや住友化学工業などからアルミナの供給を受けて操業を開始した[33]。イースタルコ工場もメリーランド州フレデリックFrederick, Marylandに立地する製錬工場で、アルマックスとホーメット（仏ペシネー系）との合弁工場であった。両工場ともに、1983年からアルマックスの100%所有となっていた。

1996年にはカイザーがアルマックスの買収を試みたが失敗し、1998年にはアルコアがアルマックスを買収した[34]。同年、トステムは持分をミタルコに売却し[35]、2006年には、ミタルコとYKKが、持分をアルコアに売却してアメリカにおけるアルミニウム製錬から撤退した[36]。

（２）ポートランド・スメルターズ（オーストラリア）

1982年に、アルコア・オブ・オーストラリアAlcoa of Australia（略称A・A）は、アルミナの長期輸入契約を結んでいる日本のアルミニウムメーカー３社と丸紅に、ビクトリア州ポートランドにおけるアルミニウム製錬プロジェクトに出資者として参加することを要請した。日本側は国内の製錬事業の縮小で契約通りのアルミナ引き取りが困難になっている一方、A・A側も国際的なアルミニウム不況の中で資金調達など苦しくなっていた時期である。出資要請を受けたのは三菱軽金属工業、住友アルミニウム製錬、古河アルミニウム工業と丸紅の４社であった。

A・Aの当初計画は、アルミニウム地金年産能力13万5,000トンの工場新設で、1984年操業開始を目標に建設に着手したが、地金市況が悪化し、

電力コストをめぐって地元ビクトリア州政府と意見が対立したことも
あって工事は一時中断していた。A・Aは、新たに当初の設備能力を倍
増して、年産27万トン規模とし、資金の約4分の1を日本側に出資させ
る計画を立てたのであった[37]。しかし、この計画は実現にはいたらなかっ
た。

　1984年には、アルコアがポートランド・アルミニウム製錬工場建設計
画の再開を発表した。この計画では、A・Aが45%、ビクトリア州が
25%を出資し、残る30%を第三者が出資することになっていた。古河ア
ルミニウム工業や神戸製鋼所などわが国アルミニウムメーカーと大手商
社に対し非公式な参加打診が行われたが、メーカーは経営状況や地金相
場の見通しが厳しいので要請を断った。新計画は年産15万トンのライン
を2系列建造するというもので、投資額は11億5,000万オーストラリア
ドルとされていた[38]。商社も参加をためらって、日本からの参加は見送
られた。

　その後、1992年に、丸紅が1986年に操業を開始したポートランド・ア
ルミニウム・スメルターPortland Aluminium Smelterに資本参加するこ
とを発表した。ポートランド・アルミニウムは、A・Aやビクトリア州
政府保有会社、中国のCITICなどが出資しており、同州政府保有会社の
持ち株35%のうち10%を1億8,000万豪ドルで丸紅が譲りうけることと
なった。丸紅は、同製錬所の年間生産量のうち出資比率相当分の年間3
万2,000トンのアルミニウム地金を原価で引き取る権利を得た。丸紅は
この事業に参加するため現地法人の丸紅豪州と共同出資でマルベニ・ア
ルミニウム・オーストラリアMarubeni Aluminium Australiaを設立し、
この新会社が出資する形態をとった[39]。

　丸紅は、1998年には、ビクトリア州政府が民営化政策に伴って放出す
る持分の2分の1、12.5%分を約200億円で取得し、この結果、丸紅が引
き取るアルミニウム地金は年間3万4,000トンから7万7,000トンに増加
した[40]。ポートランド・アルミニウムの資本構成は、アルコア55%、
CITIC22.5%、丸紅22.5%となった。地金生産量は、2013年で35.8万トン

であり、プリベーク式402炉で操業している。アルミナは、西オーストラリアから船で運ばれ、港から4.5kmにおよぶ密閉コンベヤーで工場に送られている[41]。

（3）アロエッテ（カナダ）

1989年に、カナダのケベック州投資会社が、アルミニウム製錬プロジェクトへの参加を三菱グループに打診してきた。この計画は、年産27万8,000トンのアルミニウム製錬工場を建設し、1992年から操業を開始することになっていた。日本側は三菱グループ（三菱商事、三菱金属、トーヨーサッシ）と神戸製鋼所の4社が参加を予定し、三菱グループだけで約25%を出資する計画だった。しかし、建設資金が見積もりよりも膨れあがり、中心になっていたレイノルズ・メタルズが既存の自社工場拡張へと方針変更したため、三菱グループはこの計画参加を中止した。

カナダ側は新たな日本側パートナーとして丸紅と交渉に入り、丸紅側が出資することを合意した。日本側は神戸製鋼所、丸紅の2社となった[42]。新計画は、ケベック州セティールに、西ドイツVAW、オーストリアのオーストリア・メタル、オランダのホーゴベンス、ケベック州政府投資会社のSGF、日本（2社、神戸製鋼所13.33%、丸紅6.67%）がそれぞれ20%を出資して、年産21万5,000トンのアルミニウム製錬工場を建設し、1992年4月に操業する予定であった。総事業費は9億米ドルで、参加各社が原料のアルミナを持ち込み、出資比率に応じてアルミニウム地金を引き取ることとされた。日本側は、神戸製鋼所が年間約2万9,000トン、丸紅が1万4,000トンの引取権をもつこととなる[43]。

アルミヌリ・アロエッテAluminerie Alouetteは、1992年に操業を開始した。2002年から第2期の増設工事を開始し、2005年にこれを完成させた。14億ドルの投資によって生産能力は年産24.5万トンから57.5万トンに拡張された。

2002年には神戸製鋼所が持分をケベック州政府投資会社に売却して合弁事業から撤退した[44]。一方、丸紅は、2002年に増設工事に伴って出資額を増やし、さらに2011年にはケベック州政府投資会社の持分の2分の

1を譲り受けて持分を増加させた[45]。2013年現在の出資比率は、リオ・ティント・アルキャン40%、オーストリア・メタル20%、ハイドロ・アルミニウム20%、ケベック州政府投資会社6.67%、丸紅13.33%となっている[46]。

アロエッテは、2016年に生産能力を93万トンに拡張する工事を計画している[47]。

（4）モザール（モザンビーク）

1998年に、三菱商事は、モザンビーク初の国家プロジェクトであるアルミニウム製錬の開発投資事業に参加することを発表した。この計画は、モザンビークの首都マプト近郊に南アフリカから供給される水力発電によるアルミニウム地金年産25万トン製錬所を総事業費は約1,742億円で建設し、2001年初頭の稼働を目指すというものであった。新会社には三菱商事が25%出資し、イギリスのビリトンが47%、南アフリカ共和国開発公社が24%、モザンビーク政府が4%を出資する計画であった[48]。

新会社は、モザールMozalと名付けられ、2000年12月に第1期工事が完成し、年産25.3万トンの工場が稼働した。アルミナはオーストラリアから購入した[49]。2001年には、総投資額10億ドル（約1,200億円）の設備増設計画が決まり[50]、第2期工事が開始されて2003年10月から年産25.3万トンの新系列が正式稼働した[51]。

（5）サラワク（マレーシア）

2010年9月に、住友商事は、マレーシアのアルミニウム押出品最大手であるプレスメタルPress Metal Berhadが株式の80パーセントを保有する子会社プレスメタル・サラワクPress Metal Sarawak Sdn. Bhd.がマレーシアのサラワク州で進められているアルミニウム地金製錬事業に参加することを発表した。この事業は、年産12万トンの製錬工場を2010年末にフル稼働させる予定で、総事業費 約3億米ドルで進行中のものであった。住友商事の出資分は、20%であった[52]。

さらに、住友商事は、2013年11月には、プレスメタルの100パーセント子会社プレスメタルビントゥルPress Metal Bintulu Sdn. Bhd.がサラ

第2節　アルミニウム地金の開発輸入

ワク州ビントゥルで進めているアルミニウム地金製錬事業の第二期プロジェクト（2013年末フル稼働予定、年産32万トン）に参加することに合意し、プレスメタルとの間でプレスメタルビントゥルの株式20パーセントを取得したことを発表した。住友商事は、2つのプロジェクトを合わせて年産44万トンのアルミニウム地金の20パーセントを購入する権益を保有することになった[53]。

1　西岡滋編『海外アルミ資源の開発』72頁。
2　日本軽金属『日本軽金属二十年史』546頁。
3　西岡滋編前掲書、74-5頁。
4　「シーバ鉱はラムニア鉱床に隣接した地域に産し、アルキャン所有の鉱区を開発するためにアルキャンが1955年設立したSouth East Asia Bauxite Ltd（SEABA）が1957年から採掘に着手し、1960年に日本軽金属が同社の株式25％を取得した。年間生産は約50万トンで、カナダ向け出荷の増減によって若干の変動はあるが、年25～30万トンが日本軽金属に送られる。」同上書、72頁。
5　「1962年アルキャンがQueensland Alumina Ltdに参加する際、アルキャンは自社が持つケープヨーク半島の鉱区を10年間にわたって凍結し、いかなる形でも開発を行なわないこと、10年後アルキャンのオプションでさらに15年間凍結を延長するか、自社鉱区を開発してQueensland Alumina Ltdに船積するかを決定することをアルコアと約束し、年間40万トンまでワイパ地区のコマルコボーキサイトをアルキャンの名前で輸出販売する権利を得た。」同上書、66頁。
6　エンザスに関する記述は、特記以外は昭和電工『昭和電工アルミニウム五十年史』1984年、住友化学工業『住友化学工業株式会社史』1981年、同社『住友化学工業最近二十年史』1997年による。
7　宮岡成次『三井のアルミ製錬と電力事業』128-9頁。
8　日本輸出入銀行『20年の歩み』265頁。同行『30年の歩み』231頁。
9　「昭和電工、豪コマルコと提携解消、単独で昭軽金再建―関係会社株交換し"清算"」日本経済新聞、1986年2月15日、朝刊9頁。
10　住友化学工業 *Investors' Handbook 2013.* 5-9頁.
11　「ベナルム価格交渉合意―LME価格基準に」日経産業新聞、1985年2月7日、3頁。
12　「為替で笑う海外事業―東南アの生産基地、優等子会社に変身」日経産業新聞、

243

第5章 海外製錬の展開

1986年9月1日、28頁。

13 「年産能力を50％増強、アルミ精錬のベナルム社」日本経済新聞、1986年5月6日、朝刊11頁。

14 昭和電工発表http://www.sdk.co.jp/news/2002/aanw_02_0115.html（2014年4月21日閲覧）。

15 「ベネズエラのアルミ合弁、日本の6社撤退、昭電や神鋼、現地政府と溝」日本経済新聞、2009年6月10日、朝刊1頁。

16 確認出来る限りで2013年時点で住友化学・三菱マテリアル、2014年時点で昭和電工はベナルム株式保有を続けている（アニュアルレポート・有価証券報告書等による）。ベネズエラからの地金輸入は、2007年の6.9万トンから2009年には6,000トン、2011年には686トンに減少した（日本アルミニウム協会資料による）。

17 日本軽金属『日本軽金属五十年史』同社、1991年、122頁。アルパックについての記述は同書による。

18 「豪コマルコ、神鋼など6社に米カイザーとのアルミ精錬事業で資本参加を正式要請」日経産業新聞、1978年5月10日、1頁。以下のボイン・スメルターズに関する記述は、特記以外は、『住友化学工業最近二十年史』による。

19 住友軽金属工業『住友軽金属年表』平成元年版、1989年、287頁。

20 「ジライン、アルミ地金に専用船―豪州から年13万tの輸送契約」日本経済新聞、1982年6月4日、朝刊8頁。

21 「神鋼が参加見送りへ、豪でのアルミ精錬所増設――地金確保にメド」日経産業新聞、1993年11月5日、12頁。

22 「住友軽金属など合意、豪アルミ精錬増強―1,300億円以上投資」日本経済新聞、1994年3月31日、朝刊12頁。

23 http://www.riotintoalcan.com/ENG/ourproducts/1803_boyne_smelters_limited.asp（2014年4月20日閲覧）

24 http://www.kobelco.co.jp/alcu/company/history/index.html（2014年4月20日閲覧）

25 日本アルミニウム協会資料による。

26 三井物産『有価証券報告書』1974年度後期、22頁。

27 第2位の投資先であるアブダビ液化ガスの持分は67.2億円であり、この年度の海外投資総額655.7億円の55％がアルマックスへの投資であった。三井物産『有価証券報告書』1975年度、58-62頁。

28 アマックスについては、"AMAX Inc." International Directory of Company Histories. 1991. *Encyclopedia.com*.（2014年4月20日閲覧）による。

29 牛島俊行・宮岡成次『黒ダイヤからの軽銀』カロス出版、2006年、124頁。

第2節　アルミニウム地金の開発輸入

30　「米でのアルミ合弁解消、三井物産と新日鉄—4億ドルで持ち株譲渡」日本
　　経済新聞、1986年11月25日、朝刊11頁。

31　「三井物産・トーヨーサッシ・吉田工業、米社設備25％買収」日本経済新聞、
　　1988年10月13日、朝刊1頁。

32　「三井物産・トステム、米アルミ工場資産買収—1億5,000万ドル、地金を安
　　定調達」日本経済新聞、1995年2月8日、朝刊9頁。

33　「余剰アルミナを、……インタルコ・アルミナム社（Intalco Aluminum
　　Corp.）に、41年7月から2年間に2万トンを輸出することとした。」『住友
　　化学工業株式会社史』504-5頁。

34　Alcoa to Buy Alumax for $3.8 Billion, Bloomberg News, June 16, 1998。

35　「トステム、米工場の資産売却」日本経済新聞、1998年12月22日、朝刊13頁。

36　三井物産報道発表　2006年6月30日
　　http://www.mitsui.com/jp/ja/release/2006/1188890_1496.html

37　「豪アルコア、アルミ精錬計画に日本のアルミ3社と丸紅の参加要請」日本
　　経済新聞、1982年5月14日、朝刊8頁。

38　「豪アルコアのアルミ合弁、商社ら数社名乗り」日経産業新聞、1984年8月
　　4日、3頁。

39　「丸紅、アルミ地金調達へ豪精錬所に出資」日本経済新聞、1992年7月15日、
　　朝刊11頁。

40　「豪のアルミ精錬事業、丸紅が権益追加買収—200億円で州政府と合意」日本
　　経済新聞、1998年8月22日、朝刊9頁。

41　http://www.alcoa.com/australia/en/alcoa_australia/location_overview/
　　portland.asp（2014年4月20日閲覧）

42　「カナダのアルミ精錬事業、三菱、参加見合わせ—丸紅肩代わり、5％出資」
　　日本経済新聞、1989年5月11日、朝刊8頁。

43　「神鋼・丸紅、加のアルミ精錬に参加—安定供給源を確保」日経産業新聞、
　　1989年8月31日、18頁。

44　「アルミ精錬権益、神鋼、カナダでも売却—120億円、有利子負債を返済」日
　　本経済新聞、2002年7月8日、朝刊13頁。

45　「丸紅、アルミ権益拡大、北米最大製錬所、カナダで340億円—日本企業に安
　　定供給日本経済新聞、2011年11月29日、朝刊9頁。

46　http://www.alouette.qc.ca/history.html（2014年4月20日閲覧）。

47　「丸紅、アルミ権益拡大、北米最大製錬所、カナダで340億円—日本企業に安
　　定供給日本経済新聞、2011年11月29日、朝刊9頁。

48　「アルミ精錬開発事業に三菱商事が資本参加アフリカ・モザンビークで」朝
　　日新聞、1998年5月15日、朝刊12頁。

第5章　海外製錬の展開

49　Mitsubishi Sustainability Report 2006, 11頁。
　　http://www.mitsubishicorp.com/jp/ja/csr/library/pdf/06sr-07.pdf（2014年
　　4月20日閲覧）

50　「モザンビークのアルミ製錬事業、三菱商事、120億円投資へ」2001/06/22
　　日本経済新聞、2001年6月22日、朝刊11頁。

51　http://www.bhpbilliton.com/home/investors/news/Pages/Articles/
　　Mozal%20Smelter%20Expansion%20Officially%20Opened.aspx（2014年4月
　　20日閲覧）

52　住友商事プレスリリース　2010年9月28日。
　　http://www.sumitomocorp.co.jp/news/detail/id=25981

53　住友商事プレスリリース　2013年11月5日。
　　http://www.sumitomocorp.co.jp/news/detail/id=27381

第3節　ナショナルプロジェクト

1．アサハン（インドネシア）

（1）創業までの経緯

　1967年に、インドネシアと日本の共同プロジェクトとしてアサハン川の総合開発が計画され、日本工営が電力開発の調査を開始した[54]。同社は水力発電の立地条件の良さを国内製錬3社に伝え、アルミニウム製錬調査をおこなうことを勧誘した。製錬3社は1969年にインドネシア政府に、20万トンのアルミニウム製錬事業可能性の調査要望書を提出し、翌1970年4月に、発電とアルミニウム製錬を含めた調査という条件で許可を得た。現地調査団の調査結果に基づいて、1971年には計画素案を作成し、インドネシア政府に提出した。この計画は、政府が計画中のアサハン川第二発電所から電力の供給を受け、クアラタンジュンの200万平方メートルの用地に、年産20万トンの製錬工場を建設するというもので、所要資金は、公共投資などを含め約680億円と見積もられた。

　1972年1月には、インドネシア政府は、電力開発を政府が実施するとした計画を変更し、電力開発と製錬工場の建設を併せたプロジェクトを外国会社に実施させるという方針を決めた。これに対して日本側は、三菱化成工業と三井アルミニウム工業が参加する製錬5社体制を整え、さらに、インドネシアにおけるアルミニウム製錬の可能性について独自の調査を行っていたアメリカのカイザー、アルコアにも参加を提案して、7社の共同事業体制をつくった。共同事業は、日本4社各15％、三井アルミニウム工業とアメリカ2社各10％の出資比率を予定した[55]。

　1973年からは日米7社とインドネシア政府との間で折衝が開始された。7社側は、水力発電をインドネシアが、製錬は7社が担当するという方針を示したが、スハルト大統領の強い意向で、水力・製錬パッケージの原則は変更できなかった。世界的なアルミニウム不況のなかで、電力開発に巨額の資金を必要とするこの計画に対して、アメリカ側2社は資金の調達難を理由に、1974年8月にこの計画への参加を断念した。そ

第5章　海外製錬の展開

の後は日本側5社体制でこの計画を進めることになった。

　スハルト大統領は1975年4月にインドネシアを訪問した河本通産大臣に対し、日本政府からの資金供与を強く要請した。製錬5社は住友商事・伊藤忠商事・日商岩井・日綿実業・丸紅・三菱商事・三井物産の7商社に本計画への参加を求め、ナショナルプロジェクトとしての体制を確立した。1975年7月に、日本政府は、アサハン計画に、日本輸出入銀行、海外経済協力基金と国際協力事業団を通じて所要の資金援助を行なうことを閣議決定した。これを受けて、同年7月に、インドネシア政府のスフッドA.R.Soehoed投資調整委員会副委員長と参加12社代表者との間で主契約書（基本協定）が調印された。

　基本協定に定められた計画は、①マラッカ海峡に面した北スマトラ州クアラタンジュン地区にアルミニウム地金年産能力22万5,000トン（7万5,000トン、3系列）の製錬工場を建設する、②電源としてアサハン川上流のシグラグラ（落差200m）およびタンガ（落差150m）両瀑布に最大出力合計51万3,000キロワットの発電所を建設するという内容であった。アサハン川は、北スマトラのほぼ中央に位置する山岳地帯のトバ湖（面積1,100平方キロ、琵琶湖の1.6倍）に源を発し、マラッカ海峡に注ぐ延長150キロの急河川で、発電可能水力は100万キロワットと目されていた。所要資金は、町・道路・港湾などのインフラストラクチャーの整備を含め1974年5月の価格基準で2,500億円と見積もられた。日本側の地金引取量は生産量からインドネシア側の引取量（3分の1を上限）を除いた分であり、引取価格は現地製錬企業側が決めるとされていた。この協定の有効期間は「生産開始」（全炉の3分の2が通電した日の翌月1日）から、（増設などのない場合）30年後に満了し、この計画の設備は簿価などの補償を条件として、インドネシア政府に移管されることが約定されていた。

　1975年11月に、日本側の投資会社である日本アサハンアルミニウム株式会社が設立された。当初資本金1.5億円（最終資本金683億2,500万円）で、持株比率は海外経済協力基金50%、昭和軽金属7.5%、住友アルミニウム

248

第3節　ナショナルプロジェクト

製錬7.5%、三井アルミニウム工業7.5%、日本軽金属7.5%、菱化軽金属工業7.5%、商社7社12.5%であった。

1976年1月には、アサハン計画の経営主体となるP.T.インドネシアアサハンアルミニウムP.T. Indonesia Asahan Aluminium（INALUM）が、資本金750億円、日本アサハンアルミニウム90%、インドネシア政府10%の出資で設立された。

現地調査に基づく詳細設計を行った結果、石油危機の影響などもあって所要資金は4,110億円に増加した。部門別内訳は製錬2,240億円（当初見積1,270億円）、電力1,230億円（同800億円）、インフラストラクチャー480億円（同220億円）、その他160億円（同210億円）であった。インドネシア政府との協議のうえで、1978年10月に基本協定の修正契約書が調印された。資金調達計画は、資本金911億円（当初750億円）、借入金3,199億円（同1,750億円）となり、同年12月、これに基づく増資払込みによって、持株比率は日本アサハンアルミニウム75%、インドネシア政府25%になった。

1977年からインフラ工事が開始され、1978年6月には発電所、製錬工場、港湾の着工式が行われた。主要工事は住友グループが管理責任を担当し、製錬工場にも住友アルミニウム製錬がプリベーク式電解炉の技術を供与した。

1982年1月には、第一期工事（アルミニウム年産能力7万5,000トン）がほぼ完成して、スハルト大統領夫妻の臨席のもとで盛大な開所式が行われた。同年2月に製錬工場が操業を開始し、11月末に第1系列（計170炉）の立ち上げが完了した。1983年6月には発電設備がすべて完成し、同年10月には製錬工場の第2系列の立ち上げが完了し、操業炉数は全炉数の3分の2に当たる340炉となった。その後も建設は順調に進捗し、1984年11月には完工式を挙行して、全面操業に入った。

1982年10月末には、アルミニウム地金第1船が日本に到着した。しかし、引取価格はアルキャン国際建値ベースに定められており、1,500ドル（F.O.B.）程度[56]となったので、国際市況950ドルより相当高値で、日

249

第5章　海外製錬の展開

本側にとっては事実上の出血引き取りになってしまった。引取価格は
1984年4月から引き下げられ、1985年7月からはLME相場ベースに移
行した。

（2）イナルムの経営

　イナルムのアルミニウム製錬事業は順調に開始されたが、経営は開業
直後から困難に直面した。イナルムの収入はドルベースであったが、費
用はその多くを円建ての借入金で賄う資金構造になっていたために、
1985年9月のプラザ合意後からの大幅な円高の進行によって、為替差損
と金融コスト増加に見舞われた。借入金の主な内容は、円借款615億円
と日本輸出入銀行などの協調融資2,264億円である。

　1986年6月には、イナルムは、抜本策を講じるために金融機関に2年
間の返済猶予を求め、長期損益対策について、関係者間での協議が重ね
られた。1987年6月には、日本政府関係機関からの援助を行うことが閣
議了解され、同月、イナルムの559億9,000万円の増資（日本アサハンア
ルミニウム240億円、インドネシア政府319億9,000万円）が行われた。
インドネシア政府は同社に対する融資金をこの出資に振り替えた。この
結果、出資比率は、日本側58.9％、インドネシア側41.1％に変わった。日
本アサハンアルミニウムの追加出資分は、120億円が海外経済協力基金、
残りの120億円を日本企業12社が支出した。借入金については、金利の
引き下げ（5年間）、返済期限の延長と返済額の漸増（テールヘビー方式）
による返済条件の緩和が行われた。

　その後しばらくは、イナルムの経営は順調であったが、1993年頃の円
高（1ドル100円近）でふたたび経営は苦しくなった。地金価格の低迷
による減収、円建て借入金の返済と利払負担の増加に、トバ湖の水量不
足に伴う発電量の減少による生産減も加わって、イナルムの業績は極度
に悪化した。

　ふたたび関係者間の協議がおこなわれ、1994年8月には、政府関係機
関からの援助を行うことが閣議了解された。日本アサハンアルミニウム
76億6,000万円（59％）、インドネシア政府53億4,000万円（41％）、合計

第 3 節　ナショナルプロジェクト

130億円の追加出資（ 7 年度以降 3 年にわたり分割実施）、日本輸出入銀行および協調融資をしている市中銀行からの借入金の金利引き下げ、返済期限の延長などの支援が行われた。

　トバ湖の水量不足で電力供給が十分でなかったために地金生産量は年間19万トン程度の時期が続いたが、水量が回復した2004年度には24万7,000トンと過去最高を記録した[57]。

　基本協定の有効期限は30年と定められ、2013年でアサハン計画は終了することになる。その後の措置については、インドネシア側はボーキサイト採掘、アルミナ製造、アルミニウム製錬の一貫事業を国内に持つ意向を示した。これまでは、ボーキサイトは全量を輸出し、イナルムが使用するアルミナは国外からの輸入に頼るという、やや偏ったサプライチェーンが形成されていた。

　2010年には、ボーキサイト生産を手掛ける国営鉱山大手アネカ・タンバン（アンタム）Aneka Tambang（Antam）が、中国の資源大手、杭州錦江集団と、アルミナ年産100万トンの生産工場を合弁事業として建設する合意に達したことが報道された[58]。

　2011年 2 月から日本側とインドネシア政府の交渉が開始され、日本側は、 3 億ドル（約250億円）を投じて生産能力を約30%増強し、合弁を続ける案を示した[59]。しかし、インドネシア政府は、株式の買い取りによる合弁事業の解消を主張し、日本側株式の評価額を 5 億5,800万ドル（約548億円）とする算定を示した[60]。日本側はこの評価額を不満として、一時は、世界銀行の調停機関、投資紛争解決国際センターICSIDに仲裁を求める方針を示したが、日本政府内に問題長期化が両国関係に悪影響を及ぼすとの懸念の声が上がり、 5 億5,670万ドル（約570億円）の評価額で売却することに決定し、2013年12月 9 日に合意文書が調印された[61]。インドネシア政府は、アルミニウム地金は全量を国内消費に回す意向を示し、30年に及んだアサハン計画からの開発輸入は幕を閉じることとなった。

　インドネシア政府は、2009年に、輸出用の鉱石を扱う企業に対して

251

第5章 海外製錬の展開

2014年からは国内での製錬を義務付ける新法を制定し、2014年1月から鉱石の事実上の禁輸措置を開始した[62]。開発途上国時代のインドネシアでアサハン計画を立ち上げてからの30年間が、インドネシアの経済を大きく変化させたことを象徴的に示す政策転換である。

2. アマゾン（ブラジル）

（1）創業までの経緯

1967年に、アルキャンがブラジル北部パラ州のトロンベタス地区で良質なボーキサイト鉱床を発見し、1970年から開発に着手したが72年に事業を中断した。その後、国営企業であったリオドセ Companhia Vale do Rio Doceが主導してボーキサイト鉱山の開発が計画され、ミネラソン・リオ・ド・ノルテ Mineracao Rio do Norte S.A.が1974年に開発を再開した[63]。この間、1970年に製錬5社が設立したアルミニウム資源開発ARDECOが、ブラジルからの招請を受けて1973年8月にボーキサイト・アルミナ開発調査団を派遣した。調査団は、トロンベタスのボーキサイトによるアルミナ生産を構想したが、ブラジル政府は、アマゾン川の豊富な水力を利用したアルミニウム製錬までの一貫計画への日本の参加を調査団に要請した。

1973年11月に、ブラジルのジアス・レイチ鉱山動力大臣が来日し、アルミニウム製錬所・ツクルイ発電所建設計画を検討することについての日伯合意が形成された。経済団体連合会にアマゾン開発協力委員会が設置され、1974年1月には経団連アマゾン開発ミッションがブラジルを訪問して予備調査の開始を決めた。三井アルミニウム工業、日本軽金属とリオドセが予備調査を行い、アルミニウム製錬（年産64万トン）・アルミナ生産（年産130万トン）・ツクルイ発電所を含む事業計画についての基本合意が成立した。

1974年9月には、田中角栄首相がブラジルを訪問し、ガイゼル大統領との共同声明で、アマゾン地域の水力発電及びアルミニウム製錬計画の基本合意成立について満足の意を表明した。その後、フィジビリティ・

第3節　ナショナルプロジェクト

スタディが、アルミニウム製錬に関しては軽金属製錬会（製錬5社）と
リオドセ、アルミナ生産についてはリオドセとアルキャンの共同作業で
進められ、アルミニウムは年産32万トン、アルミナは年産80万トンの規
模に計画が縮小された。ツクルイ発電計画は、建設資金（3億5,000万
ドル）供与に関する日本側の検討が難航する間に、フランスが6億ドル
の供与を申し出たので、ブラジル政府は、フランスの資金と技術による
電源開発を選び、アマゾンアルミニウム・プロジェクトからは切り離さ
れた。

　1976年9月には、ブラジルへの経済協力とアルミニウムの長期的な安
定供給源確保の観点から、アマゾンアルミニウム・プロジェクトへの政
府支援が閣議了解された。軽金属製錬会とリオドセは、アルブラス
Albras（アルミニウム製錬）計画とアルノルテAlunorte（アルミナ製造）
計画の実施を決定して、ウエキ鉱山動力大臣と土光経団連会長の立ち会
いの下に共同声明を発表した。同月、ガイゼル大統領が来日し、三木武
夫首相との共同声明に、アルミニウム事業への協力が盛り込まれた。ア
マゾンアルミニウム・プロジェクトは、アサハン・プロジェクトに続く
ナショナルプロジェクトとして実行に移されることとなった。

　1977年1月には、日本側投融資会社として日本アマゾンアルミニウム
NAACが設立された。同社は、当初、民間32社（製錬5社、アルミニ
ウム加工10社、商社10社、重工業7社）が出資する資本金3億6,000万
円の株式会社として発足し、翌78年6月から、海外経済協力基金からの
出資（初期には40％）を受け入れ、順次資本規模を拡大させて、資本金
573.5億円（2001年以降、海外経済協力基金44.92％、民間55.08％、民間
株主構成は変化）となった。

　1978年9月には、アルブラスAluminio Brasileiro S.A.とアルノルテ
Alumina do Norte do Brasil S.A.が設立された。アルブラスについては、
出資比率、融資比率、地金引取比率をブラジル側51％、日本側49％と決
めて、アルノルテについては、年産80万トンのうちアルブラスの所要量
は約80％であったので、出資比率と融資比率はブラジル側60.8％、日本

253

側39.2%とした。ブラジル側の出資者はリォドセの子会社バレノルテValenorte、日本側は日本アマゾンアルミニウムであった。

1981年7月には実行予算が閣議で了解され、実行予算ベースでは、建設費総額はアルブラス18.6億ドル、アルノルテ7.2億ドルであった。日本側は、海外経済協力基金の出資208億円、日本輸出入銀行の協調融資920億円を含む1,371億円を負担することになった[64]。

日本側は、アルブラスは三井アルミニウム工業、アルノルテは日本軽金属を幹事会社として建設に着手した。アルブラスの製錬工程には、三井アルミニウム工業経由でペシネーの技術が導入された。そして、1985年に電解第1系列が操業を開始し、翌86年12月には第1期設備（2系列、16万トン）がフル生産になった。同年10月には、日本向けの第1船がビラドコンデ港を出航し、11月に横浜に入港した。地金の引取価格については交渉が難航したが、LME価格基準に、運賃・保険料は折半負担することで合意された[65]。

一方、アルノルテ計画はアルミナの国際市況が悪化したため、1983年4月に、建設工事を3年間延期して完成をアルブラスの最終ライン操業時期に合わせる合意が成立した。この合意では、3年後に日本側が独自の裁量でアルノルテの経営から離脱する特別権も認められた。そして、1986年には、日本側はこの特別権を行使することを決め、日本アマゾンアルミニウムのアルノルテへの投融資分は、議決権のない優先株式に転換された。

（2）アルブラスの経営

アルブラスは操業を開始したが、アサハン・プロジェクトと同じように、アルミニウム不況と円高のために経営は最初から困難に直面した。1987年6月には、アサハン支援とあわせてアルブラス支援が閣議了解された。そして、追加出資8,700万ドル（約128億円、日本側約63億円）と融資条件の見直し（日本側は日本輸出入銀行協調融資の返済期限の延長及び金利の8％から5％台への引下げ）によって、アルブラスの再建を目指すことなった。この際、日本アマゾンアルミニウムに対する海外経

第3節　ナショナルプロジェクト

済協力基金の出資比率を、従来の40％から最終的にアサハン・プロジェクトと同じ50％に引き上げることになり、同社の増資時に追加出資分の50％負担が行われて、民間株主の出資負担が軽減された。

　この支援策によって、アルブラスは第2期工事に着工し、1990年5月には第2期第3系列、91年2月に第2期第4系列が操業を開始し、第1系列の改良を加えて、生産能力は年産34万トンとなった。ここまでの建設費は総額約14億ドルで、1981年の実行予算（18.6億ドル）を大きく下回った。これは、僻地における建設にともなうであろう費用増加（アマゾン・ファクター）が想定されたよりも少ないこと、ブラジルの経済不況で機材と労力の調達コストが低かったこと、ブラジル通貨安などによるものであった。

　アルブラスがフル稼働に入った時期には、アルミニウム市況が悪化すると同時に円高が進行したので経営は再び悪化し、1993年12月決算の累積損失は5億2,400万ドルに達した[66]。ブラジル政府からの要請があり、日本政府は、関係者との協議を行って、1994年10月に第2次支援策を決定した。支援策は、6,000万ドル（約59億円）の追加出資（日本側29億円）、引取地金決済条件の短縮、融資条件の改善（金利5％から4.5％への引き下げ）であった。

　アルノルテの建設は、リオドセも延期を重ねていたが、新株主の参加によって年産能力を80万トンから110万トンに拡大して再開する方針が決まり、日本側に経営復帰の申し入れがあった。アルブラスへのアルミナ供給を確保するためには優先株の普通株への転換が必要であり、さらに出資を増やすことも要請された。日本側では、追加出資に日本軽金属・三井アルミニウム・伊藤忠・三井物産4社（後にジャパン・アルノルテ・インベストメントを設立）が応じ、日本側負担不足分はリオドセが引き受けることとなった。こうして、1992年にようやく建設工事が再開され、1995年からアルミナ生産が開始された。

　1999年8月には、アルブラスの増設計画が決定され、2000年1月に着工、翌2001年4月から一部の通電を開始した。この増設は、当初計画で

255

第5章　海外製錬の展開

電解炉960炉によって年産32万トンを実現する予定のところ、技術進歩の結果、864炉で34万トンのフル操業となり、96炉のスペースが余っていたことから提案されたものであった。96炉増設で約4万トンの生産能力増強を図る計画であった。この増設と設備改良を加えて、アルブラスの生産能力は年産40万6,000トンとなった。

　アルノルテは、2000年1月にノルウェーのノルスク・ハイドロからの出資を受け入れ、増設計画に着手した。この増設のための追加出資には日本側は参加しなかった。2次にわたる増設工事で、2006年には生産能力は年産440万トンに達し、世界最大のアルミナ工場となった。ボーキサイトの追加分は、トロンベスタ鉱山からではなく、1970年に発見されてリオドセが開発したパラゴミナス鉱山から、全長244kmのパイプラインを通じてスラリー輸送する世界初の方式で供給された。2005年には第3次増設計画（年産187万トン）が提案され、この増資には日本アマゾンアルミニウムも参加した。アルノルテの出資構成は、リオドセ57%、ノルスク・ハイドロ34%、CBA（ブラジルのアルミナ会社）3.6%、日本側5.3%となった。

　アルブラスは、1999年のブラジルの変動為替相場制移行にともなうレアル切り下げで、レアル建てコストの割高が解消して、業績は急速に回復した。2004年2月には累積損失を一掃し、2005年4月には初めての配当を実施することが可能になった。アルノルテも、2005年12月に初配当を実施した。

　ブラジルアルミニウム・プロジェクトへの日本側の参加企業は、2004年までは大きな変化はなかったが、2005年には、昭和電工、三菱マテリアル、三菱アルミニウム、古河スカイ、新日本製鐵、住友金属工業、東芝、石川島播磨などが日本アマゾンアルミニウム株式を売却し、三井物産、三菱商事の持株が増加した。

　2011年には、ヴァーレVale（リオドセが2007年に対外呼称を変更）が、アルミニウム関連事業をノルスク・ハイドロに譲渡した。この結果、ハイドロはアルノルテ（資本金37.9億レアル）についてはすでに保有して

256

第3節　ナショナルプロジェクト

いた34％と合わせて91％を保有することとなり、アルブラス（資本金11.3億レアル）については51％を保有することとなった。ヴァーレの撤退にあたっては、同社保有のアルブラス株式について日本側（NAAC）が優先買取権を保有していたが、経営リスクを100％引き受けることは無理であり、合弁形態が現実的との判断から、先買権の行使は行わなかった[67]。アルノルテについては、2014年現在で、出資比率は、ハイドログループ92.13％、CBA3.03％、日本アマゾンアルミニウム2.17％、三井物産2.22％、ジャパン・アルノルテ・インベストメント0.45％となっている[68]。

54　アサハンについての記述は、特記以外は『昭和電工アルミニウム50年史』『住友化学株式会社史』『住友化学工業最近二十年史』による。

55　牛島・宮岡『黒ダイヤからの軽銀』56頁。

56　「インドネシアのINALUM、アルミ地金を対日輸出―不況下の日本、頭痛の種に」日経産業新聞、1982年10月18日、2頁。

57　「インドネシア・日本合弁のアサハン、アルミ生産、昨年度最高」日経産業新聞、2005年6月14日、2頁。

58　「インドネシア、アルミ一貫生産めざす、中国と原料生産で提携」日本経済新聞、2010年10月11日、朝刊6頁。

59　「インドネシアとアルミ合弁交渉、能力3割増へ250億円、企業連合提案」日本経済新聞、2011年2月19日、朝刊12頁。

60　「日本、国際仲裁請求へ＝インドネシアとの合弁売却交渉」時事ドットコム、2013年11月1日。
　　http://www.jiji.com/jc/zc?g=eco&k=201311/2013110100940&p=31101ak2050&r（2014年4月21日閲覧）

61　「日本企業連合がアルミ合弁売却、インドネシア政府に」日本経済新聞、2013年12月10日、朝刊15頁。

62　「インドネシア、岐路の資源大国、輸出から消費国へ、鉱石禁輸、国内産業を育成」日本経済新聞、2014年1月24日、朝刊9頁。

63　アマゾンプロジェクトに関する記述は、特記以外、日本アマゾンアルミニウム『アマゾンアルミ・プロジェクト30年の歩み』同社、2008年とロメウ・ド・ナシメント・テイシェイラ『アルブラス物語』アルブラス、2008年による。

64　通商産業政策史編纂委員会編『通商産業政策史　6』経済産業調査会、2011年、312頁。

65　「第一船やっと来月入港、アマゾン産アルミ地金」日経産業新聞、1986年10

第5章　海外製錬の展開

月18日、3頁。

66 「ブラジルアルミ合弁、61億円増資引き受け、政府支援策―輸銀融資の金利軽減」日本経済新聞、1994年10月28日、朝刊5頁。

67 岸本憲明「Norsk Hydroをパートナーに迎えて」日本ブラジル中央協会『ブラジル特報』2011年7月号、http://www.nipo-brasil.org/?p=2182（2014年4月21日閲覧）

68 日本アマゾンアルミニウムのウエッブサイト
http://www.amazon-aluminium.jp/alunorte.html（2014年4月21日閲覧）

小　括　開発輸入の役割

アルミニウムの開発輸入について歴史的事実関係を明らかにする作業は以上で終了した。最後に、本章の課題として冒頭に掲げた問題について、解明できた点を総括しておこう。

まず第1の課題については、鉄鉱石や精銅鉱の場合よりはやや遅れたことは事実であり、その原因としては、ボーキサイトが比較的供給が安定した資源であったこと、化学工業から発生した製錬企業の場合には資源開発による原料確保という原材料対策への関心が低かったことが考えられる。

第2の課題は、開発輸入の対象がボーキサイトからアルミナやアルミニウム地金に移っていった要因である。国内製錬が成長する過程では、まず既存3社の生産拡大が先行したから、原料対策としてボーキサイトを対象とした開発輸入がおこなわれるのは当然である。しかし、第2章で検討したように、最初に新規参入した三菱化成は、原料政策として、当初は輸入アルミナ使用を予定したが、購入価格が高いので、西オーストラリアで新たに発見されたボーキサイトによるアルミナ自社生産を検討したうえで、最終的にはアルコア・オブ・オーストラリアとアルミナ長期輸入契約を締結した。第2に参入した、三井アルミニウム工業の場合は、アルミナ製造を含んでいたが、これは三井物産のボーキサイト長期輸入契約が先行した結果であった。最後に参入した住軽アルミニウムの場合には、アルミナは住友化学から供給された。つまり、新規参入3社にとっては、ボーキサイトの安定確保は考慮対象外であったのである。

1960年代末にはニュージーランドの製錬業への資本参加がおこなわれ、70年代初期には実現には至らなかったがオーストラリアのアルミナ製造への参加も計画された。この動きは、国内製錬・国内製造よりも安い価格で地金・アルミナを入手しようとする製錬企業の経営戦略であった。

製錬企業は、投下資本が大きい設備を抱えており、製造原価のなかの

固定費比率を低くするために、操業度を高く維持する生産戦略を取る。このために、製品市場で需要が拡大しても、直ちに新たな設備投資を実施するのではなく、自らが地金を輸入して顧客に供給する場合が多い。つまり、操業度を安定させながら地金需要の変動に対応するために、輸入地金を調整弁として使用する戦略が取られるのである。高度経済成長期に急拡大する需要に対応するために、製錬企業は、安価な輸入地金の確保の方法として、開発輸入を進めたのであった。

アルミナの場合は、ボーキサイトから製造する際に廃棄物として出る赤泥の処理が次第に困難になるという問題が背景にあり[69]、また、ボーキサイト産出国が経済開発政策のなかで、国内でのアルミナ製造業の発達を希望して外資の進出を歓迎するという事情も働いて、開発輸入が試みられた。しかし、アルミナ計画は、市況の悪化などの理由で、ほとんど実現しなかった。ブラジルのアルノルテは、アルブラスとの関連で投融資が行われたもので、アルミナを日本に輸入するプロジェクトではなかった。

第3の課題は、開発輸入プロジェクトがそれぞれどのような目的・意図に基づいて出資が行われたかを検討することで、これは第2節と第3節で述べたとおりである。概括すると、ドルショックとオイルショックの後、国内製錬の国際競争力が失われたことに対応して、製錬企業が海外に地金供給拠点を求めたこと、圧延・加工事業、2次加工事業を営む企業が安価な新地金の供給源を海外に求めたこと、アルミニウムを扱う総合商社が取扱商品の確保のために安定仕入れ先を求めたことが、開発輸入が盛んに行われた理由であった。

製錬企業は、生産設備の削減にともなう供給力低下を開発輸入で補う必要があったし、安価な輸入地金をコスト高の国内地金とあわせて販売することで販売価格の引き下げが可能になった。圧延・加工企業は、原材料のコストダウンに直結するし、アルミニウム製品需要家が、自らスポット物の地金を輸入して委託加工を求める動きに対抗するために安価な地金を確保しておく必要もあった。

260

小　括　開発輸入の役割

　表5-2-1のなかで、オーストラリアのワースリーにおけるアルミナ製造プロジェクトについてはまだ説明していなかったが、このプロジェクトは、1979年に、神戸製鋼所、日商岩井、伊藤忠商事が参加を決定したものであった[70]。アルミナ年産100万トンの工場を総事業費3,000億円で建造する計画で、出資比率はレイノルズが40%、ビリトンが30%、BHPが20%、日本3社が10%であった。神戸製鋼所は、圧延・加工の大手企業で、第2章で取り上げたように、1970年代にはアルミニウム製錬への参入意思を表明していた。原材料のアルミナは海外からの輸入を予定していたから、アルミナの開発輸入には関心を寄せていたのである。総合商社は、国内製錬企業向けのアルミナの供給源を求めて参加を決定した。ところが、神戸製鋼所は製錬参入を断念し、国内製錬は生産能力削減していたのでアルミナの国内需要は小さくなった。ワースリーのアルミナ工場は、1984年から本格的な操業を開始したが、あわせて年間10万トンのアルミナを引き取る契約であった日本3社は、アルミナをアメリカとオーストラリアの製錬企業に加工委託することになった[71]。当時、アルミナは供給過剰状態が続いていたので、日本3社は損失を蒙ることになった。神戸製鋼所は、2003年に、ワースリー・プロジェクトから撤退した[72]。

　第4の課題は、ナショナルプロジェクトとしてのアサハン・プロジェクトとアマゾン・プロジェクトの評価である。第3節で見たように、両プロジェクトは、発展途上国であったインドネシアとブラジルに対する経済開発援助という意味からは成功した事例と言って良かろう。開発輸入全体から見ると、表5-2-4のように、両プロジェクトが占める割合は、1993年には最高の37.2%であり、2000年でも25.7%であるから、地金の安定供給の上では重要な役割を果たしていた。しかし、海外事業投資の効率性の面から見ると、両プロジェクトともに、2回にわたって公的資金の追加投入を含む支援措置が必要であったことが示すように、事業経営としては順調には進まなかった。円高という外部環境の変化がもたらした結果とはいえ、諸企業の合同事業で経営主体としての責任が曖昧

261

第5章　海外製錬の展開

になりがちであるところにも問題があった。

　アマゾン・プロジェクトは、利益配当が可能なところまで経営を改善し、現在にいたるまで開発輸入プロジェクトとしての役割を続けている。これに対して、アサハン・プロジェクトは、契約期限の更新には失敗し、売却価格（前出、約570億円）に不満を残したまま手放すことになった。インドネシア政府の資源政策転換の影響ではあるが、巨額の資金を投入したナショナルプロジェクトとしては、失敗に近い幕切れであった。

　1990年代以降、開発輸入が低調になった事情を解明することが、本章の第5の課題であった。1990年代以降は、アルミニウム開発輸入は、商社による3件（カナダ、モザンビーク、マレーシア）しか実現していない。表5-2-3に見るように、ボイン・プロジェクトの増設が終わった直後の1998年の開発輸入は99万トンと同年の新地金輸入量の50％を超える水準に達した。長期契約輸入も大きく、スポット分は解約される有様であったから、量的には安定した供給が確保される状態が達成されたといえよう。1993年のボイン・プロジェクトの増設計画には、神戸製鋼所は必要量はすでに確保できているという理由から追加投資には参加しなかった。つまり、1980年代までの開発輸入プロジェクトによって、アルミニウム企業にとっては必要とする量までの供給が確保されたとの判断がなされて、新規のプロジェクトは企画されなかったのである。

　あるいは、ナショナルプロジェクトの経営不振を目の当たりにして、開発輸入のリスクの高さを改めて認識したことも、新規プロジェクトへの消極姿勢の一因となったであろう。1985年の日本経済新聞は、「揺らぐアルミ開発輸入」という特集記事で、アサハン、アマゾン両プロジェクトが国際相場の低迷と需要不振で赤字経営となり、地金の引取価格問題がこじれていることを報道しながら「開発輸入への期待が急速にしぼ」んだと書いている[73]。

　『通商産業政策史』が「開発輸入事業は、アルミニウム地金市場におけるメジャーの圧倒的競争力を背景に、1970年代に始まった安定輸入方策の一つではあった。しかし、メジャーの価格支配力の喪失、競争的供

262

小　括　開発輸入の役割

給者の増加によって、アルミニウムは80年代以降、市況的商品に変わり
つつあつた。こうした国際商品の場合、大きなリスクを負う開発輸入事
業の積極的意義は、次第に弱まった。」[74]と記述するように、アルミニウ
ム国際市場の変化も、開発輸入が低調になった要因のひとつであった。

　1990年代の商社による海外アルミニウム事業への投資は、商権拡大を
狙いとしたもので、国内地金需要に対する安定供給を目的とする本来の
開発輸入とは、すこし性格を異にする内容といえよう。

　第6の課題は、アルミニウム地金の安定供給という視角からの開発輸
入の評価である。すでに第4章第3節で検討したように、数量面での安
定供給には有効であったが、価格面で安定した供給をもたらしたかとい
う点では問題がある。

　もっとも、数量面でも問題が生じなかったわけではない。アサハン・
プロジェクトでは、契約でインドネシア取り分を生産量の3分の1以内
と定めた点について、インドネシア側が投資比率（41%）での配分を要
求したのに対して日本側がそれを拒否した時、一時、地金出荷が止めら
れるという出来事が1988年に起こった[75]。日本経済新聞は、社説で、ア
サハン・プロジェクトは、「友好・協力の精神と商業的利益の動機を共
有する形で、日本側としては技術移転を行い、総所要資金のうち八割に
相当する約三千六百億円を拠出した。この中には国民の税金（一般会計）、
郵便貯金（資金運用部資金）などをベースにした経済協力資金が約
一千億円も投入されている。つまりこのプロジェクトには、単なる商業
的利害や一方的な国益優先主義で運用されてはならない性格があるわけ
だ。」と述べて、今後の折衝ではこのプロジェクトの大切な側面である
両国間の「友好協力」の原点をぜひ再確認してもらいたいと主張した[76]。
問題はこじれて政府間交渉に持ち込まれ、1989年からの引取比率を日本
6、インドネシア4とすることでひとまず決着し、7月から続いた出荷
停止は解除された[77]。

　この紛争には、地金引取価格問題もからんでいた。開発輸入では、引
取価格についての合意形成に時間が掛かる場合がしばしば生じた。アサ

263

第5章　海外製錬の展開

ハン・プロジェクトでは、最初の地金引取で、イナルムの輸出価格がトン当たり1,500ドル前後に対して国際価格は1,100ドルを割り込む市況であったから、引取価格交渉は難航した[78]。アマゾン・プロジェクトでも、1986年11月に第1船が日本に到着したが、地金の引取価格については交渉が難航した。LME価格基準とすることは決められていたが、ブラジル側はFOB価格、日本側はCIF価格を主張したので見解が対立し、結局、運賃・保険料は折半負担することで合意が形成されことは既述の通りである。

　ベナルム・プロジェクトでは、1985年に、赤字の発生を回避するために、それまでアルキャン建値ベースであった引取価格をLME国際基準価格ベースに換える交渉が成立した。その後も、引取価格と数量をめぐってのベネズエラ側と日本側が対立する局面がしばしば起こり、ついに、価格をめぐる対立から2009年には日本側は合弁事業の解消を決めたことは前述の通りである。

　開発輸入でも、LME価格基準が通例となり、地金価格の低値での安定を図ることは出来なかったのである。

　第7の課題は、アルミニウム製錬企業にとって、開発輸入に参加したことのメリット、デメリットの検討である。最初の開発輸入であるエンザス・プロジェクトに参加した昭和電工は、事業史のなかで、エンザス「工場が運転に入った2年後に石油危機が発生し、わが国アルミニウム製錬業が壊滅的状態に陥ったことを考え合わせると、この時期海外製錬の足場を築いた意義はきわめて大きなものがあった」と書いている[79]。同じくエンザスに参加した住友化学工業は、社史のなかで、「この計画のアルミニウム地金は水力を電力源とし、ニュージーランドドルによるコストベースでの引き取りであったため、住友アルミニウム製錬にとって比較的競争力のある海外開発地金であった」と評価している[80]。表3-1-3に見るように、地金価格が上昇傾向を示していた1970年代は、開発輸入に参加した企業は価格面でのメリットを享受できた可能性は高い。

264

小　括　開発輸入の役割

　しかし、1980年代に入ってから国際市況が低迷し、円高が国内価格引き下げ圧力をかける時期には、開発輸入は企業経営にとってデメリットとなる場合が多くなった。アサハン、アマゾン両プロジェクトでは、最初から赤字覚悟の引取となった。ベナルム・プロジェクトに参加した昭和軽金属について、1985年の日本経済新聞は、「昭軽金はベナルムからの輸入価格と販売価格の逆ザヤのため昨年一年間で三十億円強の赤字を計上した」と報じている[81]。

　開発輸入に参加した企業が、追加投資に参加しなかったケースも生じている。1992年のアルノルテ・プロジェクトの増資では、住友化学、昭和軽金属、三菱マテリアルはこれに応じなかった。アルミナ製造事業への間接的な開発輸入投資ではあるが、追加投資がもはやメリットを生まないとの企業判断が示されている。プロジェクトからの撤退を決めるケースは、製錬5社のなかでは、エンザスからの昭和電工の撤退が一例あるだけで、これはコマルコとの国内合弁事業解消のためにおこなわれた株式譲渡で特殊な事例であった。

　本章の第8、最後の課題は、アルミニウム加工業にとっての開発輸入の役割評価である。

　圧延加工業で最も開発輸入に積極的であったのは、鉄鋼業兼業の神戸製鋼所である。神戸製鋼所は、表5-2-1に見るように、ベナルムからはじまってアルミナのワースレーにいたるまで、6つのプロジェクトに参加した。鉄鉱石の開発輸入での経験がアルミニウムの開発輸入にも反映された面があろうが、やはり、一時は国内製錬への参入を計画したように、アルミニウム素材の安定確保にむけての積極的な企業戦略を展開したのである。それが、企業経営にどのような成果をもたらしたかを判定する資料は得られないが、一般的には、1970年代までは、メリットは大きかったと推定できる。

　しかし、神戸製鋼所も、2002年にボイン・プロジェクト、アロエッテ・プロジェクトの持分を売却し、2003年には、アルミナのワースリー・プロジェクトからも撤退した。収益性の低い投資事業を見直して有利子負

265

第5章 海外製錬の展開

債の削減を図り、経営資源を圧延加工事業に集中させるための財務戦略であったが[82]、開発輸入に積極的に参加してきた神戸製鋼所の相次ぐ撤退は、開発輸入のメリットの消失を象徴的に示しているといえよう。なお、神戸製鋼所は、圧延加工事業では海外展開に積極的であり、2010年には自動車サスペンションを生産する神鋼汽車鋁部件（蘇州）有限公司（中国）を設立したり[83]、実現はしなかったが、翌2011年には中国のアルミニウム圧延大手の江蘇常鋁鋁業股份有限公司との合弁で日系自動車企業向けの大型アルミニウム板材工場建設を計画したりしている[84]。

　ナショナルプロジェクトであるアマゾン・プロジェクトにも、加工10社、重工業10社が参加したが、2007年以降現在まで残るのは、YKK、神戸製鋼所、三協立山、日産自動車の4社のみである。アルミニウム加工業にとっても、開発輸入の役割は、1990年代まででほぼ終わったと言って良かろう。

69　『住友化学工業株式会社社史』507-8頁。

70　「西豪州ボーキサイト・アルミナ開発、神鋼・日商岩井・伊藤忠の参加決まる」日本経済新聞、1979年11月23日、朝刊7頁。

71　「豪ワースリー・アルミナ出資の日本3社、豪または米社に10万t精錬委託へ」日本経済新聞、1983年1月22日、朝刊6頁。

72　「神鋼、豪ワースレーから撤退　アルミナ権益を2商社に売却」軽金属ダイジェスト、No.1648、2003年8月11日。

73　「揺らぐアルミ開発輸入（下）低迷長期化で赤字操業―値決め変えても問題残る」日本経済新聞、1985年9月7日、朝刊18頁。

74　通商産業政策史編纂委員会編、山崎志郎他著『通商産業政策史　1980-2000』第6巻313-4頁。

75　「インドネシアとのアルミ合弁、引き取り率でもつれ対日出荷停止」朝日新聞、1988年10月6日、朝刊11頁。

76　「アルミ地金紛争で原点を見失うな（社説）」日本経済新聞、1988年10月15日、朝刊2頁。

77　「アルミ地金、日本の配分6割　アサハン・プロジェクト」朝日新聞、1988年12月11日、朝刊9頁。

78　「インドネシアとの合弁アサハンアルミ、操業早々に試練―市況低迷で製品持て余す」日本経済新聞、1982年9月17日　朝刊6頁。

小　括　開発輸入の役割

79 『昭和電工アルミニウム五十年史』252頁。
80 『住友化学工業最近二十年史』245頁。
81 「アルミ不況対策の柱、開発輸入計画に暗雲、現地の資金枯渇も」日本経済新聞、1985年4月11日、朝刊12頁。
82 「アルミ精錬権益、神鋼、カナダでも売却—120億円、有利子負債を返済」日本経済新聞、2002年7月8日、朝刊13頁。
83 神戸製鋼所ウエッブサイト
   http://www.kobelco.co.jp/alcu/company/history/index.html（2014年4月22日閲覧）。
84 神戸製鋼所プレスリリース
   http://www.kobelco.co.jp/releases/2012/1187897_12086.html（2014年4月22日閲覧）。

終章　アルミニウム産業の将来展望

1. 製品論の観点

　ホール・エルー法の発明によってアルミニウムの産業利用が始まって以来、125年の間に、アルミニウムは他の金属、木材などの素材の代替品として需要を伸ばし、さらには、新しい製品、新しい利用法を開拓することによって新規需要を喚起しながら市場を拡大させてきた。これからも、新規用途の開発を伴いながら、需要は拡大すると考えられている。

　しかしながら、これまでの市場の拡大傾向が、そのままの流れで持続するとは考えられない。すべての製品には、ライフサイクルがあると言われるように、経済環境の変化に伴って、製品や産業が興隆する時期があれば衰退する時期もあり得るのである。

　アルミニウムの市場が、建築・土木の需要拡大期から輸送関連の需要拡大期に移りながら急成長したことはすでに見たとおりである。輸送関連では自動車の需要拡大が成長力の中心であった。その自動車が、石油資源の枯渇、排気ガスによる環境破壊という大問題を前にして、現在大きな転換期を迎えている。

　ガソリン・軽油を天然ガス・バイオ燃料に転換する動きや、燃比を改善する動きは従来の内燃機関を前提としているが、蓄電池や燃料電池を搭載してモーターで駆動する電気自動車EVは従来とは全く異なった乗り物になる。あるいは、電気モーターと内燃機関を併用するハイブリッド車HVも、従来とは異なる自動車である。そして、内燃機関車でもEV車、HV車でも、エネルギー効率を高めるために、車体重量の軽減が一層要求される。

　自動車のコンセプト転換に伴って、アルミニウムの需要は変化する。内燃機関を用いる自動車には、エンジンと駆動装置にダイカスト、鍛造アルミニウムが使用されているが、電気自動車では、その分のアルミニウムは不要となり、発熱が伴う電気モーターのケース用には冷却機能性

が高い素材開発が必要となる。

車体軽量化には、アルミニウムが大きな役割を果たしてきたが、製鋼技術の進歩で高張力鋼板High Tensile Strength Steel Sheets（ハイテン板）との競合が生じている。高張力鋼板は、引っ張り強さが高い鋼板で、普通鋼板は引張り強さ270MPa（メガパスカル）以上であるのに対して340MPa～790MPaのものが高張力鋼板、引張り強さ980MPa以上のものは「超高張力鋼板」と呼ばれる。高張力鋼板は、鋼材に炭素の他にニッケル、シリコン、マンガンなどの元素を添加した素材を使用し、成形過程で焼入れ、加熱・急冷などの加工を施して作成される。自動車用には複雑な成形に耐える特殊な高張力鋼板の開発が必要であった。

JFEスチールが開発した780MPa級高張力鋼板が、2006年1月発売のスズキのMRワゴンの構造部に採用されたのが早い事例である。同年7月発売のホンダの新型ストリームには主要骨格部位に440MPa級と590MPa級、フロントバンパービームには780MPa級の高張力鋼板が採用された[1]。その後、2011年10月には、マツダが、住友金属工業などと共同で、世界最高の強度をもつ1,800MPa級高張力鋼板を用いた自動車用部材の開発に成功し、マツダCX-5のバンパービームに使用して、従来の部材に比べて強度を約20%高くし、重量は約4.8kgの軽量化を達成したと発表した[2]。また、日産自動車は、2013年3月に、車体部品における超高張力鋼板（超ハイテン材）の採用を2017年以降に発売する新型車で25%（重量ベース）まで拡大する計画を発表した[3]。同社と新日鐵住金、神戸製鋼所が共同開発した1.2GPa級高成形性超ハイテン材を積極的に採用することによって鋼材の一台あたりの使用量を減らし、15%の車体軽量化を図るとともに、生産工程における高精度な型設計、材料に適した溶接プロセスの確立を進めるとしている。

森謙一郎（豊橋技術科学大学）によると、アルミニウムと高張力鋼などの比較は表終1-1のようになる。比強度（強度重量比）ではアルミニウム板は従来ハイテンより強かったが、ウルトラハイテンはアルミニウムよりはるかに強く、しかもコストは1kg当たり100円と5分の1以

終章　アルミニウム産業の将来展望

表終-1-1　自動車用板材の比較

板材	引張強さ	比重	比強度	コスト（1kg当たり）
ウルトラハイテン	980-1,470Mpa	7.8	126-188MPa	100円程度
従来ハイテン	490-790MPa	7.8	63-101MPa	
軟鋼板SPCC	340MPa	7.8	44MPa	
アルミ合金板 A6061（T6処理）	310MPa	2.7	115MPa	500-600円
マグネシウム合金板 AZ31	270MPa	1.8	137MPa	3,000円程度
PAN系炭素繊維	2,000-5,000MPa	1.6		2,000円程度

出典：森謙一郎「高張力鋼部材のプレス成形技術」http://chusanren-jisedai.com/upload/fckeditor/0323_mori.pdf（2014年4月30日閲覧）

下である。板材としては、アルミニウムのこれまでの優位性は、ウルトラハイテンの登場で完全に失われたと言えよう。アルミニウム圧延業では、アルミニウムより比強度が高いマグネシウム合金板も生産しているが、コスト面では極めて高価で、ハイテンとの競争力を期待することは難しい。鋼材のシェアを蚕食するかたちで自動車素材市場に参入したアルミニウム圧延業が、今度は逆転して、ハイテンを生産する鉄鋼業に市場を脅かされる立場に立ったのである。

　ハイテンの登場によって、同じ輸送関連の鉄道車輌や航空機におけるアルミニウム需要が減退する可能性も生じてきた。航空機では、すでに炭素繊維コンポジットやチタン合金の登場で、アルミニウムが需要を失っている現状が、さらに悪化するおそれもある。

　建築・土木関連では、アルミニウムのサッシやドアが普及しているが、インテリア材にソフトな質感、あるいは木の質感を求める傾向が強まり、木調シートをラッピングする製品が開発された。あるいは、熱伝導率が高いアルミニウムは断熱・遮熱効果に問題があり、断熱樹脂と組み合わせて使用するサッシも開発された。外装材としては、遮熱効果を持つ塗料を塗料メーカーと共同開発して赤外線を反射する建材も発売した。しかし、住宅にも一層の省エネルギー化が求められるなかでは、従来のア

1. 製品論の観点

ルミニウム建材には限界があることは事実である。

アルミニウム合金材料は、軽量である点、耐食性に優れている点などから各種土木製品・構造物用材料として使用されている。そして、メンテナンス費用が削減でき、ライフサイクルコストの低減が可能になる点が強調されている。例えば、アルミニウム防護柵は、鉄防護柵と比べて初期コストが約2割低く、ライフサイクルコスト（50年）は約5割低くなる。アルミニウム水門は、鉄水門と比べて初期コストが約3割高くなるが（ステンレス水門より約2割低い）、ライフサイクルコスト（15年）は約3割低くなる[4]。このような特性は、現在のところ構造物用材料としてのアルミニウム材の優位性を保証しているといえる。

食料品関連では、主力の飲料用アルミニウム缶が、スチール缶、ペットボトルと競合しながら普及し、2000年ころからは再栓機能を持つボトル缶も開発された。ノンガス飲料についても内圧付与の充填方法によってアルミニウム缶の使用領域を広げたとはいえ、関係者は「1971年にビールで実用化されたアルミニウム缶は、人口・需要増加の時代の流れに乗り発展した。しかし、今後の人口増加は期待薄で容器競争激化は必至である。飲料容器は品質・機能、納期、コストに環境側面が加わり総合戦の時代になってきた。アルミニウム缶がこの競争に生き残るためには更なる進化が必要である」と述べている[5]。

アルミニウム箔は、単体で使用される場合と、フィルムや紙と貼り合わせされて使用される場合とがある。用途は多岐にわたり、需要分野別には食料品（製菓、酪農用など）、日用品（家庭用ホイル、麺類容器）、電気（各種コンデンサー用）などに分けられる[6]。アルミニウム箔が工業的に生産されるようになったのは、ドイツのラウバー博士が1911年にスイスで圧延法によるアルミニウム箔作りを成功させたのが最初といわれている。日本では、1930年にドイツから圧延、洗浄、裁断などアルミニウム箔の製造設備が輸入され、機械圧延による製造が開始された。アルミニウム箔は当初、チョコレートなど菓子の包装で人気を博し、さらに1933年に、「暁」（20本入り紙巻きたばこ）に錫箔に代わって初めてア

ルミニウム箔が採用された。以後、包装用はもとより、電気特性を活かしたコンデンサー用など各種産業用途、そして家庭用アルミニウムホイルまで、さまざまな用途に広がっていった。

コンデンサーには、電気伝導率の高いアルミニウム箔が使われ、高温での酸化に耐えられるアルミニウム箔の特性はリチウムイオン電池の正極集電体に適しており、光ファイバーケーブル被膜の素材としては、気密・防水・防錆などの特性が活かされている。タバコ喫煙が激減してタバコ包装用アルミニウム箔需要が減退するような事例は生じているが、アルミニウム箔のこのような製品特性からの優位性をおびやかす競合品は少ない。

アルミニウムの主要な需要先は、従来と変わらない分野もあるが、主要な需要分野では極めて大きな変化の時期を迎えている。この変化に対応できるような素材品質、新製品、加工技術の開発が進めることができるか否かに、アルミニウム産業の将来は掛かっている。

2. 資源論の観点

次に、資源論の観点からアルミニウム産業の将来を展望してみよう。第1章で見たように、アルミニウムは、地殻を構成する元素としては酸素（46.6%）、珪素（27.7%）に次いで3番目に多く（8.1%）、鉄（5.0%）より豊富な金属である。原料となるボーキサイト（酸化アルミニウムを含む鉱石）は、推定埋蔵量が550〜750億トン（アフリカ32%、オセアニア23%、南米・カリブ海21%、アジア18%、その他6%）であり、現在の可採埋蔵量は280億トンである。埋蔵分布は表終-2-1の通りで、ギニア74億トン（26%）、オーストラリア60億トン（21%）、ブラジル26億トン（9%）、ベトナム21億トン（8%）、ジャマイカ20億トン（7%）などと推定されている[7]。

可採埋蔵量を生産量（2013年）で割った数値を採掘可能年数とすると、ボーキサイトは108年間採掘可能ということになる。推定埋蔵量は可採埋蔵量の2〜3倍であるから、今後の探鉱で採掘可能年数はさらに伸び

2. 資源論の観点

ると考えられる。表終-2-2のように、鉄鉱石は可採年数は58年、銅は39年、ニッケルは30年、錫は20年、亜鉛は19年、鉛は16年と推定されるから、アルミニウムの鉱石は極めて豊富に存在しているわけである[8]。

ボーキサイトの可採年数から見ると、オーストラリア、ブラジル、インドネシアはかなり採掘が進んでいるが、ギニアやベトナムではまだ未採掘の鉱床が多く、原料面からは、

表終-2-1　ボーキサイトの生産量と埋蔵量

（単位：百万トン）

国	生産量A		可採埋蔵量 B	可採年数 B/A
	2012年	2013年		
ギニア	18	17	7,400	435
オーストラリア	76	77	6,000	78
ブラジル	34	34	2,600	76
ベトナム	0.1	0.1	2,100	21,000
ジャマイカ	9	10	2,000	211
インドネシア	29	30	1,000	33
ガイアナ	2	2	850	378
中国	47	47	830	18
ギリシャ	2	2	600	300
スリナム	3	3	580	171
インド	19	19	540	28
ベネズエラ	2	3	320	128
ロシア	6	5	200	38
カザフスタン	5	5	160	31
その他	5	5	2,400	480
世界合計	258	259	28,000	108

出典：USGS、Mineral Commodity Summaries, http://minerals.usgs.gov/minerals/pubs/commodity/bauxite/mcs-2014-bauxi.pdf（2014年4月30日閲覧）

アルミニウムは資源危機に陥る可能性は低いベースメタルである。

原料面では豊富であるものの、ボーキサイトからアルミナを製造する際に廃棄物として産生される赤泥は、産業廃棄物として環境への負荷が大きい。さらに、アルミナからアルミニウム地金を製錬する工程では大量の電力が必要になり、水力発電による場合を除くと、温室ガス発生量が多くなる。前出の高張力鋼（ハイテン）などとの比較では、表終-2-3のように、ハイテンのCO_2換算排出量が製品1kg当たり2.3〜2.7kgで

273

終章　アルミニウム産業の将来展望

あるのに対して、アルミニウムのそれは13.9～15.5kgと約6倍になっている。マグネシウムや炭素繊維よりも排出量は少ないが、ホール・エルー法によるアルミニウム製造の問題点である。

表終-2-2　金属資源の可採年数

（単位：百万トン）

種類	生産量 A	可採埋蔵量 B	推定埋蔵量	可採年数 B/A
ボーキサイト	259	28,000	55,000–75,000	108
鉄鉱石	2,950	170,000	800,000	58
銅	17.9	690	4,900	39
ニッケル	2.49	74	130	30
錫	0.23	4.7	?	20
亜鉛	13.5	250	1,900	19
鉛	5.4	89	2,000	16

出　典：USGS、Mineral Commodity Summaries, http://minerals. usgs.gov/minerals/pubs/commodityのiron ore, copper, nickel, tin, zinc, leadより作成（2014年4月30日閲覧）。

表終-2-3のアルミニウムについての数値は、通常のライフサイクルインベントリLCIで示されている数値よりもやや大きい。日本アルミニウム協会調査では、日本に輸入される新地金1kg当たりのCO_2排出量（2000年）は輸送過程での排出も含めて9.218kgと推計されている[9]。この数値は、地金製錬所の使用電力の電源（水力70％、石炭25％、ガス等5％）を考慮して推計されたものであり、産出方法が明示されていないので判定はできないが、表終-2-3よりも実態に近いと考えられる。それにしても、新地金の環境に与える負荷は大きい。

環境とエネルギー資源の面からは、アルミニウムも決して供給が安泰な金属とはいえない。

表終-2-3　製造のための二酸化炭素排出量

従来の鋼材	2.3- 2.7kg
高張力鋼板（ハイテン）	2.3- 2.7kg
アルミニウム	13.9-15.5kg
マグネシウム（electrolysis）	18 -24.8kg
マグネシウム（pigeon）	40 - 45 kg
炭素繊維	21 - 23 kg

注：1kg当たりの二酸化炭素換算排出量
出典：森謙一郎「高張力鋼部材のプレス成形技術」http://chusanren-jisedai.com/upload/fckeditor/0323_mori.pdf（2014年4月30日閲覧）

2. 資源論の観点

　資源論の観点からは、ボーキサイトの限界よりも、環境とエネルギー資源の限界が、アルミニウムの供給制約要因となる可能性が高い。

　すべての金属資源と同様に、アルミニウムもその再利用、リサイクリングが進められている。アルミニウムのリサイクルでは、特に、スクラップから再生地金（二次地金）を生産する際に使用されるエネルギーは電力換算でトン当たり約590kWhで、ボーキサイトから新地金を製錬する場合に必要な約2万1,100kWhの約3％で済むために、再生地金の使用は省エネルギーに貢献すると同時に環境への負荷を少なくする[10]。

　世界アルミニウム機構によると、2011年のアルミニウムのマテリアル・フローは、図終-2-1のように推計されている。地金供給量は9,080万トンで、そのうち再生地金は4,610万トン、約52％を占めている。再生地金生産に使用されるスクラップは、製錬工程のスキミング（浮き滓）、圧延・押出工程の屑（通常の統計では半製品に含まれる）、製品加工工程の屑などの産業内スクラップ合計が3,710万トンで、これに過去に製造されて使用中の製品ストック（約7億2,740万トン）から出る故屑1,120万トンが加わり、この中からメタル・ロスとしてリサイクル過程の外に出る分220万トンを除いた量が再生される。故屑の量は、製品ストック総量の1.5％程度であり、2011年の製品量（製鋼用脱酸素剤としてフローから外れる分を除いた量）5,260万トンの約21％に相当する。

　日本におけるアルミニウムリサイクルについては、1968年～2008年の20年間について、総地金需要に対する新規地金（輸入地金＋国内新地金）投入率は42～43％であるところから、再生地金使用率は57～58％と推定されている[11]。前に見た世界の再生地金使用率52％よりも高い数値である。日本の場合には、自動車やアルミニウム製品などとして輸出される分は国内ではリサイクル不能であるから、リサイクル率は世界的にみて高いといえよう。

　資源リサイクルは、1995年6月の「容器包装に係わる分別 収集及び再商品化の促進等に 関する法律（容器包装リサイクル法）」、2001年4月の「特定家庭用機器再商品化法（家電リサイクル法）」、2005年1月完

図終-2-1 アルミニウムのマテリアル・フロー2011年　　（単位：100万トン）

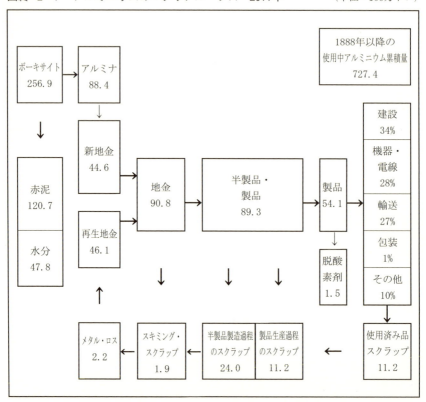

出典：Katy Tsesmelis, Recycling -an important part of the aluminium story, http://www.world-aluminium.org/media/filer_public/2013/02/27/aluminium_recycling_-_an_important_part_of_the_aluminium_story.pdf（2014年4月30日閲覧）。

全実施の「使用済自動車の再資源化等に関する法律（自動車リサイクル法）」によって政策的に推進されてきた。自動車の場合には、使用済みエンジンブロックなどの鋳造品やダイキャスト材を再生して、高品位の押出材、板材などの圧延材としてリサイクルする「結晶分別法」というアップグレードリサイクル技術が開発された。

　アルミニウム製品のなかでは、アルミニウム缶のリサイクルが特に進んでおり、2012年度のアルミニウム缶のリサイクル率は、94.7％に達し

2. 資源論の観点

た。スチール缶のリサイクル率は90.8%、ペットボトルのそれは85.8%（2011年度）、ガラス瓶は69.6%（2011年度）であるから、容器医リサイクル率ではアルミニウム缶が第1位になっている[12]。

　自治体を対象とした調査の結果では、各種の容器について500ml容器1個あたりに換算したリサイクル費用の平均値は、アルミニウム缶が0.21円でいちばん低く、スチール缶は2.26円、ガラスビンは8.36円、PETボトルは5.42円であった[13]。アルミニウム缶については、111自治体のうち57自治体（約51%）で利益が発生していたことがわかった。アルミニウム缶のリサイクルでは、Can to Canつまり缶からの再生地金で缶を生産する割合は、2012年度には66.7%に達した[14]。

　前出の日本アルミニウム協会調査によれば、再生地金は、1kg当たりのCO_2排出量が0.31kgと新地金に較べて97%も少ないから、環境に与える負荷も小さい。経済産業省が設けた非鉄金属産業戦略研究会のアルミニウム産業戦略分野ワーキンググループが作成した「アルミニウム産業戦略」（2005年）のなかでは、「アルミの資源確保と循環型社会の構築」という項のなかで、海外資源の安定確保とならんで国内リサイクルの一層の推進が掲げられている[15]。

　そして、次のような方策を提起している。リサイクルによる再生地金は、混入物によって低品位化するため、鋳造ダイカスト用途でリサイクルされており、スクラップ中の複合材、樹脂等の比率の増大は、一層の品質の低下をもたらすから、より分別回収が行いやすい製品設計の検討が必要である。自動車リサイクル法の施行等に伴い、展伸材の回収が増大する時期に備え、展伸材から展伸材へのリサイクル促進の為の環境整備を行う観点から、例えばサッシ及び自動車パネル材を対象に、まずは、リサイクルルートの構築、異種金属の混入による低品位化を避けるための合金規格及び表示方法等について、業界内での統一等の対応を事前に検討しておく必要がある。

　これまでの検討で、アルミニウムは資源としては豊富であるうえに、リサイクルに馴染みやすい金属であるから、資源論的な制約は小さいこ

とが明らかになった。とはいえ、国内アルミニウム製錬が完全に消滅して、新地金は100%を輸入に頼る日本が、今後も安定的にアルミニウムを確保することができるという保証はない。第5章で検討したように、開発輸入によって当面の新地金の安定供給体制は確保しているが、アサハン・プロジェクトのように、相手国の資源ナショナリズムの影響を受けて契約の延長ができなかったり、ベナルム・プロジェクトのように、引取価格をめぐるトラブルでプロジェクトが実質的に解消したりするケースも生じている。

経済産業省の「アルミニウム産業戦略」では、海外資源の安定確保について、原料（ボーキサイト・アルミナ）権益を持つ欧米、ロシアのアルミニウムメジャーが利益率を向上させ、競争力を増している現状を指摘し、まず、日本のアルミニウム産業が、現在の圧延（加工）工程の競争力だけで海外のアルミニウムメジャーにごしていけるのかを検討する必要があると述べている。つまり、上流の原料・地金の権益確保の必要性の有無、製錬事業者のより川下へのビジネス展開指向など、ビジネスモデルの検討を行った上で、資源確保問題に対応していくことが重要であると言う。そして、資源確保リスク回避の観点から官民共同の海外アルミニウム製錬プロジェクトも実施されているが、現時点で改めてその意義を確認し、海外製錬プロジェクトに権益参加することが地金サプライヤーに対するバーゲニングパワーを有することにもなることなどアルミニウム地金開発輸入の長所も考慮に入れて、アルミニウム資源戦略を検討する必要があると、開発輸入の再評価を提起する。その上で、今後、アルミニウム地金権益の確保等の開発輸入、更には上流のボーキサイト・アルミナ権益の確保を実施する場合には、我が国アルミニウム企業と地金権益を拡大している商社との連携の強化等民－民ベースの取組を基本としつつ、国際協力銀行JBICなど政府系金融機関の活用、ODAによる現地の電力・交通インフラ整備との連携等による支援も実施していく必要があると、今後の方向を提示している。

この「アルミニウム産業戦略」策定後のアルミニウム関連の開発輸入

2. 資源論の観点

としては、昭和電工のインドネシアにおけるアルミナ・プロジェクトがある。これは、インドネシア・カリマンタン島の西部のタヤン地区で、ケミカルグレード用アルミナ製品製造プラントを建設する計画で、2006年4月から事業化調査が開始された[16]。2007年2月には昭和電工とインドネシア・アンタムの合弁でインドネシア・ケミカル・アルミナ（アンタム80％、昭和電工20％出資）が設立されて事業性評価を進め、2010年8月に工場（アルミナ生産量年産30万トン）建設が決定された。アンタムが操業するボーキサイト鉱山からの原料を使用し、完工は2013年12月、操業の開始は2014年1月と予定され、投資額は約4億5千万米ドル（約400億円）であった。2014年初頭に操業を開始して、20万トンを昭和電工が引取り、日本の顧客を中心に販売することを予定していた[17]。工場は2013年10月に試運転を開始し、2014年下期から量産・販売を開始する予定となった[18]。

必要資金のうち約263億円は、国際協力銀行JBICと民間金融機関からの借入により調達され、民間金融機関から調達される約105億円の80％（約84億円）は石油天然ガス・金属鉱物資源機構JOGMECが債務を保証するというJBICとJOGMECの協同案件である[19]。

このプロジェクトは、水質浄化剤・機能材料（セラミックス研削材耐火材放熱材等）・エレクトロニクス製品の材料などに使用されるアルミナ、水酸化アルミニウムの開発輸入で、昭和電工が横浜事業所でのアルミナ製造を中止することへの代替措置であり、アルミニウム製錬用のアルミナの開発輸入ではない。

アルミニウムに直結する開発輸入では、2005年10月に、三菱商事がBHPビリトンとマレーシア東部サラワク州にアルミニウム製錬工場を建設するための事業化調査に着手することで合意したと報道されたが、これは事業化には進まなかった[20]。

2008年5月には、双日と伊藤忠が、BHPビリトンと共同で運営する西オーストラリア州のワースレー・アルミナJV Worsley Alumina Joint Ventureの製造能力増強の為の追加投資を決定した[21]。同時に、ワース

終章　アルミニウム産業の将来展望

レー・アルミナ保有のボーキサイト鉱山の新鉱区の開発とボーキサイト輸送能力の増強投資が行われることとなった。投資総額は約2,200億円で、そのうち、双日が198億円、伊藤忠商事が110億円を負担する見込みであった。アルミナ生産能力は350万トン／年から460万トン／年に拡張し、2011年中の完工が予定された。拡張工事完了後は、双日のアルミナの年間引取数量は41万4,000トン、伊藤忠商事は23万トンとなった。ワースレーのアルミナは、アルミニウム製錬原料であるが、すでに国内製錬が衰退した日本向けは少量にとどまり、多くは海外の工場で使用されたから、間接的な開発輸入という位置づけになる。

　2010年9月には、第5章第2節で述べたように、住友商事が、マレーシアのアルミニウム押出品最大手であるプレスメタルPress Metal Berhadの子会社プレスメタルサラワクPress Metal Sarawak Sdn. Bhd. がマレーシアのサラワク州で進めているアルミニウム地金製錬事業に参加することを発表し、2009年8月から稼働を開始したプレスメタルサラワク（年産12万トン）の株式20%を取得した。さらに、2013年11月には、同じくサラワク州でアルミニウム製錬工場（年産32万トン、2012年9月操業開始）を運営するプレスメタルの子会社プレスメタルビントゥルPress Metal Bintulu Sdn. Bhd.に20%の資本参加を行った。住友商事は、2つのプロジェクトを合わせて年産44万トンのアルミニウム地金の20パーセントを購入する権益を確保した。

　また、2011年には、同じく第5章第2節で述べたように、丸紅が、すでに資本参加しているアロエッテの持分をケベック州政府投資会社から譲り受けて、出資分13.33%に増加させた。このように、総合商社によって新地金の開発輸入の拡大は進められた。

　注目されるのは、2006年に計画されたベトナムにおけるケミカル用水酸化アルミニウムプロジェクトである。日本軽金属と双日は、ベトナム化学公団VINACHEMと傘下の子会社サウスベーシックケミカルSBCと共同で、アジア最大規模となるケミカル用途水酸化アルミニウム工場の建設について事業性調査を開始した[22]。水酸化アルミニウムの生産能力

2. 資源論の観点

は年間約55万トン、プロジェクトの総事業費は約400億円を見込み、ベトナムのカントリーリスクも踏まえて、国際協力銀行の資源金融を中心とする予定であった。しかし、資材高などで工場建設資金が膨らむ可能性が出てきたことや世界景気の不透明感から採算確保は難しいとの判断から、2008年に日本軽金属がこの計画を断念し、実現には至らなかった[23]。

日本軽金属のベトナム進出計画は、清水工場における水酸化アルミニウム製造の代替を意図したものであったが、表終-2-1に見るように、ベトナムはブラジルに次ぐ世界4位のボーキサイト埋蔵国であり、その開発はまだ途上にあることを勘案すれば、ベトナムへの進出を図ったことの意義は大きかった。国際協力銀行のバックアップが予定されていたとはいえ、リスクが大きい海外事業への進出は、単独あるいは少数の企業の力では限界があることを、このケースは示している。

成長可能性が高い後発国への投資には、かつてのアサハン・プロジェクトやアマゾン・プロジェクトのようなナショナルプロジェクトが組織されることが望ましい。しかし、「アルミニウム産業戦略」が提示した、民-民ベースの取組を基本としつつ、国際協力銀行JBICなど政府系金融機関の活用、ODAによる現地の電力・交通インフラ整備との連携等による支援という戦略方向は、その後、実現されていない。

資源論の観点から日本のアルミニウム産業の将来を展望する時、政府の資源戦略の重要性が大きいことは明白であろう。21世紀は、資源をめぐっての国際対立が激化する時代となることが予測されており、「資源戦争」という言葉が、実感を伴って用いられる時代に入りつつある。地球上に偏在する有限な資源を、国境を越えて公正に配分するような国際ルールや国際組織はまだ存在していない。資源配分を市場のメカニズムに委ねることには限界があり、資源問題には、国家間の協調が不可欠である。

アルミニウムに関する資源問題への対処にも、政府が適切な役割を果たすことが望ましい。そして、これまでのように、問題が発生するごと

終章　アルミニウム産業の将来展望

に、個別的に対策を講じるような姿勢ではなく、エネルギー資源を含めた総合的な資源政策を確立し、それを着実に実行する姿勢が必要である。21世紀の資源配分の公正なあり方を検討したうえで、資源ナショナリズムに対抗しうるような配分原則を確立し、その原則を踏まえた資源政策が樹立されるなかで、アルミニウム資源問題も、解決の方向が見出されるであろう。

完

1　日経BP記事http://techon.nikkeibp.co.jp/article/WORD/20060831/120676/（2014年4月30日閲覧）。

2　マツダ・ニュースリリース、2011年10月4日
　http://www.mazda.com/jp/publicity/release/2011/201110/111004b.html
　（2014年4月30日閲覧）。

3　日産自動車・ニュースリリース2013年3月12日
　http://www.nissan-global.com/JP/NEWS/2013/_STORY/130312-01-j.html
　（2014年4月30日閲覧）。

4　日本アルミニウム協会「アルミニウム建築構造物」
　http://www.aluminum.or.jp/alken/building/index.html

5　宇都宮秀記（大和製罐）「アルミニウム飲料缶製造技術の変遷—この40年の足跡と将来の課題」『アルトピア』2010年10月、43-44頁。

6　日本アルミニウム協会「社会に貢献するアルミ箔の世界」
　http://www.aluminum.or.jp/haku/

7　USGS、Mineral Commodity Summaries, http://minerals.usgs.gov/minerals/pubs/commodity/bauxite/mcs-2014-bauxi.pdf（2014年4月30日閲覧）。

8　USGS、Mineral Commodity Summaries,
　http://minerals.usgs.gov/minerals/pubs/commodityのiron ore, copper, nickel, tin, zinc, leadによる（2014年4月30日閲覧）。

9　日本アルミニウム協会「アルミニウム新地金および展伸材用再生地金のLCIデータの概要」2005年3月23日。http://www.aluminum.or.jp/environment/pdf/1-1.pdf（2014年4月30日閲覧）。

10　大澤直『よくわかるアルミニウムの基本と仕組み』秀和システム、2010年、70頁。日本アルミニウム協会調査によると、日本に輸入される新地金1kgあたりのエネルギー消費量（2000年）は140.9MJであるのに対して、再生地金のエネルギー消費量（1998年）は1.32MJで、新地金の1%に満たない数値に

2. 資源論の観点

なる。日本アルミニウム協会「アルミニウム新地金および展伸材用再生地金のLCIデータの概要」2005年3月23日。
http://www.aluminum.or.jp/environment/pdf/1-1.pdf（2014年4月30日閲覧）。

11　高杉篤美「アルミニウムのリサイクル」『アルトピア』2010年10月、117-8頁。

12　スチール缶リサイクル協会ウエッブサイトによる。
http://www.steelcan.jp/recycle/index.html（2014年4月30日閲覧）。

13　日本アルミニウム協会「循環型飲料容器　アルミ缶」
http://www.aluminum.or.jp/box/junkan/index.htm

14　日本アルミニウム協会ウエッブサイト
http://www.aluminum.or.jp/box/junkan/can.htm（2014年4月30日閲覧）。

15　経済産業省「アルミニウム産業戦略」
http://www.meti.go.jp/policy/nonferrous_metal/strategy/aluminium01.pdf
（2014年4月30日閲覧）。

16　昭和電工ニュースリリース　2006年4月5日
http://www.sdk.co.jp/news/2006/aanw_06_0527.html（2014年4月30日閲覧）。

17　昭和電工ニュースリリース　2010年8月31日
http://www.sdk.co.jp/news/2010/aanw_10_1277.html（2014年4月30日閲覧）。

18　昭和電工ニュースリリース　2013年10月29日
http://www.sdk.co.jp/news/2013/13779.html（2014年4月30日閲覧）。

19　石油天然ガス・金属鉱物資源機構ニュースリリース　2011年6月13日
http://www.jogmec.go.jp/news/release/release0340.html（2014年4月30日閲覧）。

20　「アルミ製錬、マレーシアに新工場—事業化調査、三菱商事、豪社と合意」
日本経済新聞　2005年10月8日、朝刊10頁。

21　双日ニュースリリース2008年5月1日
http://www.sojitz.com/jp/news/2008/05/20080501.php（2014年4月30日閲覧）。

22　双日ニュースリリース2006年11月20日
http://www.sojitz.com/jp/news/2006/11/20061120-2.php（2014年4月30日閲覧）。

23　「ベトナムのアルミ原料工場　日軽金、計画から撤退　新日軽の再建優先」
日本経済新聞、2008年7月17日、朝刊11頁。

参考文献・資料

【刊行書】
《著作》

秋津裕哉著『わが国アルミニウム製錬史にみる企業経営上の諸問題』建築資料研究
　　社、1994年。

浅野秀一著『アルミニウム工業：資源・技術・経済』鉄鋼新聞社、1970年。

東和男編著『中国の自動車産業』華東自動車研究会、2004年。

安西正夫著『アルミニウム工業論』ダイヤモンド社、1971年。

飯高一郎・海江田弘也著『軽金屬と軽合金』誠文堂新光社、1942年。

磯野勝衞著『本邦軽金屬工業の現勢　アルミニウムとマグネシウム』産業經濟新聞
　　社、1943年。

逸見謙三編『アジアの工業化と一次産品加工』アジア経済研究所、1975年。

岩原拓著『中国自動車産業入門　成長を開始した"巨人"の全貌』東洋経済新報社、
　　1995年。

牛島俊行・宮岡成次著『黒ダイヤからの軽銀—三井アルミ20年の歩み』カロス出版、
　　2006年。

越後和典編『規模の経済性』新評論、1969年。

大澤直著『よくわかるアルミニウムの基本と仕組み　性質、製錬、材料、加工の基
　　礎知識：初歩からのアルミの科学』秀和システム、2010年。

小川正巳著『アルミ』日本経済新聞社、1990年。

置村忠雄編『マグネシウム工業の回顧』軽金属統制会、1946年。

置村忠雄編『軽金属史』軽金属協議会、1947年。

小野健二著『軽金属』山海堂、1942年。

神尾彰男著『アルミニウム新時代　軽量・高強度と新機能を追求』工業調査会、
　　1993年。

カロス出版編『アルミニウム会社便覧』カロス出版、1992年。

北川二郎著『アルミニウム工業』誠文堂新光社、1963年。

『金属』編集部編『金属を知る事典』アグネ、1978年。

熊谷尚夫編『日本の産業組織Ⅱ』中央公論社、1973年。

グループ38著『アルミニウム製錬史の断片』カロス出版、1995年。

軽金属協会編『アルミニウムハンドブック』朝倉書房、1963年。

軽金属協会編『アルミニウム百科事典』軽金属通信社、1969年。

軽金属製品協会編『アルミニウム表面処理ハンドブック』軽金属出版、1971年。

軽金属通信社編『アルミニウム読本』軽金属通信社、1974年。

小久保定次郎著『アルミニウムの性質及用途』内田老鶴圃、1938年。

参考文献・資料

小島精一著『戦時日本重工業』春秋社、1938年。

小林藤次郎著『アルミニウムのおはなし』日本規格協会、1985年。

小宮隆太郎・奥野正寛・鈴村興太郎編『日本の産業政策』東京大学出版会、1984年。

坂尾茂信著『中国アルミ紀行』ＬＭ通信社、1987年。

佐藤眞住・藤井清隆著『アルミニウム工業』東洋経済新報社、1968年。

佐藤定幸著『米国アルミニウム産業　競争と独占』岩波書店、1967年。

産業教育協会編『日本産業大系　第１巻　エネルギー・鉄鋼・非鉄金属・鉱石』中央社、1960年。

産業構造調査会編『日本の産業構造』第３巻、通商産業研究社、1965年。

清水啓著『アルミニウム外史　上巻　戦争とアルミニウム』カロス出版、2002年。

清水啓著『アルミニウム外史　下巻　北海道のサトウキビ』カロス出版、2002年。

杉本四朗著『軽金属読本』春秋社、1963年。

杉山伸也・牛島利明編著『日本石炭産業の衰退』慶應義塾大学出版会、2012年。

園田晋著『アルミニウム工業』昭和電工大町青年學校、1933年。

高橋昇著『日本の金属産業』勁草書房、1965年。

高橋本枝著『アルミニウム及其の合金』工業圖書、1937年。

竹内次夫・向坊隆著『東北産粘土よりアルミナ製造の研究』東北産業科学研究所、1943年。

田中彰著『戦後日本の資源ビジネス』名古屋大学出版会、2012年。

田中久泰著『アルミニウム工業の現状と課題』（社）軽金属協会、1969年。

陳晋著『中国自動車企業の成長戦略』信山社出版、2000年。

津村善重著『アルミニウム合金』金属通信社、1976年。

電気化学協会編『日本の電気化学工業の発展』電気化学協会、1959年。

デビッド・シンプソン、ロバート・エイヤーズ、マイケル・トーマン著（植田和弘訳）『資源環境経済学のフロンティア』日本評論社、2009年。

中島崇行・村津寿美男著『アルミ業界』、教育社、1976年。

西岡滋編著『海外アルミ資源の開発』アジア経済研究所、1969年。

西尾滋編著『金属資源　開発と利用の戦略』金属加工出版会、1971年。

日本アルミニウム協会編『社団法人日本アルミニウム連盟の記録』日本アルミニウム協会、2000年。

日本産業学会編『戦後日本産業史』東洋経済新報社、1995年。

長谷川周重著『大いなる摂理』アイペック、1985年。

日向方齊著『私の履歴書』日本経済新聞社、1987年。

フォーイン編『2002中国自動車・部品産業』フォーイン、2002年。

藤井清隆著『軽金属』ポプラ社、1963年。

藤井清隆著　鉄鋼新聞社編『アルミニウムの知識』工業図書出版、1961年。

藤井清隆著『世界のボーキサイト資源』アジア経済研究所、1967年。

285

松崎福三郎・大場吉三郎著『軽金属工芸』仙台書院、1944年。

水上達三著『私の商社昭和史』東洋経済新報社、1987年。

宮岡成次著『三井のアルミ製錬と電力事業』カロス出版、2010年。

三和良一・田付茉莉子・三和元編著『日本の経済』日本経営史研究所、2012年。

森永卓一著『アルミニウム製錬』日刊工業新聞社、1968年。

森永卓一・高橋恒夫著『軽合金の鍛造』軽金属出版、1982年。

渡辺純子著『産業発展・衰退の経済史』有斐閣、2010年。

《会社関係》（有価証券報告書・アニュアルレポートなどは省略）

日本アマゾンアルミニウム『アマゾンアルミ・プロジェクト30年の歩み』日本アマ
　　ゾンアルミニウム、2008年。

ロメウ・ド・ナシメント・テイシェイラ著『アルブラス物語』アルブラス、2008年。

高橋武夫編『神鋼三十年史』神戸製鋼所、1938年。

神鋼五十年史編纂委員会編『神鋼五十年史』神戸製鋼所、1954年。

80年史編纂委員会編『神戸製鋼80年』神戸製鋼鋼所、1986年。

三協アルミニウム工業株式会社社史編集委員会編『10年のあゆみ』三協アルミニウ
　　ム工業、1970年。

中央宣興株式会社出版局編『20年のあゆみ』三協アルミニウム工業、1980年。

三協アルミ30年史編纂委員会企画『三協アルミ30年史』三協アルミニウム工業、
　　1990年。

昭和アルミニウム社史編纂室編『昭和アルミニウム五十年史』昭和アルミニウム、
　　1986年。

昭和軽金属アルミニウム社史編集事務局編『昭和電工アルミニウム五十年史』昭和
　　電工　1984年。

昭和電工株式会社社史編集室編『昭和電工五十年史』昭和電工、1977年。

昭和電工株式会社総務部広報室編『昭和電工のあゆみ』昭和電工、1990年。

昭和電線電纜50年史編纂委員会編『昭和電線電纜50年史』昭和電線電纜、1986年。

スカイアルミニウム編『二十二年の歩み：昭和39.12-昭和61.12』スカイアルミニウ
　　ム、1987年。

住友化学工業編『住友化学工業株式会社史』住友化学工業、1981年。

住友化学工業編『住友化学工業最近二十年史：開業八十周年記念』住友化学工業、
　　1997年。

住友軽金属工業編『住友軽金属工業年表』住友軽金属工業、1974年。

日本社史全集刊行会編『住友軽金属工業社史』（日本社史全集）、常盤書院、1977年、
　　［復刻版］。

住友軽金属工業編『住友軽金属年表　平成元年版』住友軽金属工業、1989年。

住友電気工業編『社史・住友電気工業』住友電気工業、1961年。

参考文献・資料

住友電気工業社史編集委員会編『住友電工の歴史』住友電気工業、1979年。

住友電工100周年社史編集委員会編『住友電工百年史』住友電気工業、1999年。

『タツタ電線20年史』タツタ電線、1967年。

「大紀アルミの40年」編集委員会編『大紀アルミの四十年』大紀アルミニウム工業所、
　　1989年。

『立山アルミ40年史』立山アルミニウム工業、1989年。

東洋アルミニウム編『東洋アルミニウム五十年史』東洋アルミニウム、1982年。

東海金属編『五十年史』東海金属、1961年。

東海金属株式会社総務部編『創立七十周年記念：ニュートーカイ　この二十年のあ
　　ゆみ』東海金属、1982年。

『富山軽金属20年のあゆみ』富山軽金属工業、1990年。

日本アルミニウム工業編『社史・アルミニウム五十五年の歩み』日本アルミニウム
　　工業、1957年。

『最近二十年史』日本アルミニウム工業、1971年。

日本軽金属編『日本軽金属二十年史』日本軽金属、1959年。

日本軽金属社史編纂室編『日本軽金属三十年史』日本軽金属、1970年。

日本軽金属社史編纂室編『日本軽金属五十年史』日本軽金属、1991年。

『日軽圧延』日本軽金属軽圧事業部、1980年。

『日本製箔株式会社五十年史』日本製箔、1984年。

日本鉄鋼連盟戦後鉄鋼史編集委員会編『戦後鉄鋼史』日本鉄鋼連盟、1959年。

日本電線工業会編『電線史』日本電線工業会、1959年。

日本輸出入銀行編『二十年の歩み』日本輸出入銀行、1971年。

日本輸出入銀行編『三十年の歩み』日本輸出入銀行、1983年。

国際協力銀行編『日本輸出入銀行史』国際協力銀行、2003年。

日鉄化学工業編『日鉄化学工業株式会社二十年史』日鉄化学工業、1958年。

日鉄化学工業30年史編集委員会編『日鉄化学30年史』日鉄化学工業、1969年。

日鉄化学工業編『日鉄化学社史』日鉄化学工業、1984年。

藤倉電線社史編纂委員会編『藤倉電線社史（88年のあゆみ）』藤倉電線、1973年。

藤倉電線社史編纂委員会編　『フジクラ100年の歩み：1885-1985』藤倉電線、1987年。

古河電気工業株式会社編、日本経営史研究所編集『創業一〇〇年史』古河電気工業、
　　1991年。

『北陸軽金属工業二十年史』北陸軽金属工業、1963年。

三菱化成工業株式会社総務部臨時社史編集室編『三菱化成社史』三菱化成工業、
　　1981年。

吉田工業編『Y.K.K.三十年史』吉田工業、1964年。

五十年史編纂室編『ＹＫＫ50年史』吉田工業、1984年。

YKK編『挑戦と創造の最近10年史　YKK60周年記念』YKK、1995年。

《官公庁関係》

大蔵省財政史室編『昭和財政史　終戦から講和まで　第一巻　総説　賠償・終戦処理』東洋経済新報社、1984年。

通商産業省産業政策局編『構造不況法の解説　特定不況産業安定臨時措置法』通商産業調査会、1978年。

通商産業省編『基礎素材産業の展望と課題』通商産業調査会、1982年。

通商産業省基礎産業局非鉄金属課編『メタルインダストリー'88』通産資料調査会、1988年。

通商産業省基礎産業局非鉄金属課監修 MITI's Aluminium Data File、産業新聞社、1991年。

通商産業省産業政策局編『構造不況法の解説　特定不況産業安定臨時措置法』通商産業調査会、1978年。

通商産業省産業政策局編『産構法の解説　新たな産業調整へ向けて』通商産業調査会、1983年。

通商産業省通商産業政策史編纂委員会編『通商産業政策史』第1巻、通商産業調査会、1994年。

通商産業省通商産業政策史編纂委員会編『通商産業政策史』第14巻、通商産業調査会、1993年。

通商産業政策史編纂委員会編、尾高煌之助著『通商産業政策史　1980-2000』第1巻、経済産業調査会、2013年。

通商産業政策史編纂委員会編、山崎志郎他著『通商産業政策史　1980-2000』第6巻、経済産業調査会、2011年。

非鉄金属工業の概況編集委員会編（通商産業省基礎産業局金属課）『非鉄金属工業の概況』（昭和51年版・54年版）小宮山印刷工業出版部、1976年・1979年。

《統計・年鑑・資料集》（ウエッブサイト掲載を含む）

『アルミニウム年鑑・総覧』金物時代社、1937年。

一條諦吉編『アルミニウム年鑑・マグネシウム總覧』金物時代社、1939年。

一條諦吉編『軽金属年鑑』金物時代社、1942年。

金属産業調査研究所、金属通信社編『軽金属通鑑』（昭38〜昭48）金属通信社、1963-1973年。

軽金属製錬会編『アルミニウム製錬工業統計年報』軽金属製錬会、1960年。

経済産業省大臣官房調査統計グループ構造統計室『本邦鉱業のすう勢調査』。

財務省『財務省貿易統計』（http://www.customs.go.jp/toukei/suii/index.html）

財務省「対外及び対内直接投資実績」（http://www.mof.go.jp/international_policy/reference/itn_transactions_in_securities/fdi/sankou03.xls）

総務省「平成17年産業連関表」（http://www.soumu.go.jp/main_content/ 000290970.

pdf

http://www.e-stat.go.jp/SG 1 /estat/List.do?bid=000001019588&cycode= 0)

総務省統計局『日本の長期統計』(http://www.stat.go.jp/data/chouki/index.html)

日本アルミニウム協会『アルミニウムデータブック 2012』日本アルミニウム協会、
　2012年。

日本アルミニウム協会『アルミニウム製錬工業統計年報』

日本アルミニウム協会『アルミニウム統計月報』
　(http://www.aluminum.or.jp/atatistics/monthly_report.html)

日本アルミニウム協会『アルミ圧延品統計月報』
　(http://www.aluminum.or.jp/statistics/rollingstat.html)

日本アルミニウム連盟『軽金属工業統計年報』

日本銀行『主要時系列統計データ表(月次)』
　(http://www.stat-search.boj.or.jp/ssi/mtshtml/m.html)

日本鉄鋼連盟『鉄鋼統計要覧』

日本貿易振興機構『日本の直接投資』
　(http://www.jetro.go.jp/world/japan/stats/fdi/data/)

J-DAC『企業史料統合データベース』

【論文記事】
《雑誌》

池田徹「'85年を迎えるアルミ業界の課題」「あるとぴあ時評」『アルトピア』vol.15
　No. 1、1985年1月。

大西幹弘「戦後、日本アルミニウム製錬業に見る新規参入と既存企業の対応―三菱
　化成の参入をめぐって―」、『一橋論叢』第89巻 第5号、1983年5月。

小邦宏治「生か死か―土壇場のアルミ製錬業」『エコノミスト』1978年7月18日。

岸本憲明「Norsk Hydro社をパートナーに迎えて」日本ブラジル中央協会『ブラジ
　ル特報』2011年7月号。

木村栄宏「アルミ製錬業の撤収と今後の課題」『日本長期信用銀行調査月報』202号、
　1983年3月。

金原幹夫・望月文男「アルミニウム産業の資源とエネルギー問題」『軽金属』
　Vol.30、No. 1、1980年。

首藤宣行「"死に至る病"のアルミ製錬」『エコノミスト』1982年9月20日。

田下雅昭「アルミニウム製錬業の国際競争力と設備投資の動向」『日本長期信用銀
　行調査月報』146号、1976年1月。

田中美生「構造不況と産業調整政策」『神戸学院経済学論集』第17巻第3号、1985年。

富樫幸一「戦後日本のアルミニウム製錬工業の立地変動と地域開発政策」『経済地
　理学年報』30(1)1984年。

西村「わが国アルミ製錬業の現状と問題点」『三井銀行調査月報』530号、1979年 9 月。

根尾敬次「アルミニウム産業論」第 1 回〜22回、『アルトピア』vol.32　No.10〜vol.34　No. 8 、2002年10月〜2004年 8 月。

ラジャン，マヘッシュ　伊田昌弘訳「経営の構造的衰退：日本アルミニウム製錬産業における生産能力調整戦略の制度的影響」『大阪産業大学論集』通号108、1998年 2 月。

村田博文「死刑を宣告されたアルミ 6 社」『財界』1981年 5 月26日。

「新たな局面を迎えるアルミ産業」『三菱銀行調査』429号、1991年 1 月。

「アルミ圧延の土俵に巨人の足」『エコノミスト』1963年 9 月24日。

「アルミを黒字集団化した昭和電工」『週刊ダイヤモンド』1988年 3 月30日。

「アルミ製錬業界事情」『興銀調査』166号、1972年11月。

「アルミニウム産業　1984年の回顧と1985年の展望」『アルミニウム』No.53、1985年 1 月。

「激突前夜のアルミ戦線」『週刊東洋経済』42年11月 4 日

「これからの日本のアルミ産業」『アルトピア』vol.17　No. 5 、1987年 5 月。

「トップに聞く　撤収から再構成へのシナリオ」『アルトピア』vol.19　No. 2 、1989年 2 月。

「三井グループ"アルミへの執念"をきる」『ダイヤモンド』1968年 2 月19日、60頁。

【WEBSITE資料】（新聞記事・会社・団体関係ニュースリリースは省略）
経済産業省「アルミニウム産業戦略」
　　（http://www.meti.go.jp/policy/nonferrous_metal/strategy/aluminium01.pdf）
経済産業省非鉄金属課「アルミニウム産業の現状と課題」2005年
　　（http://www.meti.go.jp/policy/nonferrous_metal/strategy/aluminium02.pdf）
公正取引委員会「古河スカイ株式会社と住友軽金属工業株式会社の合併計画に関する審査結果について」2013年 2 月21日、
　　（http://www.jftc.go.jp/houdou/pressrelease/h25/feb/130221.files/130221- 3 .pdf）
国際協力機構『海外経済協力基金史』
　　（http://www.jica.go.jp/publication/archives/jbic/history/pdf/k11_part 3 chap 4 .pdf）
児嶋秀平（経済産業省鉱物資源課）「鉱物資源安定供給論」2002年、
　　（http://www.rieti.go.jp/jp/projects/koubutsu/pp01r001-r0712.pdf）
独立行政法人 石油天然ガス・金属鉱物資源機構　金属資源開発調査企画グループ『銅ビジネスの歴史』（http://mric.jogmec.go.jp/public/report/2006-08/）
資源エネルギー庁電力・ガス事業部「電気料金の各国比較について」平成23年 8 月。
　　（http://www.enecho.meti.go.jp/denkihp/shiryo/110817kokusaihikakuyouin.pdf）

日本アルミニウム協会「アルミニウム技術戦略のロードマップ　2013」
　（http://www.aluminum.or.jp/roadmap/pdf/2013.pdf）
日本アルミニウム協会「アルミ産業の歩み」
　（http://www.aluminum.or.jp/basic/alumi-sangyo/index.html）
日本アルミニウム協会「アルミニウム合金製品車輌の歴史」
　（http://www.aluminum.or.jp/railway_vehicle/history/index.html）
日本アルミニウム協会自動車アルミ化委員会「自動車アルミ化」
　（http://www.aluminum.or.jp/jidosha/japanese/07/07Localindex.htm）
森謙一郎「高張力鋼部材のプレス成形技術」
　（http://chusanren-jisedai.com/upload/fckeditor/0323_mori.pdf）

【アルミ関係団体WEBSITE】（アルミ関連各社のHPに関しては省略）
日本アルミニウム協会、http://www.aluminum.or.jp/
日本アルミニウム合金協会、http://www.jara-al.or.jp/
全国清涼飲料工業会、http://j-sda.or.jp/
日本サッシ協会、http://www.jsma.or.jp/
軽金属製品協会、http://www.apajapan.org/

【外国文献】

Anyadike, Nnamdi, *Aluminium: The Challenges Ahead*, Woodhead Publishing, 2002

Duparc, Olivier Hardouin, Alfred Wilm and the beginnings of Duralumin, *Zeitschrift für Metallkunde*, vol. 96, 2005

EC, Joint Research Centre, *The World Aluminium Industry*, Dictus Publishing, 2012

ESS, GHQ, SCAP, *The Aluminum Industry of Japan*, ESS, 1946

Holloway, Steven, *The Aluminium Multinationals and Bauxite Cartel*, Palgrave Macmillan, 1988

International Directory of Company Histories, Vol. 31. St. James Press, 2000

International Directory of Company Histories, Vol. 35. St. James Press, 2001

International Directory of Company Histories, Vol. 45. St. James Press, 2002

International Directory of Company Histories, Vol. 56. St. James Press, 2004

International Directory of Company Histories, Vol. 67. St. James Press, 2005

King, James F., *The Aluminium Industry* (*International Trade Series*), Woodhead Publishing, 2001

Miwa, Hajime, 'The Rise and Decline of Japanese Aluminium Smelters from 1960s and 1980s', *The Journal for the History of Aluminium* no.54. (2015, June,

Institute for the History of Aluminium)

Nappi, Carmine, *The Global Aluminium Industry - 40 years from 1972*, International Aluminium Institute, 2013 http://www.world-aluminium.org/media/filer_public/2013/02/25/an_outlook_ of_the_global_aluminium_industry_1972_-_present_day.pdf.

OECD, *The Case for Positive Adjustment Policies*, Paris, 1979

Sheard, Paul, *How Japanese firms manage industrial adjustment: a case study of aluminium*, Research School of Pacific Studies, Australian National University, 1987

Stuckey, John A., *Joint Ventures and Vertical Integration in the Aluminium Industry*, Harvard University, Cambridge, 1983

Tsesmelis, Katy, *Recycling -an important part of the aluminium story*, http:// www.world-aluminium.org/media/filer_public/2013/02/27/aluminium_ recycling_-_an_important_part_of_the_aluminium_story.pdf

United Nations, Centre on Transnational Corporations, *Transnational corporations in the bauxite/aluminium industry*, United Nations, 1981

USGS, Mineral Commodity Summaries, http://minerals.usgs.gov/minerals /pubs/ commodity/

Wallace, Donald H., *Market Control in the Aluminum Industry*, Harvard University Press, Cambridge, 1937

World Aluminium Directory 7 th Revised, Metal Bulletin Books Ltd., 2007

World Bureau of Metal Statistics, *World Metal Statistics.*

あ と が き

　本書は、2014年に慶應義塾大学大学院政策・メディア研究科に博士論文として提出、受理された「日本のアルミニウム産業—製錬業の盛衰と加工業の現況—」をもとに、現状分析の章を除く歴史分析の諸章で構成されている。

　2005年に慶應義塾大学大学院政策・メディア研究科に修士論文「中国の自動車産業政策とトヨタグループの対中戦略」を提出し、修士学位認定を受けてから、しばらく中国の大学で教鞭を執る生活を続けていた。中国の目覚ましい経済成長を目の当たりにしながら、そこで活動する日本企業の姿に関心を持ち続け、修士論文のテーマをさらに深めてみたいという気持ちが強くなった。修士論文でご指導いただいた慶応義塾大学総合政策学部の小島朋之教授は、残念なことにご他界されたので、副査としてご審査いただいた慶応義塾大学総合政策学部の野村亨教授にご相談し、慶応義塾大学総合政策学部の桑原武夫教授にご指導いただけることとなり、博士課程に進学した。

　博士論文のテーマとしては、日本企業の中国進出を想定して、自動車企業本体に続いて海外工場を展開した部品産業について情報を集めた。そのなかで、自動車のアルミニウム部品産業に興味を引かれ、日本のアルミニウム産業の勉強をはじめた。そこで、一時は世界第3位の規模にまで成長した日本のアルミニウム製錬業が、ドルショックとオイルショックによってほぼ完全に衰退したという世界の近代産業史のなかでも希有な歴史的事象を知り、しかも、それに関する産業史・経営史的研究がほとんど手がけられていないことを知った。そして、博士論文のテーマは、日本のアルミニウム産業とすることとした。日本のアルミニウム加工業が中国に進出している現況を含めて、製錬業の盛衰と加工業の現状を解明する作業を進めた。

　執筆の過程では、解明できた論点を、社会経済史学会第82回全国大会

（2013年6月1日、東京大学）で「日本アルミ製錬業衰退の経済史的意味―資源問題の視角から―」、経営史学会第49回全国大会（2013年10月26日、龍谷大学）で「日本のアルミニウム製錬業における参入と撤退―三井グループの事例を中心に―」、社会経済史学会第83回全国大会（2014年5月24日、同志社大学）で「日本アルミニウム産業の原材料対策―地金開発輸入の役割―」として報告した。また、2014年12月11日には、国際会議Aluminium as a Material for Creativity From the 19th to the 21st Century,（Paris, the Museum of Decorative Arts）に 'From the rise and decline of Japanese smelters to the success of aluminium fabricators' を論文提出した。また、*The Journal for the History of Aluminium* no.54.（2015, June, Institute for the History of Aluminium）に 'The Rise and Decline of Japanese Aluminium Smelters from 1960s and 1980s'を投稿した。

　論文完成までには、桑原武夫教授はじめ、野村亨教授、慶應義塾大学総合政策学部の柳町功教授ならびに松井孝治教授から適切なご指摘、ご指導をいただいた。慶応義塾大学湘南藤沢キャンパス以外においても、三田キャンパスの先生方や他大学の研究者の方々からもご助言を頂戴した。また、経済産業省事務次官立岡恒良氏をはじめ、アルミニウム業界に関わる多くの方々からヒアリングや資料提供などの形でご協力いただいた。ご指導とご教示をいただいた方々に、この場を借りて、心より感謝申し上げたい。

　出版に際しては、2003年に北京日本学研究センターに出講しておられた折にご面識をいただいた三重大学濱森太郎教授（現　三重大学名誉教授・三重大学出版会編集長）にお世話いただいた。若輩の研究成果の公刊にご尽力いただいたことに深く感謝申し上げたい。

　2015年10月

　　　　　　　　　　　　　三　和　　　元

事 項 索 引

【ア行】

アサハン・プロジェクト …… 2, 108, 117, 120, 126, 163, 182, 210, 225, 228, 230, **247-252**, 255, 261-263, 265, 278, 281

亜州アルミ ……………………………… **36**

アナコンダ ……………………………… 20

アマゾン・プロジェクト …… 2, 108, 117, 120, 126, 163, 182, 225, 228, 230, **252-257**, 261-262, 264-266, 281

アマックス ……………………………… 238

アルキャン …… 12, 20, 25-26, **28-30**, 37, 53, 79, 100, 146, 201, 235, 243, 252-253

アルコア …… 18, 25-26, **27-28**, 29, 34, 36-37, 44, 78, 100, 167, 201, 239-240

アルコア・アピール ……………………… 167

アルスイス ……………………………… 26, 30

アルノルテ ⇒アマゾン・プロジェクト

アルパック・プロジェクト ……… 230, **235-236**

アルブラス ⇒アマゾン・プロジェクト

アルマックス ……………………… 28, 100, 238

アルマックス・プロジェクト …… 228, 230, **238-239**

アルミナ …… 24-26, 70, 121, 134, 139, 143, 224-225, 232, 235, 251, 259-261, 265, 278-279

アルミナ・リミテッド ……………………… 26

アルミニウム缶 ……… 41, 57-58, 271, 276-277

アルミニウム再生地金・二次地金 ……… 7, 40, 275-277

アルミニウム地金・新地金　生産 …… 6, 17-20, 39, 47, 49, 52-53, 56, 100, 104

アルミニウム地金・新地金　生産（製錬）能力 ……………… 7, 62, 80-81, 107-109, 131

アルミニウム地金・新地金　減産・生産制限・不況カルテル …… 107, 112, 134, 159, 163, **172-173**, 176

アルミニウム地金・新地金　消費・需要 …… 6, 8, 21-24, 55-56

アルミニウム地金・新地金　需給 …… 101, 196-197

アルミニウム地金・新地金　価格 …… 8, 15, 92,

100-101, 103-104, 106, 108, 110, 124, 152-153, 164, 174, 176, 178, 188, 195, 197, 199-202, 263-265

アルミニウム地金・新地金　製造原価（コスト）……………… 105-106, 108, 110, 134, 173

アルミニウム地金・新地金　輸入 …… 47, 227, 229

アルミニウム地金・新地金　関税・関税割当・減免 …… 97, 107, 111, 153-154, 163, 165, 167-168, **176-177**, **179-181**, 207

アルミニウム地金・新地金　備蓄 …… 107, 112, 159, **170-172**, **184-185**

アルミニウム地金・新地金　設備凍結・設備削減 ……………… 107, 162, 164, 167, **173-176**

アルミニウム地金・新地金　構造改善計画（第一次・第二次）…………… **173-175**, 187, 189

アルミニウム新製錬技術研究組合 …… 140-141

アルミニウム製品　用途別需要 … 22-23, 41-42, 52, 55-56

アルミニウム製品　新規用途 ……………… 57

アルミニウム製品　製品別出荷 …… 23, 42-43

アルミニウム製品　輸出入 …………… 40-41

アルミニウム製品　関税 ……………… 207

アルミニウム箔 …………… 36, 271-272

アレリス ……………………………… **35**, 38

アロエッテ・プロジェクト ……… 230, **241-242**

一貫経営 ……… 71, 74-75, 88, 153, 185-186

伊藤忠商事 …… 225, 255, 261, 279-280

イナルム ⇒アサハン・プロジェクト

ヴァーティカル・インテグレーション … 59-60, 95, 208

ヴァーレ …………… 26, 32, 256-257

円為替相場・円高 ……… 102-103, 152-153, 167

エンザス・プロジェクト …… 116, 120, 228, 230, **231-233**, 264

オイルショック　第一次・第二次 … 1, 39, 75, 79-80, 84, 93, 95, 97, **105**, **108-111**, 133, 135, 152

大蔵省 ………………………………… 179

沖縄アルミニウム ……………………… 76

【カ行】

海外経済協力基金 ……………… 248, 250, 254
カイザー ……………… 20, 25-26, 31, 77, 100, 236
外資導入 …………………………………………… 53
開発輸入　ボーキサイト・アルミナ・アルミニ
　ウム …… 12, 108, 163, 165, **182-183**, 189, 201-
　202, **222-267**, 278
開発輸入　鉄鉱石 …………… **212-216**, 221
開発輸入　銅鉱 ………………………… **217-220**
貸付金利軽減措置 ………………………………… 159
火力発電 ………………………… 59, 106, 205
火力発電　定期点検延長 ……… 121, 133, 164
火力発電　重油 …… 62-64, 73, 79, 83-84, 95, 146
火力発電　石炭 ………… 66, 133, 142, 236
火力発電　天然ガス ……………………………… 65
火力発電　石炭転換 …… 111, 113, 115, 121, 152,
　165, **181-182**, 184, 187, 204
業界再編成 ……………………… 185-187
経営損益　製錬業 ……… 104-105, 173-176, 178
経営損益　住軽アルミニウム工業 ………… 115
経営損益　住友アルミニウム製錬 ………… 125
経営損益　三井アルミニウム工業 …… 129-130,
　132, 139-141, 145
経営損益　三菱軽金属 ………………… 126
軽金属製錬会 ……………… 87, 195, 253
経済産業省・通商産業省 … 10-11, 77-78, 87, 98,
　144, 156, 159, 167, 179, 186, 188, 203-205, 207,
　278
原単位 ………………… 53, 105, 111, 149
原油価格 …………………………………… 104
構造改善資金 ………………… 144, **175-178**
江蘇国威アルミ ……………………… 36-37
高張力鋼板・ハイテン …… 3, 269-270, 273-274
神戸製鋼所 …… 9, 28, 34, **79-80**, 232-234, 236-
　237, 241, 261, 265-266
国際カルテル ………………………… 17-18
国産軽銀 …………………………………………… 48
コマルコ … 84, 116-120, 186, 226, 231-232, 236-
　237
コンステリウム ……………………… 34, 38

【サ行】

サパ ……………… 32, **35-36**, 38

サラワク・プロジェクト ………… 230, **242-243**
三協アルミニウム ………………… 9, 43
産業構造審議会アルミニウム部会・非鉄金属部
　会 ……………………… 97・203
産業構造審議会アルミニウム部会・非鉄金属部
　会　第一次中間答申 ……… 107, **159-162**, 210
産業構造審議会アルミニウム部会・非鉄金属部
　会　第二次中間答申 … 107, 160-161, **162-163**
産業構造審議会アルミニウム部会・非鉄金属部
　会　答申（第三回）…… 108, 160-161, **163-164**
産業構造審議会アルミニウム部会・非鉄金属部
　会　答申（第四回）… 111, 160-161, **165-166**,
　179, 210-211
産業構造審議会アルミニウム部会・非鉄金属部
　会　答申 …………… 111, 160-161, **166-167**
三協立山 ……………………… 43, 266
参入障壁 ……………… 54-55, **58-60**, 92-93, 95
三和ホールディングス ……………………… 43
シビルスキー・アルミニウム ……………… 30
ジュラルミン ………………… 5, 17-18, **37**
昭和電工・昭和軽金属 … 9, 51, 53, 80-83, **116-**
　120, 155, 170-171, 186, 223-226, 231-234, 244,
　248, 256, 264-265, 279
昭和電工・昭和軽金属　大町工場 … 48-49, 109,
　111, 117
昭和電工・昭和軽金属　横浜工場 ………… 70
昭和電工・昭和軽金属　喜多方工場 … 109, 111,
　117
昭和電工・昭和軽金属　千葉工場 …… 109, 117,
　119, 187
新日本製鐵 ………………… 78, 238, 256
水力発電 …… 59, 97, 106, 124, 146, 152, 187, 190,
　205, 231, 237, 242, 247-248, 252, 273
スカイアルミニウム ……………… 65, 78
住軽アルミニウム工業 … **71-76**, 81-82, 94, 109,
　111, **113-116**, 155, 181
住友化学工業・住友アルミニウム製錬 … 9, 51,
　53, 71, 80-84, **120-126**, 155, 170-171, 180-181,
　223-226, 231, 234, 236-237, 239, 244, 248, 264
　-265
住友化学工業・住友アルミニウム製錬　菊本工
　場 ……………………… 70, 109
住友化学工業・住友アルミニウム製錬　新居浜
　工場 ……………………… 48-49, 84

事 項 索 引

住友化学工業・住友アルミニウム製錬　富山工場‥‥‥‥‥84, 109, 120, 126, 181, 187

住友化学工業・住友アルミニウム製錬　磯浦工場‥‥‥‥‥‥‥‥‥‥‥‥‥109, 111

住友化学工業・住友アルミニウム製錬　名古屋工場‥‥‥‥‥‥‥‥‥‥‥‥‥‥‥109

住友金属工業‥‥18, 71-72, 74, 114-116, 256, 269

住友軽金属工業‥‥‥‥71, 89, 114, 225, 236-237

住友商事‥‥‥‥‥‥225, 237, 242-243, 280

住友伸銅所‥‥‥‥‥‥‥‥‥‥‥‥‥‥47

住友東予アルミニウム製錬　東予工場‥‥‥‥84, 94-95, 109, 121

石炭鉱業・石炭産業‥‥‥‥‥‥1, 158, 196

石炭鉱業・石炭産業　保護政策‥‥‥66-67, 83, 145, **191-192**

赤泥‥‥‥‥‥‥‥‥‥‥‥‥‥‥12, 260

積極的な産業調整政策　PAP‥157, 166, 168, 179, 187-188, 192

積極的な調整政策‥‥‥‥‥‥‥‥‥**178-187**

零式艦上戦闘機‥‥‥‥‥‥‥‥‥‥‥18

双日‥‥‥‥‥‥‥‥‥‥‥‥‥‥279-280

【タ行】

ターミナル・ケア‥‥‥‥‥157, 187-188, 190

単一為替レート‥‥‥‥‥‥‥‥‥‥51-52

炭素繊維‥‥‥‥‥‥‥‥‥‥2, 272, 276

チャイナルコ‥‥‥‥‥‥26, **31**, 34, 36-37

チャルコ‥‥‥‥‥‥‥‥‥26, **31**, 37

中国電力投資公司　CPI‥‥‥‥‥‥27, **31-32**

朝鮮軽金属‥‥‥‥‥‥‥‥‥‥‥‥48

鎮江鼎勝アルミ‥‥‥‥‥‥‥‥‥36-37

鉄鋼　銑鉄・鋼鉄‥‥‥‥‥‥‥‥8, 14

鉄鉱石‥‥‥‥‥‥‥‥‥212-216, 273

電解炉‥‥‥‥‥‥‥‥‥‥‥‥59, 140

電解炉　ゼーダーベルグ式‥‥‥‥64, 83, 87

電解炉　プリベーク式‥‥‥74, 83-84, 87, 93, 96, 232, 236, 241, 249

電力・電気　供給源‥‥‥‥‥‥‥‥82-84

電力・電気　費（コスト）‥‥‥‥1, 58-59, 62-63, 65-66, 68, 75, 80, 92-93, 95, 105-106, 108, 113-115, 118, 122, 124, 127, 129, 133-135, 138-141, 143, 145, 155, 159-162, 164-165, 181-183, 187, 204, 240

電力・電気　原単位‥‥‥‥‥2, 121, 164, 173, 176, 187

電力・電気　料金・価格‥‥‥8, 15, 97, 104, 146, 152, 163, 187, **205-206**, 231

電力・電気　使用量‥‥‥‥‥‥‥‥12, 198

電力・電気　電力向け需要‥‥‥22, 39, 41, 52, 55

銅　粗銅・電気銅‥‥‥‥‥‥‥‥8, 14

東京電燈‥‥‥‥‥‥‥‥‥‥‥‥‥48

銅鉱‥‥‥‥‥‥‥‥‥‥217-220, 273

東北振興アルミニウム‥‥‥‥‥‥‥‥48

東洋アルミニウム‥‥‥‥‥‥‥‥‥‥9

東洋製罐グループホールディングス‥‥‥43-44

特定産業構造改善臨時措置法‥‥‥‥‥157, 166

特定不況業種離職者臨時措置法‥‥107, 163, 191

特定不況産業安定臨時措置法‥‥‥107, 163-164

トステム‥‥‥‥‥‥‥‥‥‥‥‥239

トヨタ自動車工業‥‥‥‥‥‥‥‥‥236

ドルショック‥‥‥‥‥‥‥1, 39, 93, **102-103**

【ナ行】

並木レポート‥‥‥‥‥‥‥‥‥‥‥195

日本アサハンアルミニウム‥‥‥‥‥248-250

日本アマゾンアルミニウム‥‥9, 253-254, 256-257

日本アルミニウム‥‥‥‥‥‥‥‥48-49

日本アルミニウム協会‥‥‥‥‥‥‥274

日本アルミニウム連盟‥‥‥‥‥142, 205

日本軽金属・日本軽金属ホールディングス‥‥9, 30, 43-45, 48, 51, 53, 69, 76, 78-81, 143, **146-147**, 170-171, 175, 177, 186, 206, 223-224, 230, 235, 249, 252, 254-255, 280-281

日本軽金属・日本軽金属ホールディングス　蒲原工場‥‥‥‥1, 7, 49, 97, 109, 147, 155, 187

日本軽金属・日本軽金属ホールディングス　新潟工場‥‥‥67, 81-82, 94, 109, 147, 175

日本軽金属・日本軽金属ホールディングス　清水工場‥‥‥‥‥‥‥‥70, 81-82

日本軽金属・日本軽金属ホールディングス　苫小牧工場‥‥‥‥81-82, 67, 109, 109, 147, 175

日本曹達‥‥‥‥‥‥‥‥‥‥‥‥‥48

日本窒素肥料‥‥‥‥‥‥‥‥‥‥48-49

日満アルミニウム‥‥‥‥‥‥‥‥‥48

日産自動車‥‥‥‥‥‥‥‥‥266, 269

日商岩井‥‥‥‥‥‥‥‥‥‥225, 261

日本電気工業‥‥‥‥‥‥‥‥‥‥1, 48

日本プレミアム‥‥‥‥‥‥‥189, 197-199
日本製箔‥‥‥‥‥‥‥‥‥‥‥‥‥‥‥ 9
日本沃度‥‥‥‥‥‥‥‥‥‥‥‥‥‥1, 48
ノヴェリス‥‥‥‥‥‥‥‥‥‥‥‥34, 36

【ハ行】

ハーヴェイ‥‥‥‥‥‥‥‥‥‥‥20, 32
賠償撤去案‥‥‥‥‥‥‥‥‥‥‥50-51
ハイドロ‥‥‥‥26-27, **32**, 34, 36-37, 242, 256
ハウメット‥‥‥‥‥‥‥‥‥‥‥‥‥28
バックワード・インテグレーション‥‥72, 79
日曹製鋼‥‥‥‥‥‥‥‥‥‥‥‥‥‥77
ヒンダルコ‥‥‥‥‥‥‥‥‥27, **34**, 38
ブリティッシュ・アルミニウム‥‥‥‥27, 29
古河アルミニウム工業・古河スカイ‥78-79, 239, 256
古河電気工業‥‥‥‥‥‥‥ 9, 27, 48, 78
ペシネー‥‥‥‥16, 26, 64, 70, 77, 100, 140, 254
ベナルム・プロジェクト‥‥‥80, 116, 120, 126, 228, 230, **233-235**, 264, 278
ボイン・スメルターズ・プロジェクト‥‥80, 120, 228, 230, **236-237**
ボーキサイト‥‥2, 6, 12, 24-25, 48-49, 51-52, 58-59, 61-63, 64, 70, 84, 108, 159, 251-252, 256, 259-260, 272-275, 278-281
ボーキサイト　開発輸入‥‥‥182, 209, **222-226**
ポートランド・プロジェクト‥‥‥230, **239-241**
ホール・エルー法‥‥‥‥‥ 5, 17, 268, 274
ホットメタルチャージ方式‥‥‥‥‥‥‥75

【マ行】

マツダ‥‥‥‥‥‥‥‥‥‥‥‥‥‥269
丸紅‥‥‥‥‥225, 233-234, 237, 239-242, 280
満州軽金属‥‥‥‥‥‥‥‥‥‥‥48-49
三池炭‥‥‥‥‥‥‥‥‥‥66, 87, 145
三井アルミナ製造‥‥‥‥‥‥70, 142-143
三井アルミニウム工業‥‥‥54, **65-71**, 81-82, 92, 109, **129-146**, 155, 170-171, 177, 180, 187, 224 -225, 249, 252, 254-255
三井軽金属‥‥‥‥‥‥‥‥‥‥‥48-49
三井鉱山‥‥‥‥‥‥‥‥65-67, 86, 142
三井物産‥‥‥‥‥66-67, 69-70, 87, 142, 224-225,

238-239, 244, 255-257
三菱化成工業・三菱軽金属工業・菱化軽金属工業‥‥‥‥ 9, 54, **61-65**, 81-82, 91, **126-129**, 155, 170-171, 224, 234, 239, 249, 256
三菱化成工業・三菱軽金属工業・菱化軽金属工業　坂出工場‥‥‥‥‥‥91, 109, 126, 128, 187
三菱化成工業・三菱軽金属工業・菱化軽金属工業　直江津工場‥‥‥‥‥‥‥109, 128
三菱商事‥‥‥‥‥225, 236, 241-242, 256, 279
三菱マテリアル‥‥‥‥‥‥244, 256, 265
三菱レイノルズアルミニウム‥‥‥‥‥‥64
ミルハウス‥‥‥‥‥‥‥‥‥‥‥‥30
モザール・プロジェクト‥‥‥‥‥230, **242**

【ヤ行】

八幡製鐵‥‥‥‥‥‥‥‥‥‥65, **77-78**
溶鉱炉製錬法‥‥‥‥‥‥140, 152, **183-184**
吉田工業‥‥‥‥‥‥‥‥‥‥‥236, 239

【ラ行】

リオ・ティント‥‥‥‥‥‥‥12, 30, 233
リオ・ティント・アルキャン‥‥‥25-26, **30**, 44, 233, 242
リオドセ‥‥‥‥‥‥‥‥‥252-253, 255
リサイクル‥‥‥‥‥‥‥‥‥‥275-277
リサイクル法‥‥‥‥‥‥‥‥‥275-277
ルサール‥‥‥‥‥‥‥‥26, **30-31**, 37
レイノルズ‥‥‥18, 26, 28, 61, 64, 100, 234, 261
ロンドン金属取引所LME‥‥‥102, 189, 197, 201, 250, 254, 264

【ワ行】

ワースリー・アルミナ製造プロジェクト‥261

BHPビリトン‥‥‥‥‥26, **33**, 37-38, 261, 279
LYXIL‥‥‥‥‥‥‥‥‥‥‥‥43-44
UACJ‥‥‥‥‥‥‥‥‥‥‥‥‥43, 45
YKK‥‥‥‥‥‥‥‥‥ 9, 43-44, 239, 266
YKK AP‥‥‥‥‥‥‥‥‥‥‥‥‥43

(太字は主要記述箇所を示す。)

人名索引

【ア行】

秋津裕哉·············· 9 , 54, 72, 98, 120, 147, 150
安倍晋太郎·······················168
安西正夫······· 9 -10, 52-54, 59-60, 95, 98, 233
池田徹·····························193
一条諦吉····························88
一方井卓雄··························149
糸井平蔵····························167
伊牟田敏充··························156
ヴィルム、A·························37
ヴェーラー、F·······················16
牛島利明····························15
牛島俊行······················ 9 , 54, 98
宇都宮秀記··························282
エイヤーズ、R·······················15
越後和典···············54, 58, 60, 62, 95, 203
エルー、P···························17
エルステッド、H·····················16
大柏英雄····························207
大澤直·····························282
大西幹弘························54, 86
小川正巳····························207
小川義男·······················74-75, 116
奥野正寛····························10

【カ行】

ガイゼル、E·····················252-253
川口勲·····························142
岸本憲明····························258
木村栄宏························95, 199
金原幹夫····························111
熊谷典文····························116
桑原靖夫························54, 98
河本敏夫····························248
児嶋秀平····························193
小林俊夫····························167
小松勇五郎······················154, 193
小宮隆太郎··························10
向坂正男····························203

【サ行】

佐藤栄作····························77
清水啓························ 9 , 72, 89, 99
首藤宣行····························111
小邦宏治························112, 168
ジョーンズ、J························15
シンプソン、D·······················15
杉山伸也····························15
鈴木斐雄························128, 150
鈴木永二····························128
鈴木治雄··················117, 120, 149, 203
鈴村興太郎··························10
スハルト、H·····················247-249
スフッド、A·························248
隅谷三喜男·················156-157, 189, 191

【タ行】

高木俊毅····························190
高杉篤美····························283
田下雅昭·······················89, 105, 110
田中彰·························15, 215
田中角栄························74, 252
田中久泰··················59-60, 68, 95-96
田中季雄························74, 203
田中直毅··················10, 99, 156-157
田中美生····························158
辻野坦························150, 203
デイヴィ、H·························37
デリパスカ、O·······················30
ドヴィーユ、H·······················16
トーマン、M·························15
富樫幸一····························15
土光敏夫····························253

【ナ行】

中山一郎························163, 203
西岡滋·························211, 243
根尾敬次······················ 9 -10, 54, 98

299

【ハ行】

長谷川周重 ･･････････････ 72, 89, 112, 193
林健彦 ･････････････････････････ 149, 190
土方武 ･･･････････････････････････････ 124
日向方齊 ･･･････････････ 72, 89, 147-148
平岡大介 ･･･････････････････････････ 208
藤井清隆 ･･･････････････････････････ 193
藤島安之 ･･･････････････････････････ 193
ホール、C ･･･････････････････････････ 16
堀田庄三 ･････････････････････････････ 89

【マ行】

松永義正 ･･･････････････････････ 190, 208
松村太郎 ･･･････････････････････････ 151
三木武夫 ･･･････････････････････････ 253
水上達三 ･･･････････････････････････ 69
宮岡成次 ･･････････ 9 , 54, 71, 94, 98, 143, 189
三好大哉 ･･･････････････････････ 120, 148

村松太郎 ･･･････････････････････････ 143
望月文男 ･･･････････････････････････ 111
森謙一郎 ･･････････････････ 269-270, 274

【ヤ行】

矢野俊比古 ･････････････････････････ 150
山崎志郎 ･･････････････････ 10, 99, 156
吉川浩一 ･･･････････････････････ 195, 207

【ラ行】

ラジャン、M ･･･････････････････････ 158
レイチ、D ･･････････････････････････ 252

【ワ行】

渡辺純子 ･･･････････････････････ 15, 158

Duparc, O ･････････････････････････ 37
Nappi, C ･･･････････････････････････ 42
Stuckey, J ･･･････････････････････ 25-26

著者略歴
1980年　埼玉県に生れる。
2003年　ユーリカ大学（アメリカ、イリノイ州）卒業。
2005年　慶應義塾大学大学院政策・メディア研究科修士課程修了。
2014年　慶應義塾大学大学院政策・メディア研究科後期博士課程修了、博士（政策・メディア）。
（財）日本経営史研究所研究員、中国南開大学外国語学院・南開大学濱海学院外国専家・慶應義塾大学大学院政策・メディア研究科助教（研究奨励）を経て、現在、日本学術振興会特別研究員。

編著書
『父と子が語る日本経済』（共著）（ビジネス社、2002年）
『日本商務』（主編共著）（南開大学出版社、日文版2006年、中文版2008年）
『近現代日本経済史要覧』（共著）（東京大学出版会、2007年、補訂版2010年）
『日本の経済』（共編著）（日本経営史研究所、2012年）
『日本の経営』（共編著）（日本経営史研究所、2012年）

日本のアルミニウム産業
―アルミニウム製錬業の興隆と衰退―

2016年1月20日　初版発行

著　者　三　和　　　元
発行者　山　本　哲　朗
発行所　三重大学出版会

〒514-8507
三重県津市栗真町屋町1577
三重大学総合研究棟Ⅱ3F
TEL/FAX：059-232-1356
印刷所　西濃印刷株式会社

ⒸH. MIWA 2016 Printed in Japan
ISBN978-4-903866-31-4　C3060　¥4500